U0256957

权威·前沿·原创

皮书系列为
"十二五""十三五""十四五"国家重点图书出版规划项目

GREEN BOOK

智库成果出版与传播平台

遥感监测绿皮书
GREEN BOOK OF REMOTE SENSING MONITORING

中国可持续发展遥感监测报告（2021）

REPORT ON REMOTE SENSING MONITORING OF CHINA SUSTAINABLE
DEVELOPMENT (2021)

主　编／顾行发　　李闽榕　　徐东华　　赵　坚
副主编／张　兵　　王世新　　张增祥　　柳钦火　　陈良富　　李加洪
　　　　黄文江　　程天海　　张兴赢　　贾　立　　李国洪

社会科学文献出版社
SOCIAL SCIENCES ACADEMIC PRESS (CHINA)

图书在版编目(CIP)数据

中国可持续发展遥感监测报告. 2021 / 顾行发等主
编. -- 北京：社会科学文献出版社, 2021.12
（遥感监测绿皮书）
ISBN 978-7-5201-9397-9

Ⅰ.①中… Ⅱ.①顾… Ⅲ.①可持续性发展－环境遥
感－环境监测－研究报告－中国－2021　Ⅳ.①X87

中国版本图书馆CIP数据核字（2021）第238828号

遥感监测绿皮书
中国可持续发展遥感监测报告（2021）

主　　编 / 顾行发　李闽榕　徐东华　赵　坚
副 主 编 / 张　兵　王世新　张增祥　柳钦火　陈良富　李加洪
　　　　　黄文江　程天海　张兴赢　贾　立　李国洪

出 版 人 / 王利民
组稿编辑 / 曹长香
责任编辑 / 郑凤云　单远举
责任印制 / 王京美

出　　版 / 社会科学文献出版社（010）59367162
　　　　　地址：北京市北三环中路甲29号院华龙大厦　　邮编：100029
　　　　　网址：www.ssap.com.cn
发　　行 / 市场营销中心（010）59367081　59367083
印　　装 / 三河市东方印刷有限公司

规　　格 / 开　本：787mm×1092mm　1/16
　　　　　印　张：19.75　字　数：374千字
版　　次 / 2021年12月第1版　2021年12月第1次印刷
书　　号 / ISBN 978-7-5201-9397-9
审 图 号 / GS（2021）7781号
定　　价 / 198.00元

本书如有印装质量问题，请与读者服务中心（010-59367028）联系

遥感监测绿皮书专家委员会

项目承担单位

中国科学院空天信息创新研究院
中智科学技术评价研究中心
机械工业经济管理研究院
国家航天局对地观测与数据中心

指导委员会

主　　任：	孙家栋						
副 主 任：	童庆禧	潘德炉					
委　　员：	陈　军	傅伯杰	龚健雅	郭华东	郝吉明	贺克斌	蒋兴伟
	刘文清	王　桥	吴一戎	薛永祺	姚檀栋	张　偲	张远航
	周成虎						

编辑委员会

主　　编：	顾行发	李闽榕	徐东华	赵　坚			
副 主 编：	张　兵	王世新	张增祥	柳钦火	陈良富	李加洪	黄文江
	程天海	张兴赢	贾　立	李国洪			
编　　委：	童旭东	杨思全	李素菊	方洪宾	唐新明	李增元	杨　军
	林明森	周清波	卢乃锰	申旭辉	陈仲新	刘顺喜	张继贤	洪　津
	梁顺林	乔延利	王晋年	秦其明	陈洪滨	赵忠明	洪　津
	赵少华	王中挺	刘　芳	汪　潇	赵晓丽	李正强	吴炳方
	申　茜	牛振国	余　涛	闫冬梅	周　翔	邢　进	梁晏祯
	董莹莹	周　艺	王福涛	项　磊	肖　函	郭　红	

数据制作与编写人员

中国城市扩展遥感监测组

组织实施：	张增祥	刘　芳	汪　潇				
图像处理：	汪　潇	王亚非	禹丝思	汤占中	王碧薇	朱自娟	潘天石
	王　月	孙　健	张向武	张梦狄	鞠洪润	陈国坤	施利锋
	李敏敏						
专题制图：	刘　芳	徐进勇	赵晓丽	易　玲	左丽君	胡顺光	汪　潇
	孙菲菲	温庆可					
图形编辑：	徐进勇	胡顺光	刘　斌				
数据汇总：	刘　芳						
报告撰写：	张增祥	刘　芳	徐进勇	赵晓丽	易　玲	左丽君	汪　潇
	胡顺光	孙菲菲	王亚非	温庆可			

中国植被遥感监测组

组织实施：柳钦火　李　静
数据处理：张召星　董亚冬　赵　静　李松泽　文　远　谷晨鹏
专题制图：赵　静　董亚冬　张召星
报告撰写：李　静　赵　静　董亚冬　柳钦火　张　虎　朱欣然　刘　畅

中国水分收支遥感监测组

组织实施：贾　立　卢　静
数据处理：郑超磊　蒋　敏　陈琪婷
专题制图：卢　静　胡光成
报告撰写：贾　立　卢　静　胡光成　郑超磊　陈琪婷　蒋　敏

中国主要粮食作物遥感监测组

组织实施：黄文江　董莹莹
专题制图：马慧琴　阮　超　郭安廷
数据集成：刘林毅　阮　超　黄滟茹　刘　勇　吴　康
报告撰写：黄文江　董莹莹　马慧琴　刘林毅　阮　超　郭安廷
　　　　　汪　靖　陈鑫雨　徐云蕾

中国重大自然灾害遥感监测组

组织实施：王世新　周　艺
数据处理：王福涛　赵　清　王丽涛　刘文亮　朱金峰　侯艳芳
专题制图：王福涛　赵　清　王振庆　王敬明　熊义兵
数据集成：赵　清　杜　聪
报告撰写：王世新　周　艺　王福涛　赵　清

中国细颗粒物浓度遥感监测组

组织实施：顾行发　程天海
专题制图：陈德宝　韩泽莹　李霄阳
数据集成：郭　红　陈德宝
报告撰写：顾行发　程天海　郭　红　师帅一　陈德宝

中国主要污染气体和秸秆焚烧遥感监测组

组织实施：陈良富
专题制图：范　萌　顾坚斌
数据集成：范　萌
报告撰写：陈良富　范　萌　顾坚斌

中国温室气体（二氧化碳、甲烷）遥感监测组

组织实施：张兴赢
专题制图：张　璐　张　楠
数据集成：张　璐
报告撰写：张兴赢　张　璐

主要编撰者简介

顾行发 1962 年 6 月生, 湖北仙桃人, 研究员, 博士生导师, 第十二届、十三届全国政协委员。现任中国科学院空天信息创新研究院研究员, 中国科学院大学岗位教师, 国际宇航科学院院士、欧亚科学院院士、国际光学工程师学会 (SPIE) 会士, "GEO 十年 (2016~2025) 发展计划"编制专家工作组专家, 亚洲遥感协会 (AARS) 副秘书长、亚洲大洋洲地球观测组织共同主席。担任国家重大科技专项"高分辨率对地观测系统"应用系统总设计师、"国家空间基础设施建设中长期发展规划 (2015~2025 年)"需求与应用组组长、"科技部地球观测与导航重点研发计划"总体专家组副组长、国家重大科学研究计划 (973) "多尺度气溶胶综合观测和时空分布规律研究"首席科学家, 中国环境科学学会环境遥感与信息专业委员会主任、国家环境保护卫星遥感重点实验室主任、国家航天局航天遥感论证中心主任、遥感卫星应用国家工程实验室主任等职务。主要从事光学卫星传感器定标、定量化遥感、对地观测系统论证等方面研究, 为我国高分辨率卫星遥感技术和工程化应用作出了突出贡献。研究成果获得国家科技进步二等奖 3 项, 省部级一等奖 6 项和二等奖 3 项, 发表论文 480 余篇 (SCI 186 篇), 出版专著 10 部、专辑 10 本, 牵头起草并发布国家标准 3 项, 获得授权发明专利 32 项, 软件著作权 45 项。

李闽榕 1955 年 6 月生, 山西安泽人, 经济学博士。中智科学技术评价研究中心理事长、主任, 福建师范大学兼职教授、博士生导师, 中国区域经济学会副理事长, 福建省新闻出版广电局原党组书记、副局长。主要从事宏观经济、区域经济竞争力、科技创新与评价、现代物流等理论和实践问题研究, 已出版系列皮书《中国省域经济综合竞争力发展报告》《中国省域环境竞争力发展报告》《世界创新竞争力发展报告》《二十国集团 (G20) 国家创新竞争力发展报告》《全球环境竞争力发展报告》等 20 多部, 并在《人民日报》《求是》《经济日报》《管理世界》等国家级报纸杂志上发表学术论文 240 多篇; 先后主持完成和正在主持的国家社科基金项目有"中国省域经济综合竞争力评价与预测研究"、"实验经济学的理论与方法在区域经济中的应用研究"、国家科技部软科学课题"效益 GDP 核算体系的构建和对省域经济评价应用的研究"及多项省级重大研究课题。科研成果曾荣获新疆维吾尔自治区第二届、第三届社会科学优秀成果三等奖，以及福建省科技进步一等奖（排名第三）、福建省第七届至第十届社会科学优秀成果一等奖、福建省第六届社会科学优秀成果二等奖、福建省第七届社会科学优秀成果三等奖等十多项省部级奖励（含合作）。2015年以来先后获奖的科研成果有：《世界创新竞争力发展报告（2001~2012）》于2015年荣获教育部第七届高等学校科学研究优秀成果奖三等奖，《"十二五"中期中国省域经济综合竞争力发展报告》荣获国务院发展研究中心2015年度中国发展研究奖三等奖，《全球环境竞争力报告（2013）》于2016年荣获福建省人民政府颁发的第十一届社会科学优秀成果奖一等奖，《中国省域经济综合竞争力发展报告（2013~2014）》于2016年获评中国社会科学院皮书评价委员会优秀皮书一等奖。

徐东华 1960年8月生，机械工业经济管理研究院院长、党委书记。国家二级研究员、教授级高级工程师、编审，享受国务院特殊津贴专家。曾任中共中央书记处农村政策研究室综合组副研究员，国务院发展研究中心研究室主任、研究员，国务院国资委研究中心研究员。参加了国家"九五"至"十三五"国民经济和社会发展规划的研究工作，参加了我国多个工业部委的行业发展规划工作，参加了我国装备制造业发展规划文件的起草工作，所撰写的研究报告多次被中央政治局常委和国务院总理等领导同志批转到国家经济综合部、委、办、局，其政策性建议被采纳并受到表彰。兼任中共中央"五个一"工程奖评审委员、中央电视台特邀财经观察员、中国机械工业联合会专家委员会委员、中国石油和化学工业联合会专家委员会首席委员、中国工业环保促进会副会长、中国机械工业企业管理协会副理事长、中华名人工委副主席，原国家经贸委、国家发展改革委工业项目评审委员，福建省政府、山东省德州市政府经济顾问，中国社会科学院经济所、金融所、工业经济所博士生答辩评审委员，清华大学经济管理学院、北京大学光华管理学院、厦门大学经济管理学院、中国传媒大学、北京化工大学等院校兼职教授，长征火箭股份公司等独立董事。智慧中国杂志社社长。在《经济日报》《光明日报》《科技日报》《经济参考报》《求是》《经济学动态》《经济管理》等报纸期刊发表百余篇有理论和研究价值的文章。

赵 坚 1964年7月生，四川通江人，工学博士，研究员。曾任原总装备部航天装备总体研究发展中心主任、原总装备部电子信息基础部航天装备局总工程师和副局长等职。2014年10月至今，先后担任国家航天局系统工程司副司长，国家航天局卫星互联网工程总设计师和国家航天局卫星互联网中心主任、卫星互联网工程副总指挥，国家航天局信息中心党委书记兼副主任、中国卫星应用产业协会常务副会长等职。现任高分辨率对地观测系统重大专项工程总设计师、工程副总指挥、国家航天局对地观测与数据中心主任。作为国家"863"高技术计划航天领域专家，组织完成航天发展战略研究、第二代卫星导航系统、卫星数据中继系统、卫星移动通信系统等论证，为航天体系建设和工程实施发挥了重要作用。组织完成国家民用空间基础设施 8 项科研星工程先期技术攻关及研制立项、火星探测工程技术攻关和立项、东方红五号通信卫星平台等项目科研立项并开展研制。组织长征五号大型运载火箭重大工程研制，完成首飞成功。组织完成长征十一号固体运载火箭立项研制，开展我国首次海上固体运载火箭发射技术试验并取得成功。作为卫星互联网工程总设计师，牵头组织开展我国卫星互联网专项工程论证。组织我国卫星互联网发展战略研究报告《我国卫星互联网建设发展重点任务的实施方案》，经中央网信委第三次会议审议通过。作为高分专项工程总设计师，开启高分应用系统深化论证工作，并推动我国对地观测数据"一键查"平台建设，推动国家遥感卫星数据与产品共享交换服务平台论证研制，促进形成气象＋海洋＋陆地＋国际卫星数据共享交换的新格局。组织起草"一带一路"空间信息走廊建设与应用指导意见，引导商业航天加速融入国家数据交换共享体系，促进商业遥感快速健康发展。先后三次立功受奖，获得国防科技成果和军队科技进步奖 10 项。

序 一

党的十八届五中全会强调，实现"十三五"时期发展目标，破解发展难题，厚植发展优势，必须牢固树立并切实贯彻创新、协调、绿色、开放、共享的发展理念。这是关系我国发展全局的一场深刻变革。

坚持绿色、可持续发展和生态文明建设，我国面临许多亟待解决的资源生态环境重大问题。一是资源紧缺。我国的人均能源、土地资源、水资源等生产生活基础资源十分匮乏，再加上不合理的利用和占用，发展需求与资源供给的矛盾日益突出。二是环境问题。区域性的水环境、大气环境问题日益显现，给人们的生产生活带来严重影响。三是生态修复。我国大部分国土为生态脆弱区，沙漠化、石漠化、水土流失、过度开发等给生态系统造成巨大破坏，严重地区已无法自然修复。要有效解决以上重大问题，建设"天蓝、水绿、山青"的生态文明社会，就需要随时掌握我国资源环境的现状和发展态势，有的放矢地加以治理。

遥感是目前人类快速实现全球或大区域对地观测的唯一手段，它具有全球化、快捷化、定量化、周期性等技术特点，已广泛应用到资源环境、社会经济、国家安全的各个领域，具有不可替代的空间信息保障优势。随着"高分辨率对地观测系统"重大专项的实施和快速推进以及我国空间基础设施的不断完善，我国形成了高空间分辨率、高时间分辨率和高光谱分辨率相结合的对地观测能力，实现了从跟踪向并行乃至部分领跑的重大转变。GF-1号卫星每4天覆盖中国一次，分辨率可达16米；GF-2号卫星具备了亚米级分辨能力，可以实现城镇区域和重要目标区域的精细观测；GF-4号卫星更是实现了地球同步观测，时间分辨率高达分钟级，空间分辨率高达50米。这些对地观测能力为开展中国可持续发展遥感动态监测奠定了坚实的基础。

中国科学院空天信息创新研究院、中国科学院科技战略咨询研究院、中智科学技术评价研究中心、机械工业经济管理研究院和国家遥感中心等单位在可持续发展相关领域拥有高水平的队伍、技术与成果积淀。一大批科研骨干和青年才俊面向国家重大需求，积极投入中国可持续发展遥感监测工作，取得了一系列有特色的研究成果，我感到十分欣慰。我相信，《中国可持续发展遥感监测报告》绿皮书的出版发行，对社会各界客观、全面、准确、系统地认识我国的资源生态环境状况及

其演变趋势具有重要意义，并将极大促进遥感应用领域发展，为宏观决策提供科学依据，为服务国家战略需求、促进交叉学科发展、服务国民经济主战场作出创新性贡献！

中国科学院院长、党组书记

序 二

资源环境是可持续发展的基础，经过数十年的经济社会快速发展，我国资源环境状况发生了快速变化。准确掌握我国资源环境现状，特别是了解资源环境变化特点和未来发展趋势，成为我国实现可持续发展和生态文明建设的迫切需求。遥感具有宏观动态的优点，是大尺度资源环境动态监测不可替代的手段。中国遥感经过30多年几代人的不断努力，监测技术方法不断发展成熟，监测成果不断积累，已成为中国可持续发展研究决策的重要基础性技术支撑。

中国科学院空天信息创新研究院自建立以来，在组织承担或参与国家科技重大专项"高分辨率对地观测系统"、中国科学院发展规划局战略研究专项、国家科技攻关、国家自然科学基金、"973"、"863"、国家科技支撑计划等科研任务中，与国内各行业部门和科研院所长期合作、协力攻关，针对土地、植被、大气、地表水、农业等领域，开展了遥感信息提取、专题数据库建设、资源环境时空特征和驱动因素分析等研究，沉淀了一大批成果，客观记录了我国的资源环境现状及其历史变化，已经并将继续作为国家合理利用资源、保护生态环境、实现经济社会可持续发展的科学数据支撑。

2015年底，在中国科学院发展规划局等有关部门的指导与大力支持下，空天信息创新研究院与中智科学技术评价研究中心、机械工业经济管理研究院、中国科学院科技战略咨询研究院等单位开展了多轮交流和研讨，联合申请出版"遥感监测绿皮书"，得到了社会科学文献出版社的高度认可和大力支持。

2017年6月12日，中国科学院召开新闻发布会，发布了首部遥感监测绿皮书——《中国可持续发展遥感监测报告（2016）》。中央电视台、《人民日报》、新华社、《解放军报》、《光明日报》、《中国日报》、中央人民广播电台、中国国际广播电台、《科技日报》、《中国青年报》、中新社、新华网、中国网、香港大公文汇、《中国科学报》、香港《文汇报》、《北京晨报》、《深圳特区报》等30多家媒体相继发稿，高度评价我国首部遥感监测绿皮书的相关工作。以绿皮书的形式出版遥感监测成果，是中国遥感界的第一次尝试，在社会各界引起了强烈反响。许多政府部门和社会读者认为，该书不仅是基于我国遥感界几十年共同努力所取得的成果，也是科研部门作为第三方独立客观完成的"科学数据"，是中国可持续发展能力的"体检报

告"，为国家和地方政府提供了一套客观、科学的时间序列空间数据和分析结果，可以支持发展规划的制定、决策部署的监控、实施效果的监测等。

在首部绿皮书出版发行的基础上，2018 年 7 月，编写组成功出版了《中国可持续发展遥感监测报告（2017）》，2020 年 4 月成功出版了《中国可持续发展遥感监测报告（2019）》，2021 年又开展了《中国可持续发展遥感监测报告（2021）》的编写出版工作。这是该绿皮书系列第四本，报告系统开展了中国土地利用、植被生态、水分收支、主要粮食与经济作物、重大自然灾害、大气环境等多个领域的遥感监测分析，对相关领域的可持续发展状况进行了分析评价，尤其对"十三五"期间（2016~2020 年）的现势监测和应急响应进行了重点分析与评估。

本报告充分利用了我们国家自主研发的资源卫星、气象卫星、海洋卫星、环境减灾卫星、"高分辨率对地观测专项"等遥感数据，以及国际上的多种卫星遥感数据资源，是在我国遥感界几十年共同努力基础上所取得的成果结晶，展现了我国卫星载荷研制部门、数据服务部门、行业应用部门和科研院所共同从事遥感研究和应用所取得的技术进步。报告富有遥感特色，技术方法是可靠的，数据和结果是科学的。同时，由于遥感技术是新技术，与各行业业务资源环境监测方法具有不同的特点，遥感技术既有"宏观、动态、客观"的技术优势，也有"间接测量、时空尺度不一致、混合像元以及主观判读个体差异"等问题导致的局限性。该报告和行业业务监测方法得到的监测结果还是有区别的，不能简单替代各业务部门的传统业务，而是作为第三方发布科研部门独立客观完成的"科学数据"，为国家有关部门提供有益的参考和借鉴。

编写出版遥感监测绿皮书，将是一项长期的工作，需要认真听取各个行业部门和各领域专家的意见，及时发现存在的问题，不断改进和创新方法，提高监测报告的科学性和权威性。未来将在本报告的基础上，面对国家的重大需求和国际合作的紧迫需要，不断凝练新的主题和专题，创新发展成果；不断加强研究的科学性和针对性，保证监测数据和结果的可靠性和一致性；充分利用大数据科学发展的最新成果，加强综合分析和预测模拟工作，不断提高认识水平，为中国可持续发展作出新的贡献。

《中国可持续发展遥感监测报告（2021）》主编

前　言

过去 40 余年来，可持续发展的理念在全球范围内得到了普遍认可和重视，实现可持续发展逐步成为人类追求的共同目标。资源环境是实现可持续发展的基础，资源的数量和质量、区域分布与构成等直接决定着区域发展潜力及其可持续发展能力，伴随资源利用的环境改变，对区域发展表现出日益明显的限制作用。为了合理利用资源，切实保护并培育环境，中国坚持节约资源和保护环境的基本国策，一系列生态修复和生态文明建设措施的实施，改善了区域生态环境质量。

随着我国经济社会的快速发展和可持续发展战略的实施，资源环境状况变化明显。自 20 世纪 70 年代，我国利用遥感技术持续开展了资源环境领域的遥感应用研究，中国科学院空天信息创新研究院在土地、植被、大气、水资源、灾害、农业等方面，多方位、系统性地开展了遥感信息提取、专题数据库建设、资源环境时空特征和驱动因素分析等研究，掌握了我国资源环境主要要素的特点及其变化，为国家合理利用资源、保护生态环境、实现经济社会可持续发展提供了扎实的科学数据支撑。

土地利用与土地覆盖是全球变化和资源环境研究的核心内容和遥感应用研究的重点领域。全国范围的土地利用遥感监测研究表明，改革开放以来，我国土地资源的利用方式和程度发生了广泛的和持续性的变化，阶段性特点明显，区域差异显著，城镇快速扩展是土地利用变化的主要表现之一，对周边区域的土地利用产生了深刻影响。在国家和中国科学院诸多土地利用相关项目的持续推进下，面向国家遥感中心"全球生态环境遥感监测"和中国科学院知识创新工程"一三五"项目、学部咨询评议项目、"一带一路"专项项目等的需要，中国科学院空天信息创新研究院多次开展了中国主要城市扩展遥感监测研究，监测城市由最初的 34 个省会（首府）、直辖市和特区城市，逐步扩展到中小城市，建设完成了 75 个城市 1972~2020 年的城市扩展数据库，再现了改革开放前后近 50 年的城市演变过程，为中国主要城市扩展及其占用土地特点的研究奠定了扎实的数据基础。中国主要城市扩展数据库是中国土地利用、土地覆盖、土壤侵蚀数据库的重要补充，可以据此多视角了解资源、环境时空特点，开展综合分析。

植被是地球表面最主要的环境控制因素，植被变化监测是全球变化研究的重要内容之一。十九大重点强调，要将加快生态文明建设、建立美丽中国，树立尊重自然、顺应自然、保护自然的生态文明理念，走可持续发展道路。经过多年的环境治理与生态修复工作，我国植被生态系统恢复效果显著。基于自主研发的 2010~2020 年 500 米分辨率每 4 天合成的植被叶面积指数、植被覆盖度、植被净初级生产力产品，利用年平均叶面积指数、年最大植被覆盖度和年累积植被净初级生产力评价指标，分析 2020 年植被生长状况；同时利用年平均植被覆盖度和年累积植被净初级生产力指标构建生态系统质量指数评估生态系统质量，采用回归分析的方法监测生态系统质量长时间序列变化特征，针对中国七个主要分区分析近十年的植被变化趋势。

水是维系人类乃至整个生态系统生存发展的重要自然资源，也是经济社会可持续发展的重要基础与战略资源。在诸多科研项目的持续推动下，课题组在遥感水循环及水资源各要素的基础理论、模型和反演以及数据集生产方面开展了大量的系统性工作。自主研发了利用多源遥感观测及考虑地球系统陆面过程多参数化方案的地表能量和水分交换过程模型 ETMonitor，适用于不同地表和气候环境、不同时间和空间尺度。除了总体蒸散发，该模型系统可分离土壤蒸发、植被蒸腾、冠层截留蒸发、水体蒸发、积雪升华等水循环和水资源相关物理量。实现了 2001 年至今全国 / 全球逐日 1 千米分辨率、局部地区 / 流域逐日 30 米分辨率地表蒸散产品的生产和发布，全面系统地掌握了全国及各水资源分区和行政分区的蒸散耗水状况和水分收支状况，为水资源评价以及水资源可持续开发利用与管理提供时序空间信息产品与决策支持。本报告主要基于遥感降水和蒸散以及两者差值构建水分盈亏指标，定量监测 2020 年中国降水、蒸散、水分收支状况，并与同样气候年景偏差、降水偏多的 2016 年比较，深入理解水资源的时空变化特征，为解决我国日益复杂的水资源问题提供支撑。

粮食安全始终是关系我国经济发展、社会稳定、国家安全的重大战略问题。粮食作物种植面积提取、长势状况监测、主要病虫害发生发展监测预警、产量估算等对保障国家粮食安全具有重要意义。通过融合国内高分系列、美国 Landsat 系列、欧盟 Sentinel 系列等卫星遥感数据和气象数据、生态数据、生物数据、地面调查数据等多源数据，综合考虑作物形态及营养状况信息，病虫害发生发展特点、历年农情统计资料等，建立了作物长势反演模型、病虫害监测预警模型、估产模型，研发了集数据处理、模型计算、产品生产、服务发布于一体的空间信息系统，面向全球发布中英双语的《作物病虫害遥感监测与预测报告》。报告围绕 2019 年和 2020 年我国粮食作物开展种植面积提取、长势监测、病虫害遥感定量监测预警和估产，提供了粮食作物长势、病虫害为害面积和为害等级的时序空间信息产品和估产服务，客观定量地反映了我国粮食作物长势和病虫胁迫状况及粮食安全形势，为指导农业生产与管理提供了科学数据与方法支撑。

　　面对自然灾害这一人类社会的共同挑战，遥感技术从诞生之日就以其技术特点，在减灾、救灾和防灾中发挥着不可替代的作用，受到世界各国和国际组织的极大关注。课题组先后承担了国家农业科技成果转化资金"森林草原火灾遥感监测预警技术系统"（2004~2007）、国家高技术研究发展计划（"863"计划）地球观测与导航技术领域"巨灾链型灾害遥感监测与预警一体化关键技术"（2008~2011）、"863"计划"灾害遥感应急监测与灾情信息快速提取技术"（2009~2011）、国家科技支撑计划"地震灾区堰塞湖遥感快速识别与应急调查关键技术"（2009~2011）、国家高分辨率卫星重大专项"应急遥感监测示范"（2010~2014）、国家重点研发计划公共安全风险防控与应急技术装备专项"灾害现场信息空地一体化获取技术研究与集成应用示范"（2016~2020）、国家重点研发计划地球观测与导航专项"重特大灾害空天地一体化协同监测应急响应关键技术研究及示范"（2017~2021）等科研任务，建立了基于网络的洪涝灾情遥感速报等系统，构建了全国洪涝警戒水域数据库、崩滑流（崩塌、滑坡、泥石流）隐患点数据库、全国江河水利工程数据库和全国高精度人口分布数据库，形成了完善的空—天—地协同应急监测与风险评估技术体系，在我国历次重大自然灾害监测中得到有效应用和检验，灾害监测与评估信息有效服务于国务院应急办、应急管理部、国家发展改革委等业务部门，并多次得到国家领导人批示。

　　大气污染是影响大气环境质量的关键因素，也是影响城市和区域可持续发展的重要因素。其中，可入肺的细颗粒物通过呼吸道进入人体，严重危害人类健康。在诸多项目支持下，本报告利用遥感数据重构了 2019~2020 年中国区域细颗粒物浓度的空间分布情况，并针对六大重点城市群（中原城市群、长江中游城市群、哈长城市群、成渝城市群、关中城市群、山东半岛城市群）细颗粒物浓度分布情况、空气质量等级划分等进行了分析，直观、系统地体现了区域空气质量情况。同时，本报告对 2019~2020 年和"十三五"期间（2016~2020 年）中国细颗粒物浓度相对变化进行了分析展示，为我国近年来"蓝天保卫战"的初步成果提供了可靠的数据支撑。另外，大气中的痕量气体 NO_2 和 SO_2 作为主要污染物起着非常重要的作用，是常规大气空气质量监测的重要指标。秸秆焚烧由于会产生大量的气态污染物和颗粒物，给大气环境带来较大的影响，目前也已纳入相关环保部门日常监测范围。在国家重点研发计划等项目的持续支持下，基于差分吸收光谱算法改进了中国地区污染气体遥感反演方法，并发展了 Ring 效应校正模型以及针对中国重污染大气背景下的大气质量因子计算模型。在此基础上，建立了 2016~2020 年中国 NO_2 和 SO_2 柱浓度数据集，并分析了"十三五"以来中国 NO_2 和 SO_2 的年变化特征。同时，基于区域自适应的热异常遥感监测算法，本报告完成了 2016~2020 年中国秸秆焚烧点提取，分析了 2016~2020 年中国及重点区域秸秆焚烧的年变化特征，并重点分析了秸秆禁烧政策对区域秸秆焚烧时空变化的影响。温室气体的作用是使地球表面变得更温暖，类似于温室截留太阳辐射，并加热温室内空气的作用。这种温室气体使地球变得更温暖的影响称为"温室效应"。二氧化碳和甲烷是重要的温室气体成分，而且联合国政府间气候变化专门委员会（IPCC）第 6 次评估科学基础报告中指出：CO_2 从 1750 年的 278ppm 增加到 2019 年的 409.9（±0.3ppmv），增长了近乎 131.6±2.9 ppm（47.3%）；CH_4 浓度从 1750 年的 729 ppb 增加到 2010 年的 1866.3（±3.3）ppb［1000ppb=1ppm（v）］，增长了近乎 1137.29±10 ppb（156.01%）。为应对全球气候变化，国家主席习近平在 2020 年 9 月 22 日召开的联合国大会上表示："中国将提高国家自主贡献力度，采取更加有力的政策和措施，二氧化碳排放力争于 2030 年前达到峰值，争取在 2060 年前实现碳中和。"卫星遥感监测温室气体是一种"自上而下"方法，可以为地表和大气之间通过自然和人为过程交换的每种气体的净含量提供一种约束。精确的、空间和时间分辨的大气 CO_2 和 CH_4 测量可以为"自下而上"的盘点提供更多的信息，也可以作为评估国家影响的补充方法。在诸多项目的支持下，本报告使用了 GOSAT 数据处理了 2010~2020 年二氧化碳和甲烷年平均数据。多年的年际变化显示，我国大气中二氧化碳和甲烷逐年增高，实现碳中和的目标面临很大压力，需要国家各部门统筹协作。

在中国科学院等的大力支持下，2016 年、2017 年和 2019 年中国科学院空天信息创新研究院（原遥感与数字地球研究所）相继发布了遥感监测绿皮书，社会反响强烈，受到广泛关注。遥感监测绿皮书作者团队致力于科研成果服务于经济社会发展这一核心目标，在保持核心内容连续性的基础上，利用资源环境领域的最新遥感研究成果，完成了遥感监测绿皮书《中国可持续发展遥感监测报告（2021）》，全书包括总报告和专题报告两部分。G1"城市扩展遥感监测"由张增祥组织实施，遥感图像处理由汪潇、王亚非、禹丝思、汤占中、王碧薇、朱自娟、潘天石、王月、孙健、张向武、张梦狄、鞠洪润、陈国坤、施利锋和李敏敏等完成，专题制图由刘芳（北京、天津、石家庄、唐山、南京、无锡、济南、青岛、保定、沧州和廊坊等 11 个城市）、徐进勇（大同、杭州、广州、深圳、珠海、南宁、海口、合肥、香港、澳门和北海等 11 个城市）、赵晓丽（呼和浩特、哈尔滨、上海、拉萨、日喀则、西安、太原、郑州、延安和邢台等 10 个城市）、易玲和孙菲菲（宁波、武汉、兰州、西宁、银川、乌鲁木齐、武威、克拉玛依、中卫和秦皇岛等 10 个城市）、孙菲菲和温庆可（沈阳、大连、长春、齐齐哈尔、南昌、阜新、赤峰、吉林、喀什和霍尔果斯等 10 个城市）、左丽君（长沙、宜昌、湘潭、衡阳、防城港、南充、张家口和承德等 8 个城市）、胡顺光（昆明、福州、厦门、重庆、成都、贵阳、台北和泉州等 8 个城市）和汪潇（蚌埠、丽江、徐州、枣庄、包头、邯郸和衡水等 7 个城市）共同完成，徐进勇、胡顺光和刘斌完成图形编辑，刘芳和徐进勇完成数据汇总；报告中"G1.1 城市扩展遥感监测"由张增祥和刘芳撰写，"G1.2 2020 年中国主要城市用地状况"由汪潇撰写，"G1.3 20 世纪 70 年代至 2020 年中国主要城市扩展""1.4.1 城市扩展阶段特征"由左丽君撰写，"1.4.2 城市扩展区域特征"由易玲、徐进勇、胡顺光和王亚非撰写，"1.4.3 城市扩展过程的基本模式"由孙菲菲撰写，"1.4.4 不同类型城市的扩展"由徐进勇撰写，"1.4.5 不同规模城市的扩展"由刘芳撰写，"1.5.1 城市扩展占用耕地特点"由赵晓丽撰写，"1.5.2 中国城市扩展对其他建设用地的影响"由刘芳撰写，"1.5.3 中国城市扩展对其他土地的影响"由胡顺光撰写，张增祥、刘芳和徐进勇等完成统稿。"G2 中国植被遥感监测"由柳钦火和李静组织实施，数据处理由张召星、董亚冬、赵静、李松泽、文远和谷晨鹏完成，专题制图由赵静、董亚冬和张召星完成，报告撰写由赵静、董亚冬、张虎、朱欣然和刘畅共同完成，柳钦火、李静和赵静完成统稿与校对。"G3 中国水分收支遥感监测"由贾立、卢静组织实施，数据处理由郑超磊、蒋敏、陈琪婷完成，专题制图与图形编辑由卢静、胡光成完成，报告撰写由卢静、胡光成、郑超磊、陈琪婷、蒋敏完成，贾立、卢静完成统稿与校对。"G4 中国主要粮食作物遥感监测"由黄文江、董莹莹、马慧琴、阮超、郭安廷、刘林毅、黄滟茹、刘勇、吴康、汪靖、陈鑫雨、徐云蕾撰写完成。"G5 中国重大自然灾害遥感监测"由王世新、周艺和王福涛组织实施，数据处理和专题制图由赵清、王丽涛、杜聪、刘文亮、朱金峰、侯艳芳、王振庆、王敬明、熊义兵完成，数据集成由赵清和杜聪完成，报告撰写由王福涛、赵清、王振庆和王敬明完成，王世新、周艺、王福涛和赵清完成统稿。G6 "中国细颗粒物浓度卫星遥感监测"由顾行发、程天海、郭红组织实施，专题制图由陈德宝、韩泽莹、李霄阳完成，数据集成由郭红、陈德宝完成，报告撰写由顾行发、程天海、郭红、师帅一、陈德宝完成。G7 "中国主要污染气体和秸秆焚烧遥感监测"由陈良富组织，范萌（秸秆焚烧部分）和顾坚斌（主要污染气体部分）撰写。G8 "中国温室气体遥感监测"由张兴赢组织，张璐完成数据整理，报告撰写由张璐、张兴赢完成，制图由张璐、张楠完成。

遥感监测绿皮书《中国可持续发展遥感监测报告（2021）》的完成得益于诸多科研项目成果，谨向参加相关项目的全体人员和对本报告撰写与出版提供帮助的所有人员，表示诚挚的谢意！

我国幅员辽阔，资源类型多，环境差异大，而且处于持续变化过程中。本报告作为集体成果，编写人员众多，限于我们的专业覆盖面和写作能力，错误或疏漏在所难免，敬请批评指正。我们会在后续报告编写中予以重视并加以完善。

摘 要

本书是中国科学院空天信息创新研究院在长期开展资源环境遥感研究项目成果基础上完成的,是《中国可持续发展遥感监测报告(2016)》、《中国可持续发展遥感监测报告(2017)》与《中国可持续发展遥感监测报告(2019)》的持续和深化。报告系统开展了中国城市扩展、植被生态、水分收支、主要粮食作物、重大自然灾害、大气环境等多个领域的遥感监测分析,对相关领域的可持续发展状况进行了分析评价。城市扩展方面,重点监测分析了1972~2020年中国主要城市扩展及其占用土地特点。植被生态方面,利用叶面积指数、植被覆盖度、植被净初级生产力等遥感定量产品,对2020年中国植被空间分布差异进行了分析,并对2010~2020年中国七大区域植被变化状况进行了分析。水分收支方面,采用遥感监测的降水、蒸散等产品以及两者差值构建的水分盈亏指标,对2020年中国水分收支状况进行了监测分析,并与同样气候年景差、降水偏多的2016年水分收支状况进行时空对比分析。主要粮食作物方面,对2019~2020年中国粮食主产区病虫害发生发展状况进行了监测分析,并对小麦、水稻、玉米等粮食作物种植分布与生产形势变化情况进行了重点分析。重大自然灾害监测方面,重点分析了我国2020年重大自然灾害发生情况,并选择2020年典型的森林火灾、泥石流、洪水等灾害开展了遥感应急监测与灾情分析。大气环境方面,选择细颗粒物浓度、NO_2柱浓度、SO_2柱浓度等指标,对2016年和2020年中国特别是重点城市群大气环境质量、NO_2柱浓度、SO_2柱浓度、秸秆焚烧情况遥感监测数据进行了分析;此外,对2010~2020年中国区域的CO_2、CH_4浓度遥感监测情况进行了分析。本书既有城市、植被、大气、农业、水资源与灾害等领域的长期监测和发展态势评估,也有对2020年的现势监测和应急响应分析,对有关政府决策部门、行业管理部门、科研机构和大专院校的领导、专家和学者具有重要的参考价值,同时也可以为相关专业的研究生和大学生提供很好的学习资料。

关键词: 卫星遥感 中国 城市扩展 植被生态 水分收支 粮食作物 重大自然灾害 大气环境

Abstract

This book is completed by the Aerospace Information Research Institute of the Chinese Academy of Sciences, based on long-term research on resources and environment remote sensing, which is a continuation and deepening of Report on Remote Sensing Monitoring of China Sustainable Development (2016), Report on Remote Sensing Monitoring of China Sustainable Development (2017) and Report on Remote Sensing Monitoring of China Sustainable Development (2019). The report carried out remote sensing monitoring and analysis of Chinese urban expansion, vegetation ecology, water budget, major food crops, natural disasters, and atmospheric environment in China, and evaluated sustainable development of related fields. In terms of urban expansion, the expansion of major cities in China from 1972 to 2020 and the characteristics of land occupation were monitored and analyzed. For vegetation ecology, the vegetation spatial distribution variation in 2020 and vegetation changes in seven major regions during 2010-2020 were analyzed based on remote sensing quantitative products, such as leaf area index, vegetation cover and vegetation net primary productivity. In terms of the water budget, the water budget of China in 2020 is monitored and analyzed by using remote sensing-based precipitation, evapotranspiration, and water surplus and deficit. Additionally, the water budget pattern in 2020 was compared with that in 2016 with the same bad climate and more precipitation. For the major food crops, the monitoring and analysis of occurrence and development of pests and diseases in China's main grain producing areas during 2019-2020 were carried out, and distribution of crops and production of wheat, rice and corn were analyzed. In the aspect of natural disaster monitoring, remote sensing emergency monitoring and disaster analysis are carried out on forest fires, mudslides and floods in China of 2020.In terms of atmospheric environment, the characteristics of fine particulate matter concentration, NO_2 column concentration and SO_2 column concentration were selected to analyze the remote sensing monitoring of the atmospheric environmental quality, NO_2 column concentration, SO_2 column concentration, and straw burning in China, especially in the typical city groups in 2016 and 2020.In addition, the remote sensing monitoring of CO_2 and CH_4 concentrations in China from 2010 to 2020 were analyzed. This book has long-term monitoring and development situation assessments in the fields of city, vegetation, atmosphere, agriculture, water resources and disasters, as well as analysis of real-time monitoring and emergency response in 2020. This book provides important references for government and industry to do management and decision-making, for scientific researchers, experts and scholars to a wide view of current researches, also good learning materials for related graduate students and college students.

Keywords: Satellite Remote Sensing; China; Urban Expansion; Vegetation Ecology; Water Budget; Grain Crops; Natural Disasters; Atmospheric Environment

目 录 ◤▨▨▨▨

Ⅰ 总报告

Ⅱ 专题报告

皮书数据库阅读**使用指南**

CONTENTS ⬧

I General Report

II Special Reports

总 报 告
General Report

G.1
城市扩展遥感监测

引言：1972~2020年中国主要城市扩展及其占用土地特点

城市是国家或地区的政治、经济、科技和文化教育中心，是人类对自然环境干预最为强烈的地方，虽然城市区域占全球面积的比例很小，却聚集了高密度的人口和社会经济活动。随着全球城市化的推进，不论是发达国家还是发展中国家都曾经处于或正处于城市化驱动的土地利用转化阶段。城市扩展是城市化过程以及城市土地利用变化最为直接的表现形式，是城市空间布局与结构变化的综合反映，已经成为国内外城市发展研究中的热点领域。《中国统计年鉴2020》数据显示，改革开放以来，中国城镇人口由1978年的1.73亿增加到2017年的8.48亿，城市化水平由17.92%提高到60.60%，城市数量由193个增加到679个（国家统计局，2020），表明我国依然处于快速城市化发展阶段。以城市空间扩展为特征的中国城市化浪潮和世界上其他国家一样，是社会经济发展规律的体现。伴随城市化进程的一系列资源、环境问题是中国现在和未来几十年发展面临的主要挑战之一。

随着城市化与城市经济的快速发展，城市建设空前活跃，城市在空间上不断扩张蔓延，导致城市用地供需矛盾越来越尖锐。城市空间扩展引发了一系列社会、经济和环境问题,如减少了地表蒸腾、加速了地表径流、增加了感热存储与交换以及加剧了大气和水质污染等,同时伴随着人口集聚、交通拥挤、精神压力等潜在的社会环境问题(Carlson T et al.,1981;Goward S,1981;Owen T et al.,1998)。这些问题对城市环境中景观美感、能量效率、人类健康以及生活质量等都具有一定的负效应(McPherson E et al.,1997;Rosenfeld A et al.,1995)。随着我国城市化进程的加快,作为城市化显著特征之一的不透水面也在不断增加,这将影响地区的生态环境,从而导致流域水文循环异常、非点源污染增加、城市热岛效应增强以及生物多样性减少等问题的发生。单位面积内不透水面所占地表面积比例,既可作为城市化程度的指标,也可作为衡量环境质量的指标之一(刘珍环等,2010)。如何在推进城镇化战略的同时,实现生态环境良性发展,进而实现二者的协调共赢,是当前可持续发展研究中亟待解决的问题之一。在这样的社会经济背景下,城市扩展问题得到城市地理与城市规划学界的重视,开展了大量研究。20 世纪 70 年代以来,遥感与地理信息系统(GIS)技术为实时、准确获取城镇用地信息提供了科学、有效和便捷的技术支持。

我国正处于快速城市化阶段,尤其是大中城市正处于城市扩展加速阶段,且城市化水平各异。目前,国内外不乏对我国城市扩展的详尽研究,但针对不同区域、不同类型城市进行群体性的研究还不多见。随着卫星遥感技术的发展,尤其是 20 世纪 80 年代以来,各种卫星遥感数据得到广泛应用,大量不同分辨率、多时相的遥感数据用于城市扩展研究,便于实时、准确、连续地监测城市扩展动态。功能庞大的地理信息系统技术为处理海量遥感数据提供了便利途径。

自 20 世纪 70 年代以来,我国城市用地呈现日益扩张的状态,并且在未来相当长的时期内,新型城镇化建设和美丽中国建设是我国社会经济建设的核心内容之一。城市扩展问题既关系到城市本身的建设与发展,又关系到耕地保护、生态建设和中国的可持续发展,已经成为当代中国备受关注的社会热点问题之一,亟须采用科学的方法对城市扩展及其区域影响开展及时、系统的监测评估。

目前,国内外对城市扩展的研究内容广泛,主要集中在城市扩展动态监测、城市扩展的形态与形式、驱动力机制的分析研究、城市扩展预测和模拟(顾朝林,1999)4 个方面,其中城市扩展动态监测是研究城市变化的必需环节,同时也是其他 3 个方面研究的基础。

开展城市扩展监测,获得实时可靠的土地利用变化信息非常重要,通过经常性地获取大量详细的区域土地利用变化数据,可以把握区域土地利用的变化范围、大小、时间、速度、特征和趋势等基本信息,支持城市扩展研究。在研究城市扩展过程中,早期采用的主要方法有:比较法、历史法、考古分析法和访问调查法。在这些方法中，城市形态和城市扩展的信息主要来源之一是城市地图，如罗海江利用历史地形图和历史资料记载勾勒出北京和天津的城市核心区范围，进而求得城市面积，通过不同时期城市面积的比较来探讨城市扩展（罗海江，2000）。另一个来源是通过传统的野外测量及地面调查方法获取（陈述彭、谢传节，2000）。由于受城市地图和土地利用图更新周期的限制，采用这些方法进行城市扩展和城市边缘带土地利用变化的研究越来越不能满足研究对数据源实时、准确的要求，使定量进行城市形态、结构和城市扩展规律及扩展机制的研究很难进行。遥感技术具有宏观性、客观性和可重复性的特点，已经成为快速获取城市现状基础资料的重要手段之一，在城市调查与监测、城市规划与管理中占有日益重要的地位。20 世纪 60 年代卫星遥感技术出现，使得利用空间遥感数据进行城市扩展监测研究成为城市扩展研究的重要方向。遥感应用于城市环境研究最早是从 1958 年法国用装载在气球上的相机拍摄了巴黎市的像片开始的。到 20 世纪 80 年代，随着传感器技术和航天技术的发展，应用航空像片和卫星影像进行城市专题研究也日趋成熟。大量彩色、热红外遥感技术被应用于城市扩展分析、城市环境监测与评价以及城市化进程评估等诸多方面。目前，国际上对城市扩展的研究进入了以航天卫星遥感技术为主要手段的阶段，中高分辨率卫星遥感数据成为城市扩展遥感监测的主要信息源。

国外城市研究最早可追溯到 19 世纪末的城市形态学和城市结构方面的探索。1923 年伯吉斯分析芝加哥市的土地利用模式，基于社会学的人口迁居理论，把城市分成 5 个同心圆区域，认为在正常的城市扩张条件下，每一个环通过向外面一个环的侵入而扩展自己的范围，从而揭示了城市扩展的内在机制和过程（张庭伟，2001）。国外应用遥感技术进行城市扩展研究早于国内，并多选用中高分辨率的卫星遥感数据。詹森（Jensen）等利用 Landsat MSS 进行城市边缘区居住地的动态监测，认为遥感手段是进行城市动态监测的有效手段（Jensen J et al.，1982）；戈沃德（Coward）等以地球系统科学的观点利用 Landsat 卫星研究了城市发展中的土地监测情况（Goward S et al.，1997）；毛谢克（Masek）用 NDVI 差值法对华盛顿区进行城市扩展研究，利用空间纹理信息，通过设定一定的限制条件剔除农业用地的变化信息，准确提取了城市扩展区域（Masek J et al.，2000）；洛佩斯等利用航空影像分析莫雷利亚地区城市扩展过程中的土地利用结构变化，结合回归分析方法探讨了城市扩展和农业景观及人口的变化（López E et al.，2001）；尹志勇等利用 Landsat TM 影像数据分析开罗地区城市扩展，揭示出城市建设用地增长来源于尼罗河三角洲的沙地和农地（Yin Z et al.，2005）；布林冒等利用 Landsat TM 影像数据分析尼日利亚首都地区的城市扩展情况，重点分析了地形地貌条件对城市扩展的影响（Braimoh A et al.，2007）；芒地运用 3 个不同时相的遥感影像和社会经济数据分析奈洛比市

的土地利用/覆盖动态变化和城市扩展过程，并结合使用地形、地质和土壤信息，利用 GIS 方法分析土地利用变化可能的时空动态因素（Mundia C et al.，2005）。

我国对城市扩展的研究起步较晚，直到 20 世纪 80 年代初才开始应用航空遥感技术调查土地资源并应用于规划管理的尝试。1980 年天津市在环境遥感监测中对大气、水体、土壤、交通、植被和土地利用等多方面进行比较系统的分析、评价，并出版了《环境质量地图集》，为天津市政建设、防治海河污染、规划公路立交桥、检查绿化植被成活率、监测海港淤积和沿海开发等诸多市政工程问题，提供了遥感图件等数据。1983 年，北京市组织了规模宏大的航空遥感综合调查，遥感结果被成功地应用于旅游和土地资源调查监测等方面。戴昌达等 1995 年利用 TM 遥感数据，对北京市采用遥感影像分类与目视判读相结合的方法提取不同时期的城市边界，然后进行叠合嵌套得到城市扩展信息（戴昌达等，1995）；潘卫华 2005 年也通过对泉州 1989 年和 2000 年 TM 和 ETM+ 影像的遥感监测，利用仿归一化植被指数和计算机监督分类提取了泉州市 11 年的城区空间扩展信息，分析指出泉州市扩展具有低密度蔓延和沿条带状扩展相结合的特点（潘卫华，2005）；盛辉等对不同时相的 TM 图像进行非监督变化检测，得到二值化变化专题图，然后基于原始资料和调查数据对第二个时相的遥感图像作监督分类，最后利用变化专题图与分类专题图叠加分析获取城市扩展情况（盛辉等，2005）；万从容等利用多源数据融合技术，结合城市发展态势图对上海城市边缘界定及城市发展速度进行了分析（万从容等，2001）；黎夏等利用卫星遥感技术有效监测和分析了珠江三角洲地区的城市变化，并通过计算多时相卫星遥感图像上城市用地熵值的变化定量分析了城市扩展过程及其空间规律（黎夏等，1997）；汪小钦等采用遥感和地理信息系统一体化技术，以福清市为例，对城市时空扩展进行动态监测和模拟，并结合区域社会经济统计数据，展开城市扩展特征分布和动力机制分析（汪小钦等，2000）；程效东等以马鞍山市城区为例研究城市用地扩展规律，运用 RS 与 GIS 集成方法获取过去不同时相的城市实体范围和面积，分析不同时期的城市扩展过程（程效东等，2004）；李晓文等基于多时相 TM 遥感影像资料，对上海地区城市扩展的总体空间特征进行了研究，同时运用缓冲区方法对上海市区及周边主要区镇城市用地扩展的时空特征进行了分析和比较（李晓文等，2003）；此外，陈素蜜综合应用遥感和地理信息系统技术，以厦门市 1988 年、2000 年 TM 遥感影像为基础，试验了多种两个时相影像的复合变换方案，生成厦门城市扩展图，继而引入分维度、圆度，构造了接边指数等，从格局与数量两个角度定量分析了厦门城市扩展的图斑特征（陈素蜜，2005）。2006 年，张增祥等率先完成了中国省会（首府）、直辖市和特别行政区城市 20 世纪 70 年代至 2005 年长时序、高频数的城市扩展遥感监测（张增祥等，2006），并在此基础上，于2014年完成了中国60个主要城市20世纪70年代至2013年的城市扩展遥感监测（张增祥等，2014），于2016年将监测城市数增加至75个（顾行发等，2018），并在之后实现了中国75个主要城市扩展的年度监测。总体上看，20世纪90年代以后，中国城市遥感开始向纵深发展，其趋势是追溯城市化的过程和演变历史，探索城市发展动向，为制定城市发展规划提供科学依据（陈述彭等，2000）。

综上所述，国内外学者从理论和方法上都对城市扩展的相关问题做了大量研究和探讨，为进一步开展城市扩展问题研究奠定了坚实的理论基础，同时还提供了很多可供借鉴的研究方法和经验。从目前国内城市扩展研究情况来看，城市扩展相关研究还集中在发达城市和地区，如北京、上海、南京和京津唐城市群等（黄庆旭等，2009；刘曙华等，2006；孟祥林，2009），而且个体研究较多，整体研究不足。城市扩展遥感监测多采用自动分类方法，但受遥感信息自身特征、城镇用地信息复杂程度和目前图像处理技术的限制等的影响，该方法应用于全国尺度城镇用地信息提取的普适性稍差，在开展长时序、高频次城镇用地信息提取上有一定难度。此外，综合考虑城市的行政级别、城市功能、城市化水平、空间分布情况、经济与人口状况等诸方面，亟须加强全国区域城市扩展的群体性长时序、高频次遥感监测研究。

1.1 城市扩展遥感监测

城市是一定区域的社会经济活动中心，虽然城市发展包括城市功能的增加和规模的扩大，但城市扩展是城市变化的主要表现方式之一。随着社会经济的发展，城市人口增多、功能扩展、生活水平提高等诸多方面要求的用地面积不断增加，因而导致城市用地规模逐步扩大，特别是城市建成区的变化最为显著。建成区是城市建设发展在地域分布上的客观反映，标志着城市不同发展时期建设用地状况的规模和大小。城市建成区一般是指实际开发建设形成的集中连片、基本具备市政公用设施和公共基础设施的区域。根据国家质量技术监督局和建设部1998年联合发布的《中华人民共和国国家标准·城市规划基本术语标准GB/T 50280-98》条文说明，城市建成区在单核心城市和一城多镇有不同的反映（国家质量技术监督局、中华人民共和国建设部，1998）。在单核心城市，建成区是一个实际开发建设起来的集中连片、市政公用设施和公共设施基本具备的地区，以及分散的若干个已经成片开发建设起来，市政公用设施和公共设施基本具备的地区。对一城多镇来说，建成区是由几个连片开发建设起来的，市政公用设施和公共设施基本具备的地区所组成。可见，单核心城市的建成区比较完整，多核心城市则由相对分散的多个区域共同构成。

城市建成区更接近城市的实体区域，开展城市扩展遥感监测与分析时，监测对象以城市建成区为主，即城市行政区内实际已成片开发建设、市政公用设施和公共设施基本具备的地区，是一个能够充分反映城市作为人口和各种非农业活动高度密集的地域。以城市建成区为主要内容的遥感监测制图要充分考虑地理空间上的连通性，对于城市周边尚独立存在的城镇用地，在其和建成区主体连通以前，不作为监测内容，这种情况可能包括两个方面：一是周边的郊区县镇；二是与城市建设用地主体在空间上割裂的工矿、交通和其他企事业单位所使用的建设用地。另外，有些城市受各方面外在条件的影响，特别是自然地理条件的限制，具有多中心或分散布局的特点，遥感监测制图时分别完成城市的每一部分，保持整个城市建成区的完整性。这类情况在依托大江大河发展的城市中比较普遍，我国很多城市都是在这些江河的两侧先后形成和并行发展，地域上虽被河流阻隔，但都是城市建成区的组成部分，制图时应予以整体处理。

1.1.1 城市选取及其概况

综合考虑中国城市的行政级别、城市化水平、空间分布情况、经济与人口状况、城市间可比性以及遥感数据的可获取性等多个方面，甄选中国 75 个主要城市，开展建成区遥感监测，揭示 20 世纪 70 年代至 2020 年城市扩展的时空特征。这些城市分布在东北地区、华北地区、华中地区、华东地区、华南地区、西北地区、西南地区以及港澳台地区等 8 个区域，包括 4 个直辖市、28 个省会（首府）城市、2 个特别行政区以及 41 个其他城市（含 5 个计划单列市）（见表 1、图 1）。

表 1 中国 75 个主要城市概况

城市名	市辖区人口 （万人）	市辖区 GDP （亿元）	市辖区面积 （km²）	城市类别	所属省份	所在区域
北京	1363.00	25669.13	16411.00	直辖市	北京	华北地区
上海	1450.00	28178.65	6341.00	直辖市	上海	华东地区
天津	1044.00	17885.39	11917.00	直辖市	天津	华北地区
重庆	2449.00	15724.46	43263.00	直辖市	重庆	西南地区
石家庄	415.00	3214.83	2194.00	省会	河北	华北地区
唐山	336.00	3323.83	4574.00	—	河北	华北地区
秦皇岛	146.00	934.00	2132.00	—	河北	华北地区
邯郸	381.00	1366.37	2667.00	—	河北	华北地区
邢台	89.00	314.33	425.00	—	河北	华北地区
保定	285.00	1141.68	2565.00	—	河北	华北地区
张家口	157.00	665.28	4373.00	—	河北	华北地区

续表

城市名	市辖区人口（万人）	市辖区GDP（亿元）	市辖区面积（km²）	城市类别	所属省份	所在区域
承德	60.00	305.18	1253.00	—	河北	华北地区
沧州	56.00	710.43	183.00	—	河北	华北地区
廊坊	86.00	903.13	292.00	—	河北	华北地区
衡水	95.00	399.81	1510.00	—	河北	华北地区
太原	287.00	2754.94	1500.00	省会	山西	华北地区
大同	158.00	818.67	2080.00	—	山西	华北地区
呼和浩特	132.00	2365.75	2065.00	首府	内蒙古	华北地区
包头	156.00	3485.06	2965.00	—	内蒙古	华北地区
赤峰	126.00	847.84	7076.00	—	内蒙古	华北地区
沈阳	586.00	4922.57	5116.00	省会	辽宁	东北地区
大连	398.00	3855.69	2567.00	—	辽宁	东北地区
阜新	76.00	202.29	490.00	—	辽宁	东北地区
长春	436.00	4707.01	6991.00	省会	吉林	东北地区
吉林	182.00	1442.78	3774.00	—	吉林	东北地区
哈尔滨	551.00	4472.69	10198.00	省会	黑龙江	东北地区
齐齐哈尔	136.00	620.81	4365.00	—	黑龙江	东北地区
南京	663.00	10503.02	6587.00	省会	江苏	华东地区
无锡	253.00	4749.02	1643.00	—	江苏	华东地区
徐州	338.00	3072.18	3063.00	—	江苏	华东地区
杭州	545.00	9835.48	4876.00	省会	浙江	华东地区
宁波	236.00	5574.66	3730.00	—	浙江	华东地区
合肥	259.00	4191.70	1312.00	省会	安徽	华东地区
蚌埠	115.00	745.25	611.00	—	安徽	华东地区
福州	203.00	3144.28	1786.00	省会	福建	华东地区
厦门	221.00	3784.27	1699.00	—	福建	华东地区
泉州	110.00	1490.27	855.00	—	福建	华东地区
南昌	302.00	3300.59	3095.00	省会	江西	华东地区
济南	473.00	5816.65	5022.00	省会	山东	华东地区
青岛	379.00	6505.96	3293.00	—	山东	华东地区
枣庄	242.00	1077.83	3069.00	—	山东	华东地区
郑州	354.00	4609.71	1010.00	省会	河南	华中地区
武汉	518.00	9630.60	1738.00	省会	湖北	华中地区
宜昌	127.00	1593.02	4234.00	—	湖北	华中地区
长沙	328.00	5867.20	1909.00	省会	湖南	华中地区
湘潭	88.00	1123.24	658.00	—	湖南	华中地区

续表

城市名	市辖区人口（万人）	市辖区 GDP（亿元）	市辖区面积（km²）	城市类别	所属省份	所在区域
衡阳	100.00	824.27	697.00	—	湖南	华中地区
广州	870.00	19547.44	7434.00	省会	广东	华南地区
深圳	385.00	19492.60	1997.00	—	广东	华南地区
珠海	115.00	2226.37	1732.00	—	广东	华南地区
南宁	370.00	2781.51	9947.00	首府	广西	华南地区
北海	66.00	774.27	957.00	—	广西	华南地区
防城港	58.00	511.29	2836.00	—	广西	华南地区
海口	167.00	1257.67	2304.00	省会	海南	华南地区
成都	774.00	9685.58	3677.00	省会	四川	西南地区
南充	195.00	592.82	2526.00	—	四川	西南地区
贵阳	245.00	2403.65	2525.00	省会	贵州	西南地区
昆明	282.00	3336.14	5179.00	省会	云南	西南地区
丽江	16.00	116.78	1268.00	—	云南	西南地区
拉萨	26.00	245.47	3227.00	首府	西藏	西南地区
日喀则	12.00	62.84	3700.00	—	西藏	西南地区
西安	629.00	5527.66	3873.00	省会	陕西	西北地区
延安	48.00	255.14	3539.00	—	陕西	西北地区
兰州	206.00	1882.25	1632.00	省会	甘肃	西北地区
武威	104.00	286.99	5081.00	—	甘肃	西北地区
西宁	96.00	966.55	477.00	省会	青海	西北地区
银川	113.00	973.37	2311.00	首府	宁夏	西北地区
中卫	41.00	155.72	6877.00	—	宁夏	西北地区
乌鲁木齐	262.00	2438.08	9576.00	首府	新疆	西北地区
克拉玛依	30.00	621.00	7735.00	—	新疆	西北地区
喀什	*62.79	*160.20	*199.38	—	新疆	西北地区
霍尔果斯	*6.48	*39.05	*1908.55	—	新疆	西北地区
台北	*275.00	*5412.65	*271.80	省会	台湾	港澳台地区
香港	*733.70	*24908.26	*1106.00	特别行政区	香港	港澳台地区
澳门	*65.30	*3477.38	*30.50	特别行政区	澳门	港澳台地区

注：市辖区人口、市辖区 GDP 和市辖区面积源自《中国城市统计年鉴 2019》，市辖区包括所有城区，不含辖县和辖市，武汉市辖区不包含黄陂区、新州区、江夏区和蔡甸区数据。* 表示在《中国城市统计年鉴 2019》中缺失的数据。其中，喀什市辖区人口用全市年末人口代替，市辖区 GDP 用全市地区生产总值代替，市辖区面积用全市土地面积代替，数据来自《新疆统计年鉴 2019》；霍尔果斯市辖区人口用全市年末人口代替，市辖区 GDP 用全市地区生产总值代替，数据来自《新疆统计年鉴 2019》；霍尔果斯市辖区面积用全市面积代替，数据来自 360 百科 (https://baike.so.com/doc/5616147-5828760.html)。台北市市辖区人口、GDP 及面积来源于万维百科 (https://www.wanweibaike.com/wiki)。香港市人口数据来源于新华网 (http://www.xinhuanet.com)，香港市市辖区面积和 GDP 数据来源于百度百科 (https://baijiahao.baidu.com)。澳门市市辖区人口、GDP 及面积数据来源于百度百科 (https://baike.baidu.com)。

1.1.2 城市扩展遥感监测内容与方法

城市扩展遥感监测瞄准 20 世纪 70 年代至 2020 年我国 75 个主要城市的扩展过程，最长时段 48 年。75 个城市 2018 年以前的监测工作已经完成，2020 年开展的是这 75 个城市 2018~2019 年和 2019~2020 年的监测工作。随着遥感数据的日益多样化和便于获取，2005 年以后的监测基本上能够保证实现年度更新。

城市扩展过程主要是土地利用中的城镇建设用地的动态变化过程，这一过程中因为建设用地的增加而使建成区扩大，并导致其周边其他土地利用类型的变化，发现这些变化并确定变化中不同土地利用类型之间的转换方式、转换数量以及转换的空间差异等，成为城市扩展遥感监测的主要内容。考虑到城市扩展动态数据与全国土地利用数据库等成果的一致性，以便于进行城市扩展的空间特征分析、过程趋势分析和驱动力分析，城市扩展遥感监测采用与全国土地利用遥感监测时空数据库相同的比例尺，即作为图像纠正控制依据的标准分幅地形图的 1:10 万比例尺；同时，在获取城市扩展过程中对周边土地的影响信息时，采用与此数

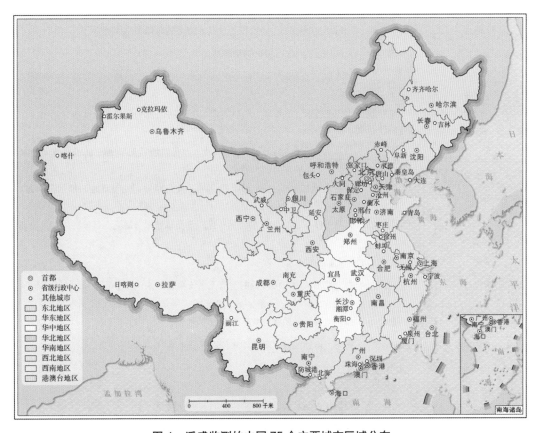

图 1　遥感监测的中国 75 个主要城市区域分布

据库相同的土地利用分类系统（见表2）。这样可以保证城市扩展遥感监测成果在内容划分、投影方式、数据精度等方面与全国土地利用遥感监测成果一致，为进一步开展城市变化的时空特征分析，特别是为城市扩展对所处区域土地利用影响的分析创造条件。

表2 土地利用遥感监测分类系统

一级类型 编码	一级类型 名称	二级类型 编码	二级类型 名称	含义
1	耕地			指种植农作物的土地，包括熟耕地、新开荒地、休闲地、轮歇地、草田轮作地；以种植农作物为主的农果、农桑、农林用地；耕种三年以上的滩地和海涂
		11	水田	指有水源保证和灌溉设施，在一般年景能正常灌溉，用以种植水稻、莲藕等水生农作物的耕地，包括实行水稻和旱地作物轮种的耕地
		12	旱地	指无灌溉水源及设施，靠天然降水生长作物的耕地；有水源和灌溉设施，在一般年景下能正常灌溉的旱作物耕地；以种菜为主的耕地；正常轮作的休闲地和轮闲地
2	林地			指生长乔木、灌木、竹类以及沿海红树林地等林业用地
		21	有林地	指郁闭度≥30%的天然林和人工林，包括用材林、经济林、防护林等成片林地
		22	灌木林地	指郁闭度≥40%、高度在2米以下的矮林地和灌丛林地
		23	疏林地	指郁闭度为10%~30%的稀疏林地
		24	其他林地	指未成林造林地、迹地、苗圃及各类园地（果园、桑园、茶园、热作林园等）
3	草地			指以生长草本植物为主、覆盖度在5%以上的各类草地，包括以牧为主的灌丛草地和郁闭度在10%以下的疏林草地
		31	高覆盖度草地	指覆盖度在50%以上的天然草地、改良草地和割草地。此类草地一般水分条件较好，草被生长茂密
		32	中覆盖度草地	指覆盖度在20%~50%的天然草地、改良草地。此类草地一般水分不足，草被较稀疏
		33	低覆盖度草地	指覆盖度在5%~20%的天然草地。此类草地水分缺乏，草被稀疏，牧业利用条件差
4	水域			指天然陆地水域和水利设施用地
		41	河渠	指天然形成或人工开挖的河流及主干渠常年水位以下的土地。人工渠包括堤岸
		42	湖泊	指天然形成的积水区常年水位以下的土地
		43	水库坑塘	指人工修建的蓄水区常年水位以下的土地
		44	冰川与永久积雪	指常年被冰川和积雪所覆盖的土地
		45	海涂	指沿海大潮高潮位与低潮位之间的潮浸地带
		46	滩地	指河、湖水域平水期水位与洪水期水位之间的土地

一级类型		二级类型		含义
编码	名称	编码	名称	
5	城乡工矿居民用地			指城乡居民点及其以外的工矿、交通用地
		51	城镇用地	指大城市、中等城市、小城市及县镇以上的建成区用地
		52	农村居民点用地	指镇以下的居民点用地
		53	工交建设用地	指独立于各级居民点以外的厂矿、大型工业区、油田、盐场、采石场等用地，以及交通道路、机场、码头及特殊用地
6	未利用土地			目前还未利用的土地，包括难利用的土地
		61	沙地	指地表为沙覆盖、植被覆盖度在 5% 以下的土地，包括沙漠，不包括水系中的沙滩
		62	戈壁	指地表以碎砾石为主、植被覆盖度在 5% 以下的土地
		63	盐碱地	指地表盐碱聚集，植被稀少，只能生长强耐盐碱植物的土地
		64	沼泽地	指地势平坦低洼、排水不畅、长期潮湿、季节性积水或常年积水，表层生长湿生植物的土地
		65	裸土地	指地表土质覆盖、植被覆盖度在 5% 以下的土地
		66	裸岩石砾地	指地表为岩石或石砾、其覆盖面积大于 50% 的土地
		67	其他未利用土地	指其他未利用土地，包括高寒荒漠、苔原等

　　城市扩展遥感监测的主要对象是城市用地面积的变化及其这种变化对其他类型土地的影响。变化监测是通过比较两个不同时相的遥感图像而检测出来的，以遥感数据为主要信息源进行城市扩展的监测与分析，采用人机交互全数字分析方法，依靠专业人员直接获取变化区域及其属性。

　　在获取遥感数据后，以获取时间最早的数据为起始时间，解译监测初期城市建成区信息，采用动态更新方法逐渐完成其他各时期城市扩展监测，直至最终完成2020年的城市监测工作。

　　在构建起始期城市状况数据后，每一个时间段的主要工作就是在两个时间端点的变化区域内，完成该时期城市扩展占用土地的土地利用类型判定并制图。未变化的区域直接采用原来的地类界线。每一期分类动态提取完成后，在进行矢量图形编辑中，直接提取原来一期的城市边界，保证各个动态变化图斑的封闭。图形编辑过程中，实际上矢量图形包括了该时期两端的城市状况和之间的动态变化等综合信息，从根本上保证所有地类共用边的完全一致。编辑完成后，基于动态变化的编码特性，能够利用 Arc/info 或 ArcGIS 等常用的图形编辑软件进行拆分，同时获取该时间段初期、末期两个城市状况和期间动态变化信息等三个图形成果。在这种情况下，前一期城市扩展动态制图的结束就是新一期城市扩展动态制图的开始，每一个循环中主要的工作内容包括发现城市扩展动态、确定边界位置及勾绘制图、属性确定和图形编辑等。每一次产生的新的城市中心建成区扩展图形文件结果，直接进入数据汇总计算，分类统计不同土地利用类型与城市建设用地之间的转移面积。

城市扩展动态信息采用多位编码方式表示，即动态编码，该编码兼顾了原来土地利用类型、现在土地利用类型和相互转变关系等基本特性（见图2）。

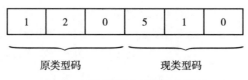

图2　土地利用动态信息的编码

其中，前面3位代表原属土地利用类型编码，即较早出现的类型，图2所示表示原来属于旱地；后面3位编码表示目前应该属于的土地利用类型，或者是某一时间段最终应该划分为的类型，图2所示表示后期土地属于城镇用地。

因为土地利用现状图中存在2位编码，在以6位表示动态时，需要在其后补"0"，保证变化起始状态的土地利用编码均占满3位。"0"只会出现在6位编码当中的第3位和第6位。

共用界线处理。由于城市扩展信息是在前一期城市状况数据基础上比较的结果，大量的扩展动态图斑与原有类型界线相同，在动态信息提取时不能重新勾绘该共用界线，留待图形编辑时从前一期数据层面提取，以便形成完整的动态图斑，又保证了两期数据共用界线的绝对吻合。

每完成一个时段城市扩展占用土地的分类型动态监测，该时段产生的各种类型土地属性变化都趋向于成为城市建成区的一部分，成为下一监测时段初始建成区的一部分。因而，随着监测时间的延长，城市建成区的外廓线不断扩展。

城市扩展遥感监测制图相关参数主要包括投影方式和制图标准。

采用双标准纬线等面积割圆锥投影，全国统一的中央经线和双标准纬线，中央经线为东经105°，双标准纬线为北纬25°和北纬47°，所采用椭球体是KRASOVSKY椭球体。

在1∶10万比例尺城市扩展遥感监测中，按照图上面积2×2mm^{2}的上图标准，相当于200m×200m的实地面积，约相当于30m分辨率遥感数据的6×6个像元，或者 20m 分辨率遥感数据的 9×9 个像元。

中误差控制在 2 个像元内，即 1:10 万比例尺地图上的 0.6mm 左右，地类勾绘界线定位偏差 < 0.5mm，最小条状动态图斑短边长度 ≥ 4 个像元。

1.1.3 遥感信息源及监测时段

针对中国 75 个城市在 20 世纪 70 年代初期至 2020 年扩展过程中的遥感监测主要使用陆地卫星 MSS、TM、ETM+、OLI 数据和中巴资源卫星（CBERS）、环境一号（HJ–1）的 CCD 数据为信息源，空间分辨率在 19.5m~80m，使用量 1700 余景（见表 3）。陆地卫星的 MSS 数据主要用于监测 20 世纪 70 年代的城市扩展过程，具体时段为 1972~1984 年，累计使用量超过 151 景。TM 和 ETM+ 数据使用量超过 849 景，具体时段为 1983~2011 年。OLI 数据使用量 557 景，具体时间段为 2013~2020 年。中巴资源卫星使用量 67 景，主要用于监测部分城市 2000~2009 年的扩展状况。环境一号（HJ–1）使用量 129 景，用于监测部分城市 2010~2013 年和 2017 年的扩展状况。

按照 1:10 万比例尺制图标准，中科院空天信息创新研究院一部国土资源团队完成了 1972~2020 年不同时期累计 1732 期现状和 1657 期动态矢量专题制图，建成了城市扩展时空数据库。该数据库反映了不同时期城市扩展的规模及其占用其他类型土地的面积。

1.2　2020年中国主要城市用地状况

2020 年，遥感监测的 75 个城市建成区面积合计 30521.13 平方千米，城市平均建成区面积为 406.95 平方千米。上海市面积最大，已达到 2217.92 平方千米，是我国目前唯一的用地规模超过 2000 平方千米的超大城市；日喀则市最小，仅有 24.07 平方千米，极端相差 91.15 倍，城市之间用地规模存在很大差异（见图 3）。

75 个城市中，八成以上城市规模发展到了 100 平方千米以上，更有若干大城市发展至上千平方千米。首都北京的用地规模仅次于上海，面积达 1585.22 平方千米（见图 4）。西部地区城市成都近年发展很快，至 2020 年已成为用地规模第三大城市。深圳、杭州和广州发展规模紧随上海、北京和成都，建成区面积同样超过了 1000 平方千米，分别列第四至第六位。此外，用地规模超过 75 个城市平均水平的城市还有 26 个，包括天津和重庆 2 个直辖市，南京、武汉、合肥、郑州、沈阳、西安、长春和乌鲁木齐等 18 个省会（首府）城市，以及若干东部及沿海重点发展城市，如青岛、泉州和厦门等。以上用地规模超过平均水平的城市共有 32 个，在中国地理区划中除港澳台地区以外的所有 7 个区域中均有分布，其中直辖市和省会

表3 1972~2020年中国75个主要城市扩展遥感监测使用的信息源

城市	MSS	TM和ETM+	CBERS	HJ-1	OLI	监测时段
北京	1973、1975、1978	1984、1987、1992、1996、1998、1999、2000、2001、2002、2003、2004、2005、2006、2007、2009、2010、2011	2008	2012	2013、2014、2015、2016、2017、2018、2019、2020	1973~2020
上海	1975、1979	1987、1989、2000、2001、2004、2008、2009、2010	2006、2008	2011、2012	2013、2014、2015、2016、2017、2018、2019、2020	1975~2020
天津	1978、1979	1987、1993、1996、1998、2000、2001、2004、2006、2009、2010	2008	2011、2012	2013、2014、2015、2016、2017、2018、2019、2020	1978~2020
重庆	1978、1979	1986、1988、1995、1998、2000、2001、2002、2004+2005、2006、2009、2010	2004、2008	2011、2012	2013、2014、2015、2016、2017、2018、2019、2020	1978~2020
石家庄	1979	1987、1993、1996、1998、2000、2004、2006、2009、2010	2008	2011、2012	2013、2014、2015、2016、2017、2018、2019、2020	1979~2020
唐山	1976、1979	1987、1989、1992、1996、1998、1999、2000、2002、2004、2006、2008、2009、2010	2008	2011、2012	2013、2014、2015、2016、2017、2018、2019、2020	1976~2020
秦皇岛	1973、1978、1983	1984、1985、1987、1988、1989、1990、1992、1993、1995、1996、1997、1998、2000、2001、2002、2004、2005、2006、2007、2008、2009、2010、2011	—	—	2013、2014、2015、2016、2017、2018、2019、2020	1973~2020
邯郸	1973、1975、1978、1979、1981、1983	1988、1993、1995、1998、2000、2001、2002、2003、2004、2005、2006、2008、2009、2010、2011	—	—	2013、2014、2015、2016、2017、2018、2019、2020	1973~2020
邢台	1975、1978、1984	1987、1993、1996、1998、2000、2001、2003、2004、2005、2006、2007、2008、2009、2010、2011	—	—	2013、2014、2015、2016、2017、2018、2019、2020	1975~2020
保定	1973、1978、1980	1984、1987、1989、1993、1995、1996、1997、1998、1999、2000、2001、2003、2006、2007、2008、2009、2010、2011	—	—	2013、2014、2015、2016、2017、2018、2019、2020	1973~2020
张家口	1975、1981、1983	1988、1993、1996、1998、2000、2001、2003、2004、2006、2007、2008、2009	—	—	2013、2014、2015、2016、2017、2018、2019、2020	1975~2020
承德	1975、1978、1984	1987、1989、1992、1996、1998、2000、2001、2004、2005、2006、2007、2008、2009、2010	—	—	2013、2014、2015、2016、2017、2018、2019、2020	1975~2020

续表

城市	MSS	TM 和 ETM+	CBERS	HJ-1	OLI	监测时段
沧州	1976、1978、1983	1985、1987、1990、1992、1994、1995、1996、1998、2000、2001、2003、2004、2005、2006、2007、2008、2009、2010、2011	—	—	2013、2014、2015、2016、2017、2018、2019、2020	1976~2020
廊坊	1976、1978、1983	1985、1987、1990、1992、1994、1996、1998、2000、2003、2005、2006、2007、2008、2009、2010、2011	—	—	2013、2014、2015、2016、2017、2018、2019、2020	1976~2020
衡水	1975、1976、1977、1981	1984、1987、1988、1989、1990、1994、1995、1996、1997、1998、1999、2000、2001、2003、2004、2005、2006、2007、2008、2009、2010、2011	—	—	2013、2014、2015、2016、2017、2018、2019、2020	1975~2020
太原	1977	1987、1990、1996、1998、1999、2000、2004、2006、2009、2010、2011	2008	2012	2013、2014、2015、2016、2017、2018、2019、2020	1977~2020
大同	1977	1987、1988、1990、1993、1999、2000、2002、2004、2006、2009、2010	2008	2011、2012	2013、2014、2015、2016、2017、2018、2019、2020	1977~2020
呼和浩特	1976	1987、1998、2000、2001、2002、2004、2006、2009、2010、2011	2008	2012	2013、2014、2015、2016、2017、2018、2019、2020	1976~2020
包头	1977、1979	1987、1990、1996、1998、1999、2000、2002、2004、2005、2006、2008、2009、2010、2011	—	2012	2013、2014、2015、2016、2017、2018、2019、2020	1977~2020
赤峰	1975	1987、1989、1995、1998、1999、2000、2002、2004、2006、2009、2010、2011	2008	2012	2013、2014、2015、2016、2017、2018、2019、2020	1975~2020
沈阳	1977、1979	1988、1992、1995、1998、1999、2000、2001、2002、2004、2006、2008、2009、2010	—	2011、2012	2013、2014、2015、2016、2017、2018、2019、2020	1977~2020
大连	1975、1978、1980	1990、1995、2000、2002、2006、2009、2010	2004、2008	2011、2012	2013、2014、2015、2016、2017、2018、2019、2020	1975~2020
阜新	1975、1978、1981	1988、1990、1996、1998、2000、2002、2004、2006、2009	2008	2010、2011、2012	2013、2014、2015、2016、2017、2018、2019、2020	1975~2020
长春	1976	1987、1993、1995+1996、1998、2000、2002、2004、2009、2010、2011	2006、2008	—	2013、2014、2015、2016、2017、2018、2019、2020	1976~2020
吉林	1979	1987、1991、1996、2000、2002、2004、2006、2009、2010、2011	2008	2012、2013	2013、2014、2015、2016、2017、2018、2019、2020	1979~2020

续表

城市	MSS	TM和ETM+	CBERS	HJ-1	OLI	监测时段
哈尔滨	1976	1989、1996、1998、2000、2004、2006、2009、2010	2008	2011、2012	2013、2014、2015、2016、2017、2018、2019、2020	1976~2020
无锡	1973、1976、1979、1983、1984	1988、1991、1995、1998、1999、2000、2002、2004、2008、2009、2010	2006	2011、2012	2013、2014、2015、2016、2017、2018、2019、2020	1973~2020
齐齐哈尔	1976、1979、1981	1989、1995、1998、2000、2002、2004、2006、2009、2010、2011	2008	2012	2013、2014、2015、2016、2017、2018、2019、2020	1976~2020
南京	1979	1986、1988、1996、1998、2000、2001、2004、2009、2010	2006、2008	2011、2012	2013、2014、2015、2016、2017、2018、2019、2020	1979~2020
徐州	1973、1975、1978、1979、1981	1987、1989、1995、1998、1999、2000、2002、2004、2007、2009、2010、2011	2008	2012	2013、2014、2015、2016、2017、2018、2019、2020	1973~2020
杭州	1976、1978	1988、1991、1995、1998、1999、2000、2004、2006、2009、2010	2006	2011、2012	2013、2014、2015、2016、2017、2018、2019、2020	1976~2020
宁波	1974、1976、1979	1987、1994、1998、2000、2002、2006、2009、2010	2004、2008	2011、2012、2013	2014、2015、2016、2017、2018、2019、2020	1974~2020
合肥	1973、1979	1987、1995、1998、2000、2001、2002、2005、2006、2009、2010	2008	2011、2012	2013、2014、2015、2016、2017、2018、2019、2020	1973~2020
蚌埠	1975、1978	1987、1989、1995、1998、2000、2002、2003、2005、2006、2009、2010	2008	2011、2012	2013、2014、2015、2016、2017、2018、2019、2020	1975~2020
福州	1973	1986、1989、1996、2000、2001、2004、2006、2009、2010	2008	2011、2012	2013、2014、2015、2016、2017、2018、2019、2020	1973~2020
厦门	1973	1988、1993、1996、1998、2000、2002、2004、2006、2009、2010	2008	2011、2012	2013、2014、2015、2016、2017、2018、2019、2020	1973~2020
泉州	1973	1988、1993、1996、1998、2000、2001、2002、2004、2006、2008、2009、2010	—	2011、2012	2013、2014、2015、2016、2017、2018、2019、2020	1973~2020
南昌	1976	1988、1989、1995、1998、1999、2000、2004、2006、2009、2010	2008	2011、2012	2013、2014、2015、2016、2017、2018、2019、2020	1976~2020

续表

城市	MSS	TM 和 ETM+	CBERS	HJ-1	OLI	监测时段
济南	1979	1987、1995、1998、2000、2001、2002、2004、2005、2006、2009、2010、2011	2008	2012	2013、2014、2015、2016、2017、2018、2019、2020	1979~2020
青岛	1973、1979	1989、1995、1996、2000、2002、2006、2008、2009、2010	2004、2008	2011、2012	2013、2014、2015、2016、2017、2018、2019、2020	1973~2020
宜昌	1973、1978、1979	1987、1995、1998、1999、2000、2002、2004、2006、2009、2010	2008	2011、2012、2013	2014、2015、2016、2017、2018、2019、2020	1973~2020
枣庄	1974、1977、1979	1989、1995、1998、2000、2002、2004、2006、2007、2008、2009、2010、2011	—	2012	2013、2014、2015、2016、2017、2018、2019、2020	1974~2020
郑州	1976、1979	1988、1992、1995、1998、2000、2001、2002、2004、2006、2009、2010	2008	2011、2012	2013、2014、2015、2016、2017、2018、2019、2020	1976~2020
武汉	1978	1989、1991、1995、1998、2000、2001、2002、2006、2009、2010	2004、2008	2011、2012	2013、2014、2015、2016、2017、2018、2019、2020	1978~2020
长沙	1973	1989、1993、1996、1998、1999+2000、2001、2004、2006、2008、2009、2010	—	2011、2012	2013、2014、2015、2016、2017、2018、2019、2020	1973~2020
湘潭	1973、1979	1989、1993、1996、1998、1999、2004、2006、2009、2010	2000、2008	2011、2012	2013、2014、2015、2016、2017、2018、2019、2020	1973~2020
衡阳	1973	1989、1993、1996、1998、2001、2004、2006、2009、2010	2000、2008	2011、2012	2013、2014、2015、2016、2017、2018、2019、2020	1973~2020
广州	1977、1978、1979	1989、1990、1996、1998、1999、2004、2006、2009	2006、2008	2010、2011、2012、2013	2014、2015、2016、2017、2018、2019、2020	1977~2020
深圳	1973、1977、1978、1979	1989、1990、1995、1996、1998、2001、2002、2004、2006、2007、2009	2008	2010、2011、2012、2013	2014、2015、2016、2017、2018、2019、2020	1973~2020
珠海	1973、1978	1987、1995、1996、1998、2000、2002、2004、2006、2009、2010	2008	2011、2012、2013、2017	2014、2015、2016、2018、2019、2020	1973~2020
南宁	1973	1986、1990、1996、1998、1999、2001、2004、2006、2008、2009、2010	—	2011、2012、2013	2014、2015、2016、2017、2018、2019、2020	1973~2020
北海	1973、1979	1988、1990、2000、2002、2004、2006、2008、2009	—	2011、2012	2013、2014、2015、2016、2017、2018、2019、2020	1973~2020

续表

城市	MSS	TM和ETM+	CBERS	HJ-1	OLI	监测时段
防城港	1973、1979	1988、1990、1996、1998、2000、2002、2004、2006、2009	2007、2009	2010、2011、2012	2013、2014、2015、2016、2017、2018、2019、2020	1973~2020
海口	1973	1989、1991、1995、1998、2000、2001、2004、2007、2009、2010	2006	2011	2013、2014、2015、2016、2017、2018、2019、2020	1973~2020
成都	1975、1978	1988、1992、1997、2000、2001、2002、2006、2007、2009	2005	2010、2012、2013	2014、2015、2016、2017、2018、2019、2020	1975~2020
丽江	1974	1986、1996、2000、2002、2006、2009、2010	2008	2011、2012	2013、2014、2015、2016、2017、2018、2019、2020	1974~2020
南充	1977	1986、1988、1993、1995、1998、2000、2002、2005、2006、2009、2010	2008	2011、2012	2013、2014、2015、2016、2017、2018、2019、2020	1977~2020
贵阳	1973	1990、1991、1993、1994、1998、1999、2000、2001、2002、2005、2006、2007、2009、2010	2004、2008	2011、2012、2013	2014、2015、2016、2017、2018、2019、2020	1973~2020
昆明	1974	1988、1992、1996、2000、2004、2006、2008、2009、2010	—	2011、2012	2013、2014、2015、2016、2017、2018、2019、2020	1974~2020
拉萨	1976	1991、1999、2000、2002、2005、2006、2008、2009、2010、2011	2005	2012、2013	2013、2014、2015、2016、2017、2018、2019、2020	1976~2020
日喀则	1973、1976	1989、1990、2000、2002、2003、2005、2008、2009、2010、2011	—	2012	2013、2014、2015、2016、2017、2018、2019、2020	1973~2020
西安	1973、1977	1987、1988、1996、1998、2000、2002、2004、2006、2008、2009、2010	—	2011、2012	2013、2014、2015、2016、2017、2018、2019、2020	1973~2020
延安	1974、1977	1987、1992、1993、1995、1996、1998、2000、2001、2003、2004、2005、2006、2010、2011	—	2012	2013、2014、2015、2016、2017、2018、2019、2020	1974~2020
兰州	1978	1986、1987、1994、1995、1998、1999、2001、2005、2006、2008、2009、2011	—	2010、2012	2013、2014、2015、2016、2017、2018、2019、2020	1978~2020
武威	1973、1975	1987、1994、1995、1999、2000、2001、2004、2006、2008、2009、2010、2011	—	2012	2013、2014、2015、2016、2017、2018、2019、2020	1973~2020
西宁	1977	1987、1995、1996、1999、2000、2001、2002、2006、2009、2011	2004、2008	2010、2012	2013、2014、2015、2016、2017、2018、2019、2020	1977~2020

续表

城市	MSS	TM 和 ETM+	CBERS	HJ-1	OLI	监测时段
银川	1978	1987、1991、1996、1999、2000、2005、2006、2009、2010、2011	2008	2012	2013、2014、2015、2016、2017、2018、2019、2020	1978~2020
中卫	1973、1975	1990、1992、1993、1995、1996、1998、2000、2001、2002、2003、2004、2005、2006、2007、2008、2009、2010、2011	—	—	2013、2014、2015、2016、2017、2018、2019、2020	1973~2020
乌鲁木齐	1975、1976	1989、1990、1999、2000、2004、2006、2009、2009、2010、2011	—	2012	2013、2014、2015、2016、2017、2018、2019、2020	1975~2020
香港	1973	1987+1989、1999、2000、2002、2006、2009、2010	2004、2006、2008	2010、2011、2012	2013、2014、2015、2016、2017、2018、2019、2020	1973~2020
克拉玛依	1975	1989、1999、2000、2002、2006、2009、2010、2011	2004、2008	2012、2013	2014、2015、2016、2017、2018、2019、2020	1975~2020
喀什	1972、1975、1977	1990、1998、1999、2000、2002、2003、2009、2011	—	2010	2013、2014、2015、2016、2017、2018、2019、2020	1972~2020
霍尔果斯	1975、1977	1990、1998、2000、2002、2006、2007、2008、2009、2010、2011	—	2010	2013、2014、2015、2016、2017、2018、2019、2020	1975~2020
台北	1972	1988、2000、2001、2004、2009、2010	2005、2008	2011、2012、2013	2014、2015、2016、2017、2018、2019、2020	1972~2020
澳门	1973、1978	1987、1995、1996、1998、1999、2000、2004、2006、2009、2010	2008	2011、2012、2013、2017	2014、2015、2016、2017、2018、2019、2020	1973~2020

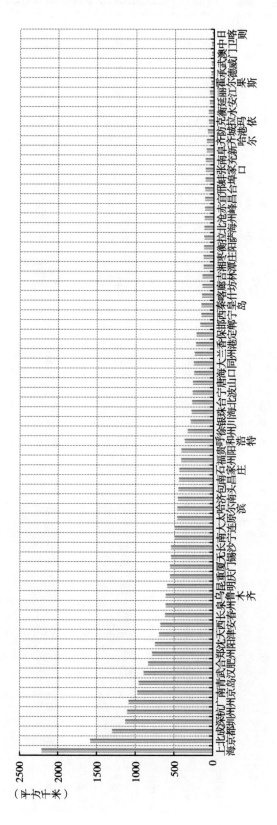

图3 2020年中国75个主要城市建成区面积

（首府）城市占了 78.13%，是我国各个区域城镇化发展的重要支撑。用地规模低于 75 个城市平均水平的城市有 43 个，占全部监测城市的近六成，包括呼和浩特、银川、台北、海口、兰州、西宁和拉萨等 7 个省会（首府）城市，计划单列市宁波，香港和澳门 2 个特别行政区，其余 33 个均属其他类型的城市。这些城市虽然个体规模相对不大，但数量较多，同样遍布各个区域，是中国城镇化发展中能够与特大城市形成互补的重要组成部分。

不同类型城市用地规模差异巨大，以城市建成区面积平均值作比较，直辖市最

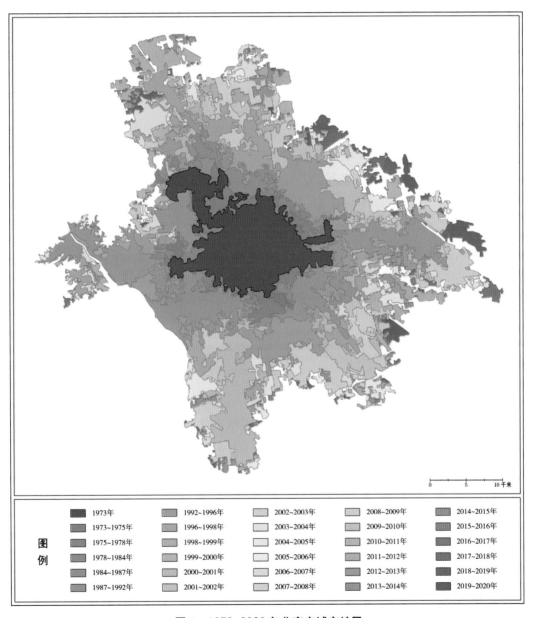

图 4　1973~2020 年北京市城市扩展

大，为 1265.63 平方千米；其次为计划单列市，为 684.83 平方千米，约为直辖市平均面积的一半；省会（首府）城市第三，为 576.48 平方千米，平均规模约为计划单列市的 84.18%。相比之下，其他城市和特别行政区平均规模较小，平均面积分别为 156.63 平方千米和 127.30 平方千米，与最大的直辖市平均规模分别相差 7.08 倍和 8.94 倍。城市类型与级别差异使得城市发展获得的政策便利有所不同，进而对城市发展规模产生十分重要的影响，体现了我国城市发展在遵循经济规律之外，受行政影响明显的特点。

分地区看，城市建成区面积平均值以华东地区最大，为 665.47 平方千米，华南地区其次，为 495.16 平方千米，华中地区城市平均规模也达到了 432.90 平方千米。而西南地区和东北地区相近，分别为 396.63 平方千米和 380.67 平方千米；华北地区城市平均规模较小，为 319.45 平方千米，一定程度上与该区域监测的中小城市数量较多有关；西北地区和港澳台地区城市平均规模最小，分别为 214.66 平方千米和 175.49 平方千米。城市建成区平均面积最大的华东地区与次小的西北地区相差 2.10 倍，与港澳台地区相差 2.79 倍，体现了地理与区位条件对城市规模所产生的影响。

总体而言，遥感监测末期城市用地规模存在很大差异，最大的超过 2000 平方千米，最小的仅有 24.07 平方千米，极端相差 91.15 倍。虽然不同区域城市规模存在一定差异，平均规模最大相差 2.79 倍，但各区域均具备核心支撑城市，有利于我国城市区域协调发展。直辖市、省会或首府、特别行政区及其他中小城市等不同类型城市用地规模明显不同，极端相差 8.94 倍，体现了我国城市发展在遵循经济规律之外，受政策影响明显的特点。

1.3　20世纪70年代至2020年中国主要城市扩展

根据对 20 世纪 70 年代以来近 50 年全国主要城市发展过程的遥感监测，城市持续扩展且扩展速度波动上升是我国城市建成区变化的最基本特点。所有的城市都处于建成区面积不断扩大过程中，符合城市发展的一般规律。因为受到各个时期国内外社会经济发展状况等诸多因素的影响，我国城市扩展速率具有随时间明显波动的特点。

1.3.1　城市用地规模变化

20 世纪 70 年代期间，75 个城市建成区的面积共计 3606.26 平方千米，平均单个城市的面积为 48.08 平方千米。从整体上来讲，我国城市当时的规模都比较小，尚未出现建成区面积超过 200 平方千米的城市。建成区面积超过 100 平方千米的城市包括北京、上海、天津、沈阳、哈尔滨、太原、西安、南京、武汉、广州和台北等 11 个，数量占 14.67%，但建成区面积占 45.64%，这些城市都是直辖市及省会（首府）城市，且基本位于我国东部地区。广大西部地区的省会（首府）城市以及全国的其他城市规模都相对较小，很多城市建成区面积不足 50 平方千米，数量占 62.67%，其中西藏自治区首府拉萨市在 1976 年只有 16.72 平方千米，银川和西宁的建成区面积也只有 25 平方千米左右。其他城市如丽江、珠海、防城港、延安、霍尔果斯、中卫等，建成区面积均不足 3 平方千米。

随着社会经济的发展，各个城市建成区均不同程度增加。到 2020 年，城市的建设规模显著增大，实施监测的 75 个城市规模较监测起始年扩大了 7.46 倍。有 58.67% 的城市建成区面积达到 200 平方千米以上，超过了监测初期城市的最大规模。城市规模发展至上千平方千米的上海（见图 5）、北京、成都、深圳、杭州和广州 6 个城市的规模变化特点不同。上海、北京和广州在 20 世纪 70 年代初期即为当时的大规模城市，三个城市的用地规模依旧位居国内城市前列。杭州在 20 世纪 70 年代中期是一个规模中等的城市，其建成区面积仅有 38.22 平方千米，在 75 个城市中位列第 34 位。但是经过近 50 年的发展，杭州建成区面积在 2020 年达到了 1113.42 平方千米，较 20 世纪 70 年代初期扩展了 28.13 倍（实际扩展 18.76 倍）。75 个监测城市中发展最为迅速的是深圳。深圳从 20 世纪 70 年代初期的 6.87 平方千米，发展为规模达 1139.83 平方千米的城市，建成区总面积在监测起始年基础上扩大了 164.82 倍（实际扩展 134.34 倍），是实施监测的 75 个城市中规模变化最显著的城市。成都是近年发展势头较快并刚刚形成较大规模的西部城市。实施监测的最大城市与最小城市规模差异由 20 世纪 70 年代的 192.15 平方千米扩大为 2020 年的 2193.85 平方千米，进一步拉大了城市用地面积的绝对差距。同时，最大城市与

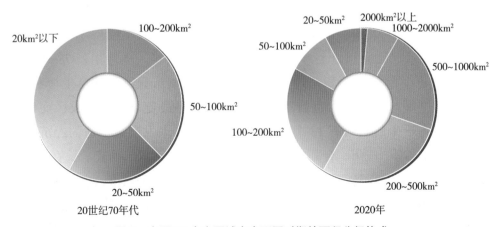

图 5 中国 75 个主要城市在不同时期的面积分级构成

最小城市规模相差的倍数由 20 世纪 70 年代的 154.64 倍减小到 2020 年的 91.16 倍，城市规模相对差距有所减小。

比较发现，在 20 世纪 70 年代，我国单个城市规模最大也不足 200 平方千米，而到了 2020 年，58.67% 的城市建成区面积超过了 200 平方千米，超过了监测初期的最大规模。大城市的扩展面积多大于中小城市，最大城市与最小城市用地绝对面积差距进一步加大，但大小极端相差倍数指示的相对差距有所减小。

1.3.2　城市扩展基本情况

城市建成区在原有建设规模、当地社会经济发展水平、自然地理环境等各方面因素共同影响下，发展变化显著，相互间的差异也很明显（见图 6）。建成区面积的扩展特点基本包括两方面的内容：一是建成区实际扩展面积及其年均扩展面积变化，能够反映城市扩展的面积数量及其过程特点；二是建成区扩展倍数，凸显了各个城市相对自身的扩展变化幅度及其显著性。

遥感监测的 48 年间，我国 75 个城市建成区扩展总面积 26914.88 平方千米，实际扩展面积 22406.93 平方千米，与周边原有城镇用地相连接被纳入建成区范围的原有城镇用地面积 4507.95 平方千米（后文分析中不计入城市实际扩展面积）。

我国城市不仅规模扩展显著，而且城市间差异巨大。就建成区实际扩展面积而言，上海最多，达 1425.74 平方千米，日喀则最小，仅有 17.98 平方千米，反映了城市规模的变化有很大差异，进一步加剧了我国城市用地规模的差异。由于各个城市监测开始年年限存在最大 7 年的时间差，城市监测时段长短略有区别，采用年均扩展面积能够减少时间差的影响，以便更好地反映城市规模变化速率，上海市年均扩展面积最大，达 31.68 平方千米，而日喀则和承德等只有不足 0.5 平方千米的年均扩展面积，差异同样很大。如果进一步考虑各个城市原有的建成区面积大小差异，整个监测时段城市扩展倍数以深圳市最大，实际扩展了 164.82 倍，扩展不明显的齐齐哈尔市和台北市，用地面积扩展不超过一倍（见表 4）。

建成区实际扩展面积以上海市最大，日喀则市最小，极端相差 78.31 倍（见图 7）。建成区实际扩展面积超过 1000 平方千米的城市只有直辖市上海和北京，突出表现了中国这两个最大也最重要城市的变化是最显著的。建成区面积扩展 500~1000 平方千米的城市有 12 个，包括改革开放以来发展最迅速的经济特区深圳，省会城市成都、广州、合肥、杭州、郑州、南京、武汉、西安、长春以及直辖市天津和计划单列市青岛。以上城市是我国非常重要的大型城市，也是快速发展的一批城市，分布在华东、华北、华中、华南和西南 5 个地理区域。建成区面积扩展 200~500 平方千米的城市有 23 个，占全部城市的 30.67%，包括直辖市重庆、昆明、

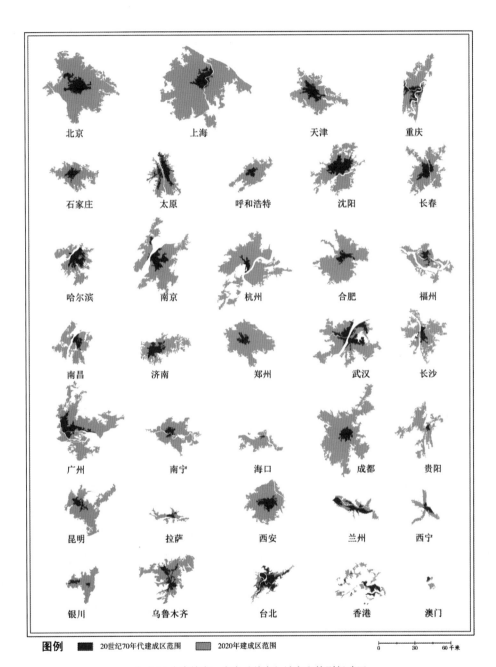

北京　上海　天津　重庆

石家庄　太原　呼和浩特　沈阳　长春

哈尔滨　南京　杭州　合肥　福州

南昌　济南　郑州　武汉　长沙

广州　南宁　海口　成都　贵阳

昆明　拉萨　西安　兰州　西宁

银川　乌鲁木齐　台北　香港　澳门

图例　■ 20世纪70年代建成区范围　■ 2020年建成区范围

0　　30　　60千米

（a）34个直辖市、省会（首府）城市和特别行政区

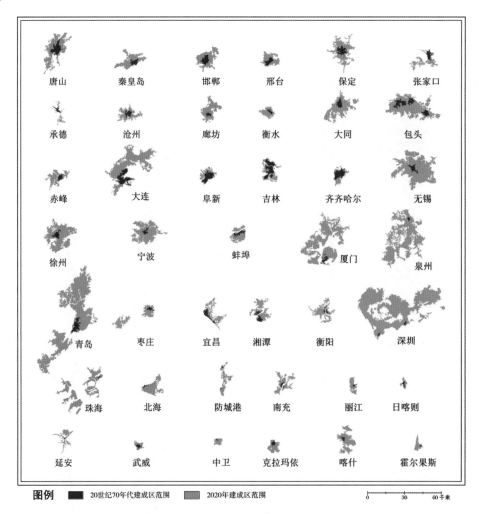

（b）41个其他城市

图6　20世纪70年代和2020年中国75个主要城市面积对比

长沙、南宁、石家庄和南昌等15个省会（首府）城市，以及8个其他城市。这一扩展规模城市数量较多，多是我国重要的大城市，空间上分布在除港澳台地区以外的各个地理区域，它们的发展对于我国区域协同发展具有特殊意义。扩展面积在100~200平方千米的城市有13个，占17.33%，包括西北地区省会（首府）城市兰州和西宁，特别行政区香港，以及保定、喀什和珠海等10个其他城市。扩展面积在50~100平方千米的城市有17个，占22.67%，包括拉萨和台北两个省会（首府）城市，其余为沧州、蚌埠、南充、吉林、防城港和克拉玛依等15个其他城市。扩展面积不足50平方千米的城市共8个，占10.67%，包括特别行政区澳门以及齐齐哈尔、承德、丽江、日喀则、中卫、武威和霍尔果斯等，分布在华北、东北、西北和西南地区的其他城市。

表4 20世纪70年代以来中国城市扩展的基本特点

城市	实际扩展面积（平方千米）	年均扩展面积（平方千米）	扩展倍数	城市	实际扩展面积（平方千米）	年均扩展面积（平方千米）	扩展倍数
北京	1233.28	26.24	7.62	济南	280.58	6.84	3.72
上海	1425.74	31.68	14.29	青岛	520.29	11.07	20.98
天津	561.72	13.37	4.57	枣庄	80.27	1.75	13.73
重庆	457.28	10.89	5.38	郑州	709.72	16.13	14.26
石家庄	362.79	8.85	6.89	武汉	647.81	15.42	3.63
唐山	162.59	3.70	4.11	宜昌	77.47	1.65	3.86
秦皇岛	135.38	2.88	6.58	长沙	468.25	9.96	9.62
邯郸	137.54	2.93	4.52	湘潭	108.56	2.31	5.72
邢台	75.84	1.69	4.13	衡阳	102.69	2.18	17.69
保定	170.14	3.62	5.41	广州	822.28	19.12	6.19
张家口	84.33	1.87	4.83	深圳	922.90	19.64	164.82
承德	18.23	0.41	3.94	珠海	147.03	3.13	115.42
沧州	94.41	2.15	5.20	南宁	428.82	9.12	11.88
廊坊	94.49	2.15	17.31	北海	114.59	2.44	35.17
衡水	58.83	1.31	7.97	防城港	70.70	1.50	40.42
太原	330.44	7.68	2.47	海口	234.21	4.98	57.67
大同	155.59	3.62	10.56	成都	913.99	20.31	15.48
呼和浩特	300.96	6.84	8.92	南充	90.07	2.09	15.82
包头	383.12	8.91	5.64	贵阳	311.56	6.63	36.94
赤峰	92.78	2.06	7.31	昆明	452.85	9.84	10.66
沈阳	481.72	11.20	3.11	丽江	35.32	0.77	18.23
大连	288.76	6.42	6.45	拉萨	85.60	1.95	6.14
阜新	50.37	1.12	1.14	日喀则	17.98	0.38	4.02
长春	527.20	11.98	5.48	西安	528.81	11.25	5.68
吉林	69.39	1.69	1.06	延安	55.98	1.22	22.28
哈尔滨	328.00	7.45	2.68	兰州	123.52	2.94	1.48
齐齐哈尔	46.05	1.05	0.995	武威	24.29	0.52	2.98
南京	698.34	17.03	6.40	西宁	109.57	2.55	5.25
无锡	456.63	9.72	28.13	银川	225.58	5.37	10.52
徐州	283.76	6.04	15.23	中卫	28.45	0.61	22.90
杭州	717.14	16.30	28.13	乌鲁木齐	483.82	10.75	5.64
宁波	240.47	5.23	19.54	克拉玛依	59.39	1.32	8.07
合肥	745.05	15.85	13.75	喀什	135.52	2.82	25.52
蚌埠	84.08	1.87	5.56	霍尔果斯	35.15	0.78	20.99
福州	226.41	4.82	9.12	台北	88.51	1.84	0.62
厦门	473.41	10.07	33.50	香港	163.90	3.49	2.74
泉州	329.38	7.01	159.51	澳门	23.66	0.50	3.67
南昌	295.59	6.72	7.82				

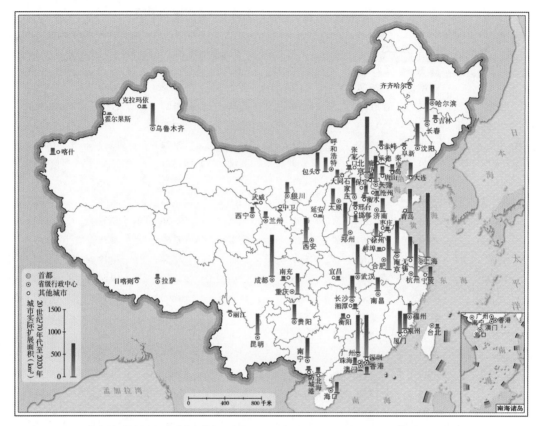

图7　我国75个主要城市20世纪70年代至2020年实际扩展面积比较

　　城市年均扩展面积在不同城市之间的差异趋势基本与建成区实际扩展面积具有类似特点，多数城市在具有较大的实际扩展面积的同时也具有相对较大的年均扩展面积（见图8），一定程度上表明监测时段的长短差异对于城市变化特点的分析影响较小。年均扩展面积比较表明，年均扩展面积超过20平方千米的城市有上海、北京和成都，上海和北京不仅实际扩展规模最大，而且扩展速度也显著超过其他城市，由此导致与其他城市的规模差异越来越大，成都市是近年来城市扩展加速的西部城市。年均扩展面积在10~20平方千米的城市包括深圳、广州、南京、杭州、郑州、合肥、武汉、天津、长春、西安、沈阳、青岛、重庆、乌鲁木齐和厦门等15个，均是区域性重要城市。年均扩展面积在1~10平方千米的占了大多数，包括长沙、昆明、无锡、南宁、包头、石家庄和太原等共计50个，占全部城市的66.67%。特别行政区澳门和霍尔果斯、丽江、中卫、武威、承德和日喀则等6个其他城市扩展速度相对最慢，年均扩展面积不足1平方千米。

　　各个城市监测前后的建成区面积对比，采用建成区扩展面积与监测初期城市

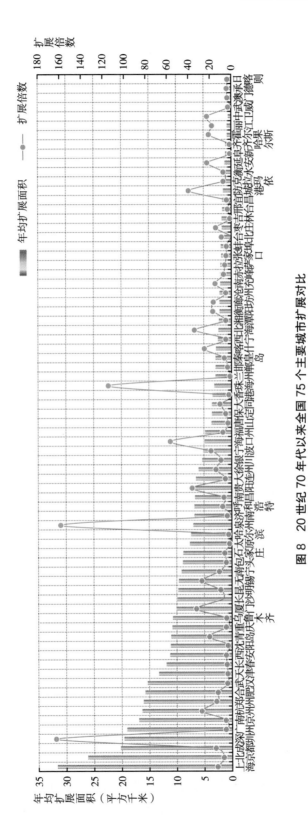

图 8 20 世纪 70 年代以来全国 75 个主要城市扩展对比

规模的比例，即扩展倍数，作为反映城市变化显著性的指标。深圳市的扩展最显著，实际扩展面积是监测初期的 164.82 倍，略高于扩展倍数第二位泉州的 159.51 倍。其他建成区扩展比较显著的城市还包括珠海、海口、防城港、贵阳、北海、厦门、杭州、无锡、喀什、中卫、延安、霍尔果斯和青岛等 13 个城市，其建成区扩展面积均是监测初始年面积的 20 倍以上，这些规模变化显著的城市主要为沿海城市和部分西部城市。建成区扩展倍数在 10~20 倍的城市有 15 个，占 20.00%；扩展倍数在 1~10 倍的城市数量较多，共计 43 个，占 57.33%，这些城市情况相对复杂，地理分布也无明显的规律性，既有因为原来建成区规模较大而前后变化不显著的城市，也有原来建成区规模和扩展面积均较小而变化不太显著的城市。扩展倍数小于 1 倍而变化最不明显的城市包括齐齐哈尔和台北 2 个城市，其中吉林是东北重要工业基地城市，主导产业衰退，经济发展步伐相对较缓慢，台北市已经是比较发达的城市，基本上进入相对稳定的发展时期。

总体而言，我国城市建成区面积变化显著，但城市之间存在明显差异，城市扩展量最多与最小极端相差 78.31 倍，进一步加剧了我国城市的用地规模差异。扩展面积和扩展速度最快的城市仍然是上海和北京这两个最大也最重要的城市，也导致与其他城市在规模上的差异越来越大。扩展显著的城市主要为沿海城市，以深圳市 47 年扩展了 164.82 倍最为突出，部分"一带一路"沿线重要城市如喀什和霍尔果斯等扩展同样显著。相比之下，扩展倍数最小而变化最不明显的城市则主要是东北老工业基地城市，如齐齐哈尔市。扩展速度慢的城市仍然以特别行政区澳门和其他城市为主，如丽江、中卫、武威、承德和日喀则等。

1.4 中国主要城市扩展时空特征

课题组利用遥感技术完成了我国 75 个主要城市的扩展监测，恢复重建了改革开放前数年以及改革开放后近 50 年的城市建成区状况，比较系统与完整地反映了中国城市建设用地的扩展特点。受遥感信息源等方面的影响，对各个城市进行遥感监测的起始年、具体的监测时间段等均有比较明显的差异，尚无法在 75 个城市做到一致。为实现全国城市相同时间段的对比及综合分析，研究中将各个城市在每一个时间段的建成区变化总量，平均分配到该时间段中的每一年度，以便最终得出所有城市在相同年份的变化总量，进一步开展全国城市扩展过程研究。尽管这种方法存在较大的局限性，无法真实地表现每一年度的差异，但对于历史过程的遥感恢复，基本上能够反映变化过程的总体特点（张增祥等，2006）。在近 50 年的扩展与发展过程中，无论是城市扩展速率、扩展的空间方位、扩展变化时间、占用的其他土地利用类型等，均有不同。不同类型、不同规模的城市在扩展幅度和扩展时间先后等诸多方面均有各自的特点。同时，由于受到区域自然地理环境、社会经济发展水平等的影响，不同地区的城市扩展面积比例及其速率均存在比较显著的差异。

1.4.1 城市扩展阶段特征

城市扩展过程的主要表现是用地规模不断增大，又表现为不同时期的扩展过程有明显的速率区别。分不同时间段对全国范围 75 个主要城市的扩展速度进行对比分析表明，我国城市整体扩展显著且日益加快。在过程分析中对全国城市变化划分的基本时间段包括 20 世纪 70 年代、80 年代、90 年代、21 世纪前十年及2010~2020 年等 5 个，能够进行我国实施改革开放前后的对比，也能够进一步详细分析改革开放以后城市变化最快的近 50 年的过程差异。需要指出的是，因为各个城市监测的起始年存在最大 7 年的时间差，造成 20 世纪 70 年代初期有监测结果的城市数量较少，难以代表我国城市变化的整体情况，实际分析当中主要使用1974~2020 年的监测数据。城市作为人类经济活动的主要载体，其规模发展一方面推动着经济的发展，同时也取决于国民经济及社会发展水平及宏观政策的指引。因此，在上述十年时间尺度分析的基础上，进一步阐述了国民经济和社会发展五年计 / 规划的不同阶段我国 75 个主要城市扩展的时代性特点。遥感监测时段涵盖了国民经济和社会发展的第六个"五年计划"时期（简称"六五"时期，1981~1985年）、"七五"时期（1986~1990 年）、"八五"时期（1991~1995 年）、"九五"时期（1996~2000 年）、"十五"时期（2001~2005 年）、"十一五"时期（2006~2010 年）、"十二五"时期（2011~2015 年）和"十三五"时期（2016~2020 年），此外还包括早期的 1980 年之前的若干年。

采用全国 75 个城市建成区平均历年增加面积揭示中国城市扩展变化的年际特征（见图 9）发现，城市规模的增长趋势是非常明显的，全部监测城市平均每年增加面积由原来的不足 1 平方千米增加到近年接近 16 平方千米的速度，加快了 15 倍以上。同时发现，这一发展过程表现出显著的阶段性差异。

比较而言，在 20 世纪 70 年代的数年间，我国城市扩展尚不明显，大部分城市建成区持续保持了多年相对稳定的缓慢发展状态。1979 年及其以前，遥感监测到的全国 75 个城市实际扩展面积共计 396.85 平方千米，城市平均的年增加面积变化在 0.90~1.62 平方千米，我国城市的变化处于缓慢期。

20 世纪 80 年代，全国 75 个城市建成区实际扩展面积 1614.40 平方千米，城市平均年增加 2.15 平方千米。这一扩展速度只是稍高于前一时期，速度变化不大，

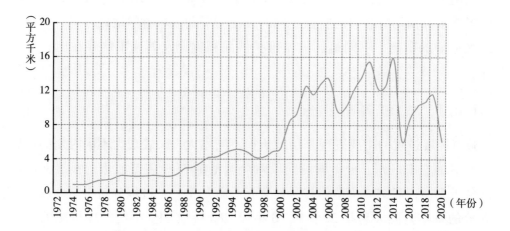

图9　20世纪70年代以来中国75个主要城市平均历年扩展面积

但扩大的面积总量已比较显著。在20世纪80年代，城市建成区扩展的阶段性差异很大，在扩展规模和速度方面均有表现。在1987年及其以前基本延续了70年代末期的扩展速度和规模，全国的实际年均扩展面积较前期增加并不明显，城市扩展相对平稳缓慢。但从1988年开始，这种情况发生了较大变化，扩展速度加快，每年实际扩展面积达到200平方千米上下，几乎是此前的1.5倍，城市平均年扩展面积达到了2.90平方千米。这一时间段，我国城市发展首次表现出加速势头。

20世纪90年代，我国城市开始首轮快速扩展，全国75个城市建成区实际扩展面积3322.44平方千米，城市平均年增加4.43平方千米，扩大的面积总量和平均扩展速度都比前一时期翻了一倍。20世纪90年代，城市建成区扩展年际变化较大。20世纪90年代上半段延续了80年代末期开始出现的城市建成区快速扩展趋势，一直持续到90年代中期前后才有所减缓，累计持续时间在9年左右。1990~1996年，城市建成区面积总增加2334.59平方千米，年均扩展达到333.51平方千米，城市平均年均扩展4.45平方千米左右，是我国城市扩展的第一个高峰。从1997年开始，速度和扩展规模均有下降趋势。1997年到1999年，我国城市建成区面积增加了987.85平方千米，平均每年增加329.28平方千米，城市平均年均增加4.39平方千米，较前一时期平均下降了1.37%左右，表现为小幅度减缓。

进入21世纪之后，我国城市建设进入大发展时期。21世纪前十年，全国75个城市建成区实际扩展面积7865.90平方千米，城市平均年增加10.49平方千米，扩大的面积总量和平均扩展速度比前一时期又翻了1.37倍左右。扩展速度增快的趋势在 2000 年前后已有所表现，到 2001 年后这种趋势更加明显，两年之后城市扩展达到顶峰，并持续了四年时间。在 2000~2006 年的短短七年内，全国 75 个城市建成区面积扩展了 5483.82 平方千米，过去近 50 年以来我国城市建成区总扩大面积中有 24.47% 是在这七年时间中完成的。从 2007 年开始，城市扩展速度放缓。2007~2009 年，城市年均扩展面积 10.59 平方千米，比前四年的扩展顶峰期降低了 15.62%。在 21 世纪前十年城市建成区大规模扩展且速度日益加快的大趋势下，最后三年出现了一个小幅度的扩展缓慢期。

2010~2020 年，全国 75 个城市的建成区实际扩展面积 9202.82 平方千米，城市平均年增加 11.15 平方千米，平均扩展速度比前一时期再次增加了 6.36%，呈现多年连续变化中非常突出的一个扩展高峰期，11 年实际扩展的面积占近 50 年扩展面积的 41.07%，成为监测期内扩展最快的时段。同时，该时期也是扩展速度起伏最大的时期。从 2010 年开始，城市扩展速度波动上升，在 2014 年达到峰值，该年城市平均增加了 15.63 平方千米，随后 2015 年，城市平均年扩展速度大幅度降低至 6.24 平方千米，降低了 60.08%。自 2016 年开始，城市平均年扩展面积再次逐年增加，直至 2019 年达到峰值 11.34 平方千米，之后回落至 2020 年的 6.02 平方千米。

在国民经济和社会发展五年计／规划的不同阶段，中国 75 个主要城市扩展体现了不同的时代特点。在 1980 年及以前的若干年，我国处于由社会动荡向良性发展的过渡时期，也包括了改革开放政策实施的最初两年时间。中国城市扩展速度仍处于缓慢期，75 个主要城市在 7 年左右时间的实际扩展面积为 552.96 平方千米，城市平均年均扩展面积约为 1.44 平方千米（见图 10）。改革开放最初两年，中共中

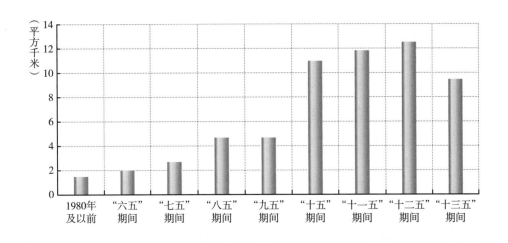

图 10　不同五年计／规划期间的城市平均年扩展面积

央、国务院先后批准广东、福建两省的对外经济活动自主权，设立深圳、珠海、汕头、厦门经济特区，以上改革开放政策推动了我国城市规模由缓慢扩展向加速扩展的过渡。

"六五"期间，改革开放政策进一步推进，我国城市用地规模扩展速度有所上升，75个主要城市实际扩展面积725.52平方千米，年均扩展面积较上一时段增加了46.24%。在此期间，我国确定开放从北至南包括大连、上海、北海等共计14个沿海开放城市；次年开辟珠三角、长三角、闽南三角洲为沿海经济开放区，大大推动了中国城市经济及用地规模的发展壮大。

以上政策对城市发展的推动作用在"七五"期间已经有了较为明显的表现，不仅城市总规模持续增大，75个主要城市年均扩展速度比前一时期提升了37.07%。国家继而撤销广东省海南行政区，设立海南省，建立全国最大且唯一的省级经济特区——海南经济特区。"七五"末期，国家宣布开发开放上海浦东，上海经济在全国占有很重要的地位，上海市浦东新区作为中国首个副省级市辖区的诞生，是拉动中国经济和城市发展的重要标志。

"八五"期间，改革开放政策在全国范围内全面铺开，由沿海逐渐向沿边、沿江和所有内陆省会（首府）城市拓展，开发黑龙江省黑河市、绥芬河市、吉林省珲春市和内蒙古自治区满洲里市四个边境城市以及内陆地区11个省会（首府）城市。同期，国务院批准了武汉东湖、南京、西安、天津、长春、深圳等26个国家高新技术产业开发区。至此，国家的开发开放政策覆盖了遥感监测的75个主要城市的绝大多数，城市用地规模扩展再次加速。在此期间，城市平均年扩展面积4.60平方千米，年均扩展速度较上一时段再次增加了73.57%。

"九五"期间，我国城市继续稳步发展，城市规模的扩展速度平稳，维持了与前一阶段相当的水平，城市平均年扩展4.62平方千米，但城市用地规模仍在进一步扩大。该时期是我国经济和社会发展承上启下的重要时期，也是经济和社会发展遇到前所未有的挑战的时期。亚洲金融危机肆虐，给我国经济增长带来严重冲击。国务院继续推进各项改革，坚持以发展保稳定。持续了近十年时间的城市规模快速扩展阶段，在经济和社会得到全面发展的同时，城市无节制的扩大、滥用周边土地、耕地资源浪费现象等一系列问题均显现出来，城市实际经济发展水平甚至与其用地规模不符，土地资源利用集约度明显不足。国家对以上问题的反思和对发展策略的调整，也在一定程度上平抑了城市快速扩展的势头。以上社会、经济及政策因素，是"九五"期间我国城市趋于稳步发展的重要原因。

"十五"期间是我国经济社会发展取得巨大成就的五年。中国正式加入世界贸易组织（WTO），快速融入全球化的市场体系，形成外向型城镇体系空间格局。国家开始实施西部大开发政策，缩小国家经济发展地域差异，全国性的全面推进经济发展，城市用地规模也因此进入第一次扩展高峰期。75 个主要城市年均扩展速度较此前加快 1.36 倍，实际扩展面积合计 4094.71 平方千米。中国经济发展由单纯的追逐 GDP 指标，逐步向经济—生态协调发展阶段过渡。耕地作为城市扩展的主要土地来源，在各种城市扩展土地来源中所占比例下降约 1%，国家全面启动退耕还林、还草政策，并实施严格的耕地保护制度，对于平衡城市发展和耕地保护之间的矛盾发挥了重要作用。

"十一五"期间，国家继西部大开发战略之后，开始实施东北老工业基地振兴发展策略和中部崛起计划，力求进一步缩小区域发展的不均衡问题。此外，在改革开放以来已经初具规模的一批特大城市的带领下，重点发展以特大城市为核心，辐射区域内大中城市的城市群，国家先后批准并实施了珠江三角洲地区改革发展规划、长江三角洲地区区域规划、京津冀都市圈区域规划，促进了中国城市在重点区域集群式发展的步伐，拉动了重点区域大中小城市的发展。75 个主要城市实际扩展面积 4399.61 平方千米，年均扩展速度在前一阶段高位扩展基础上，仍有 7.45% 的增加量。在全球爆发经济危机的大背景下，中国保持了经济平稳较快发展的良好态势。

"十二五"是国际经济转型与中国经济社会转型的重叠期，也是中国经济社会转型的关键时期。"十二五"规划的主要目标是"加快转变经济发展方式"，扩大内需是转变发展方式的重要内容，而城镇化则是扩大内需的重要支点。促进大中小城市和小城镇协调发展，促进东部地区提升城镇化质量的同时，对中西部发展条件较好的地方，研究加快培育新的城市群，形成新的增长极，是城镇化发展方式的宏观指导。"十二五"期间中国城市用地规模扩展速度超越了此前时期，城市平均年扩展面积 12.42 平方千米，是整个监测时段城市扩展速度最快的时期，常住人口城镇化率达到了 56.1%，超越了世界平均水平，中国整体进入城市型社会阶段。

"十三五"时期是我国全面建成小康社会决胜阶段，以经济保持中高速增长为目标，继续推进新型城镇化，严格限制新增建设用地规模。新型城镇化以人的城镇化为核心、以城市群为主体形态、以城市综合承载能力为支撑，努力缩小城乡发展差距，推进城乡发展一体化。监测结果显示，"十三五"期间，75 个主要城市实际扩展面积 3520.87 平方千米，城市年均扩展速度为 9.39 平方千米，比"十二五"期间下降了 24.44%，初步体现了新型城镇化以优化城市空间结构、提高城市空间利用效率、严格规范新城新区建设等国家规划的实际效果。

城市扩展的基本过程分析表明，中国城市在"六五"期间及以前处于一个相对稳定的缓慢发展时期；"七五"期间有明显加速，年均扩展面积比前一时期增加了近 37.07%，这是中国城市首轮加速扩展，具体落在年份上，起于 1988 年，止于"九五"初期，持续了 9 年左右的时间。"九五"初期城市规模扩展速度减缓，总体扩展速度维持了与前一阶段相当水平。"十五"期间，城市用地规模进入了扩展高峰期，年均扩展速度较此前加快 1.36 倍，持续了约 6 年左右的时间，至 2007 年明显减缓，直至 2009 年左右。"十一五"期间城市扩展速度呈首尾扩展速度快、中间阶段发展缓慢的态势。"十二五"期间是整个监测时段城市扩展速度最快的时期，再次出现突出的扩展高峰。但在"十二五"最后阶段，我国基本进入工业化中后期，经济结构出现了转折性变化，去产能、去杠杆、去库存任务艰巨，2015 年我国经济增速是自 1991 年以来最低点，城市用地扩展速度在 2015 年也出现了低点。"十三五"期间，我国开启供给侧结构性改革，中国经济发展进入新常态；新型城镇化以人的城镇化为核心，重视提高城市空间利用效率，遥感监测显示的中国城市扩展速度在此期间稳步回升，但"十三五"最后一年，城市扩展速度又回落至初期。中国 75 个主要城市扩展体现了国民经济和社会发展的时代特点，在"八五"、"十五"和"十二五"初期分别出现了三个扩展高峰期，充分体现了国家全面推进改革开放政策、中国加入世贸组织及加快转变经济发展方式等国家重大决策对城市发展的强大指引作用。同时，在 1998 年亚洲金融风暴、2008 年全球经济危机以及 2015 年中国经济结构性改革期间，中国城市扩展速度也三次出现低点，印证了国民经济发展水平在城市发展中起着决定性作用。

1.4.2　城市扩展区域特征

近年来，城市的快速发展有目共睹，但中国疆域辽阔，不同地区的自然地理状况差异显著、经济发展水平不平衡等因素存在，导致不同地区的城市在不同时期的扩展速度、扩展规模、对区域土地利用的影响等存在差异，形成各具特色的时空过程。同时，在国家宏观发展战略的影响下，从东部到西部地区城市的扩展也显著不同。

1. 八大区域城市的扩展

不同区域的划分是基于中国行政大区区划和地理大区区划方法，将中国分为东北、华北、华中、华东、华南、西北、西南和港澳台地区等 8 个区。监测的 75 个城市中有 18 个城市属于华北地区，7 个城市属于东北地区，15 个城市属于华东地区，6 个城市属于华中地区，有 7 个城市属于华南地区，有 8 个城市属于西南地区，属于西北地区的城市有 11 个，属于港澳台地区的城市有 3 个（见表 5）。

表 5　中国 75 个主要城市在八大区域中的分布

分区名称	城市名称
东北地区	沈阳、长春、哈尔滨、齐齐哈尔、大连、阜新、吉林
华北地区	北京、天津、太原、石家庄、呼和浩特、包头、唐山、大同、赤峰、保定、沧州、承德、邯郸、衡水、廊坊、秦皇岛、邢台、张家口
华中地区	郑州、武汉、长沙、衡阳、湘潭、宜昌
华东地区	上海、南京、合肥、杭州、福州、南昌、济南、青岛、枣庄、厦门、徐州、无锡、宁波、蚌埠、泉州
华南地区	广州、南宁、海口、深圳、珠海、防城港、泉州
西北地区	西安、乌鲁木齐、银川、兰州、西宁、克拉玛依、武威、霍尔果斯、喀什、延安、中卫
西南地区	重庆、成都、昆明、贵阳、拉萨、南充、丽江、日喀则
港澳台地区	香港、澳门、台北

（1）东北地区

东北地区是中国的一个地理大区和经济大区，水绕山环、沃野千里是其地面结构的基本特征，土质以黑土为主，是形成大经济区的自然基础。行政区划上包括黑龙江、吉林和辽宁三省。该地区四季分明，坐拥中国最大的平原东北平原，是资源丰富、文化繁荣、经济实力雄厚的区域。早在 20 世纪 30 年代东北地区就建成了较为完整的工业体系，一度占有我国 98% 的重工业生产。在 2003 年 9 月 29 日，中共中央政治局讨论通过《关于实施东北地区等老工业基地振兴战略的若干意见》，开启了振兴东北的战略历程。

东北地区城市扩展遥感监测了 7 个城市，包括 3 个省会城市和 4 个其他城市。东北地区城市从 20 世纪 70 年代的 630.75 平方千米，扩展为 2020 年的 2664.66 平方千米，城市总面积增加了 2033.92 平方千米，东北地区城市总面积扩大了 3.22 倍。

从 1975 年至 2020 年的 45 年间，东北地区城市扩展的时间特征显著（见图 11）。从大的时间段看，分别经历了 20 世纪 70 年代的持续加速扩展时期、80 年代年均 1.97 平方千米的低速平稳扩展时期、90 年代前期和中期的低速平稳扩展合并末期急剧加速扩展的时期、21 世纪前十年的震荡加速扩展时期和 2010 年后的震荡减速扩展时期，从"十一五"时期的年均 13.10 平方千米的扩展速度减少至"十二五"时期的 9.83 平方千米，"十三五"时期更是低至 4.5 平方千米 / 年。

自 2003 年国家"振兴东北"宏观战略实施以来，至 2020 年，17 年时间，东北地区城市实际扩展了 1138.20 平方千米，是 45 年来东北地区遥感监测城市扩展总面积的一半多。该时期城市实际年均扩展面积为 66.95 平方千米，每个城市年均扩展面积为 9.56 平方千米，是近 50 年来年平均扩展面积的 1.67 倍。

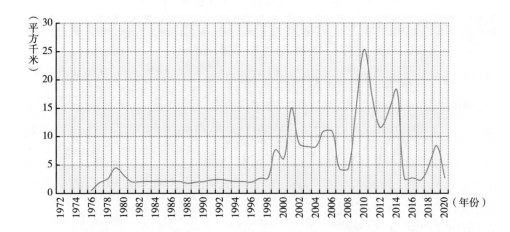

图 11　东北地区城市历年平均扩展面积

东北地区一度为中国的重工业基地，此次遥感监测的沈阳、长春、哈尔滨、齐齐哈尔、大连、阜新、吉林等 7 个城市均为东北地区的主要工业城市。因此，东北地区城市扩展监测初期就呈显著加速扩展的特征，从 1975 年至 1979 年持续加速，由 1975~1976 年的年均 0.49 平方千米增加到 1978~1979 年的 4.41 平方千米。之后略有减速，并以年均 2.14 平方千米的扩展速度平稳发展了较长一段时间，直到 20 世纪 90 年代末才又一次呈显著加速扩展特征，1998~1999 年年均扩展速度达到 7.61 平方千米，扩展速度增长了 2.56 倍。随着"东北振兴"战略的实施，城市扩展的面积和速度都有了明显提升。东北地区城市扩展在 21 世纪前十年呈现震荡式加速扩展，扩展速度在 2009~2010 年急剧加速到年均 25.35 平方千米，成为整个监测时段该地区的最大值，在此后的 10 年中，该地区城市呈震荡减速扩展，在 2013~2014 年略呈增速（年均 18.20 平方千米），后又显著减速至 2014~2015 年的年均 2.45 平方千米和 2015~2017 年的年均 2.45 平方千米，在 2017~2020 年以年均 6.53 平方千米小加速后又呈减速扩展势头。

（2）华北地区

华北的行政区划，包括北京市、天津市、山西省、河北省和内蒙古自治区（两市两省一区）。华北地区是我国传统的农业地区，重要的粮食生产基地，土地肥沃，聚居人口较多。华北地区由于包含两大中心城市：北京、天津，在区域中的集聚作用体现十分明显，人口向心性表现强烈，区域的等级结构呈现为复杂和多层次的区域城镇体系结构（刘晓勇，2007）。

华北地区城市扩展遥感监测选取了 18 个城市，包括 2 个直辖市、3 个省会（首府）城市和 13 个其他城市，其中有 10 个其他城市隶属河北省，是此次城市扩展遥感监测八大地区中其他城市样本个数最多的地区，主要基于我国在 2014 年提出并开始实施"京津冀协同发展"国家战略，势必对华北地区的城市扩展产生影响。

1973 年至 2020 年，华北地区遥感监测城市从 856.24 平方千米扩展到 5750.15 平方千米，增加了 5.72 倍，华北地区遥感监测城市总体呈现加速扩展态势（见图 12）。在 1973~1979 年为代表的 20 世纪 70 年代年均扩展面积为 1.66 平方千米，并成为 20 世纪 70 年代八大地区扩展最快速的地区之一，80 年代年均扩展面积保持在 2.64 平方千米，到 90 年代城市年均扩展面积增加到 4.25 平方千米，21 世纪前 10 年迅速达到年均 8.86 平方千米的扩展速度，此后两年继续保持较高速的扩展，但在 2012~2020 年呈现震荡减速扩展，年均扩展只有 6.04 平方千米。到"十三五"期间，该地区的城市扩展年均速度只有 5.47 平方千米。

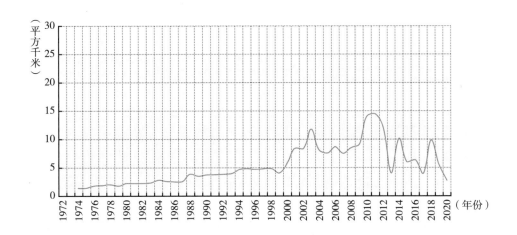

图 12　华北地区城市历年平均扩展面积

华北地区城市扩展特征可以归纳为：① 1973~2000 年呈平稳加速扩展态势，在 1987~1988 年以年均 3.80 平方千米出现一次小的扩展高潮；② 21 世纪前十年呈快速扩展，2000~2003 年以年均 9.49 平方千米显著加速扩展，并在 2009~2011 年以年均 14.26 平方千米的扩展速度迎来整个监测期间的第一峰值；③ 2010~2020 年呈震荡减速扩展态势，年均扩展速度由 2010~2012 年的 13.21 平方千米急剧减速至 2012~2013 年的年均 4.01 平方千米，在经历了 2013~2014 年和 2017~2018 年两次短暂急剧增速（年均扩展速度分别达 10.11 平方千米和 9.84 平方千米）后，波动减速至 2019~2020 年的年均 2.70 平方千米。

（3）华中地区

华中地区，行政区划上包括河南、湖北和湖南三省，农业发达，轻重工业都有较好的基础，水陆交通便利，是全国经济比较发达的地区。

华中地区城市扩展遥感监测，共监测了 6 个城市，包括 3 个省会城市和 3 个其他城市。1973 年至 2020 年，华中地区城市从 345.17 平方千米扩展到 2597.37 平方千米，面积增加了 6.52 倍。

华中地区遥感监测城市的扩展经历了 20 世纪 70 年代和 80 年代的低速扩展时期（年均扩展速度 1.49 平方千米）、90 年代的加速扩展时期（年均扩展速度增加到每年 4.06 平方千米），到 21 世纪前十年进入快速扩张时期（年均扩展速度达到 12.79 平方千米），在 2010~2020 年震荡加速扩展。2012~2014 年以年均 22.58 平方千米成为整个监测时期该地区城市扩展速度最快的阶段（见图 13），之后波动减速至"十三五"时期的 14.32 平方千米，2019~2020 年的年均扩展更是低至 7.41 平方千米，成为 21 世纪以来该地区城市扩展速度最低值。

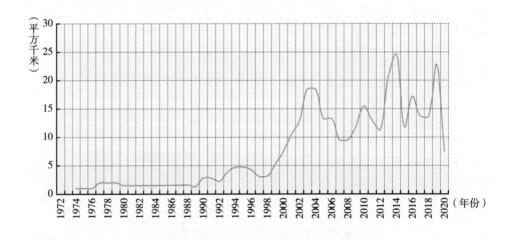

图 13　华中地区城市历年平均扩展面积

华中地区城市中心建成区扩展在各监测时段略有波动。1973~1989 年保持波澜不惊的低速平稳扩展，之后开始逐级加速扩展，1989~1990 年的年均扩展速度增加到 2.71 平方千米，1992~1994 年年均扩展速度提高到 4.21 平方千米。1998~2004 年为扩展急剧加速的 6 年，1998~1999 年的年均扩展速度达到 5.13 平方千米，而到了 2002~2004 年扩展速度则急剧加速到年均 16.67 平方千米，成为整个监测时段的第一波扩展高潮。2004~2008 年的 4 年间，华中地区城市中心建成区出现逐级减速扩展的特征，2004~2006 年的年均扩展速度为 11.96 平方千米，2006~2008 年的扩展减速为年均 10.26 平方千米。在短暂减速扩展后，华中地区又迎来了 2008~2020 年的震荡加速扩展，年均扩展了 15.23 平方千米，成就整个监测时段的第二波扩展高潮并在 2012~2013 年扩展速度达到 24.55 平方千米 / 年，成为整个监测时段华中地区城市中心建成区扩展速度最大值。

（4）华东地区

华东地区，或称"华东"，是中国东部地区的简称。1961 年成立华东经济协作区时包括上海、江苏、浙江、安徽、福建、江西和山东等地，1978 年后撤销。如今，华东仍被用作地区名，大致包括上述六省一市。

华东地区城市扩展遥感监测选取了 15 个城市，包括 1 个直辖市、6 个省会城市、8 个其他城市。1973 年至 2020 年，华东地区城市从 701.47 平方千米扩展到 9982.01 平方千米，增加了 13.23 倍。

从 1973 年至 2020 年，华东地区城市扩展总体呈现持续加速态势（见图 14），各监测时段略有波动。20 世纪 70 年代，华东地区城市保持低速平稳扩展，年均扩展面积只有 1.19 平方千米，80 年代年均扩展面积增加到 3.25 平方千米，并保持持续高速平稳扩展，到 90 年代，华东地区城市面积扩展速度提高到年均 5.58 平方千米，21 世纪前 10 年城市扩展速度急剧增加到年均 19.90 平方千米，2011~2020 年华东地区城市面积的扩展速度总体呈震荡减速态势，由"十二五"时期的年均扩展 16.02 平方千米减速至"十三五"时期的 15.71 平方千米，仍保持较高速度扩展，达到了年均 15.89 平方千米。

华东地区城市扩展呈现三级跳跃式加速的显著特征：①第一级跳跃式加速扩展发生在 20 世纪 70 年代末至 80 年代初，遥感监测显示，华东地区城市扩展速度

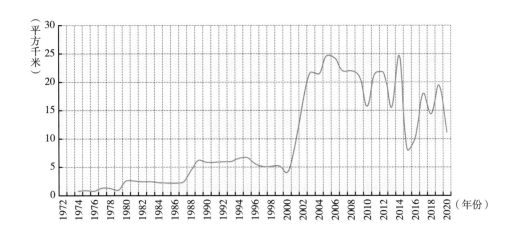

图 14　华东地区城市历年平均扩展面积

从 20 世纪 70 年代的年均 0.96 平方千米加速到 1979~1980 年的年均 2.54 平方千米；②第二级跳跃式加速发生在 20 世纪 80 年代末，1987~1989 年，华东地区城市扩展速度从年均 3.28 平方千米加速到年均 6.16 平方千米；③第三级跳跃式加速发生在 21 世纪初期，华东地区城市面积扩展速度从 1999~2000 年年均 4.04 平方千米急剧增加为 2002~2003 年的年均 21.66 平方千米，并保持高速扩展。2009~2010 年出现一个明显的减速后，华东地区遥感监测城市扩展进入波动减速扩展过程。

（5）华南地区

华南地区位于中国最南部，北与华中地区、华东地区相接，南面包括辽阔的南海和南海诸岛，与菲律宾、马来西亚、印度尼西亚、文莱等国相望，行政区划上包括广西壮族自治区、广东省和海南省。

华南地区城市扩展遥感监测，共监测了 7 个城市，包括 3 个省会（首府）城市和 4 个其他城市。1973 年至 2020 年，华南地区城市中心建成区面积由 210.14 平方千米扩展到 3466.10 平方千米，面积增加了 15.49 倍，是我国八大区域中城市面积扩展最为显著的地区。

华南地区城市扩展过程经历了 4 个差异明显的扩展时期（见图 15）。20 世纪 70 年代呈低速扩展，年均扩展 1.04 平方千米；80 年代呈加速扩展，年均扩展 3.50 平方千米；90 年代呈高速扩展，年均扩展 10.65 平方千米，成为该时期全国八大区域城市扩展速度最快的地区；21 世纪以来仍保持年均 12.15 平方千米的高速扩展并伴有显著的波动特征，由"十二五"时期的年均扩展 12.07 平方千米增速至"十三五"时期的 13.45 平方千米。

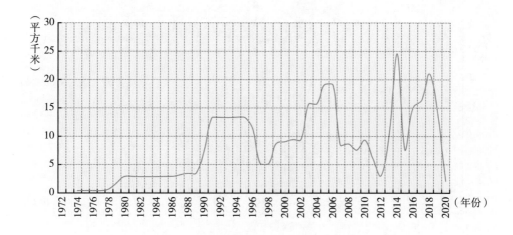

图 15　华南地区城市历年平均扩展面积

华南地区城市扩展过程中呈现阶段性的明显波动。20世纪70年代一直处于低速扩展时期，1973~1977年年均扩展速度只有0.51平方千米，1978~1979年以年均1.80平方千米的速度开始加速，并在80年代保持较平稳的速度扩展。第一次急剧加速扩展出现在1989~1991年，尤其是1990~1991年年均扩展速度达到13.30平方千米，并在90年代前6年保持这一较高速度扩展，在90年代后4年扩展速度有所降低，尤其是1996~1998年出现较为显著的减速扩展，年均扩展速度降为5.19平方千米，但90年代华南地区城市扩展仍达到年均10.65平方千米的较高速度。1998~2006年的8年间，华南地区城市扩展出现第二次急剧加速，从1996~1998年的年均5.19平方千米急剧加速到1998~1999年的年均8.84平方千米，2002~2004年的年均扩展速度增加到15.73平方千米，2004~2006年更是加速到年均19.12平方千米。华南地区城市扩展在21世纪以来呈现很显著的波动性，21世纪前6年持续增速扩展，2006年后华南地区遥感监测城市扩展速度进入了震荡加速过程，2006~2007年年均扩展速度急减为8.46平方千米后持续保持震荡减速扩展，在2011~2012年减速触底后（年均3.07平方千米）又呈加速态势，并在2013~2014年以年均扩展24.55平方千米成为整个遥感监测时段扩展速度最快时期，之后的2015~2020年又呈明显波动中加速扩展态势（年均扩展速度为13.79平方千米）。

（6）西北地区

西北地区，包括陕西、甘肃、宁夏、青海和新疆等5个省级行政区。遥感监测西北地区城市扩展，共包括了5个省会（首府）城市和6个其他城市。西北地区城市扩展相对平稳，从1973年的368.88平方千米扩展到2020年的2361.28平方千米，城市总面积扩大了5.40倍。

西北地区城市扩展过程具有自身特点，时间特征明显，经历了20世纪70年代和80年代的低速扩展时期（年均扩展速度分别为0.34平方千米、0.62平方千米）；90年代启动加速扩展时期（年均扩展速度为2.29平方千米），在90年代末加速明显；21世纪以来震荡式扩展，2000~2006年显著增速扩展后，2006~2009年又呈显著减速扩展，2009~2010年以12.71平方千米的速度急剧增速扩展后保持这一高速态势至2013年，此后年均扩展速度在2013~2014年又急剧减速至6.97平方千米，并持续至2020年。整个"十三五"时期，城市扩展速度缓慢、平稳（见图16）。

西北地区深居内陆，属于我国经济欠发达地区，城市中心建成区扩展经历了较长的低速扩展时期，直到20世纪90年代初的1990~1991年才出现较为明显的加速扩展，年均扩展速度从1989~1990年的0.98平方千米提高到1990~1991年的1.48

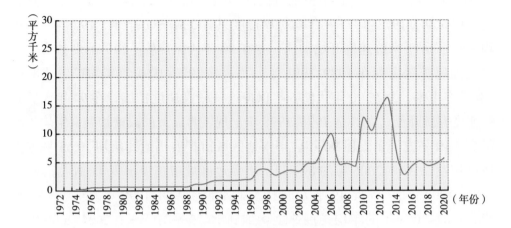

图 16　西北地区城市历年平均扩展面积

平方千米，之后的 6 年，西北地区城市扩展持续平缓加速。90 年代后期开始出现了第二次显著的加速扩展，1996~1997 年年均扩展面积显著增加到 3.54 平方千米，扩展速度提高到了较高水平。21 世纪以来进入震荡式较高速发展阶段，2004~2006年，扩展速度从之前的年均 3.99 平方千米加速到 7.60 平方千米和 9.82 平方千米，之后又显著减速，2006~2009 年年均扩展面积只有 4.42 平方千米，2009~2013 年震荡加速扩展，速度达到年均 13.37 平方千米，并在 2012~2013 年达到 16.14 平方千米，成为整个监测时段的最大值。之后，西北地区城市扩展急剧减速，并持续以较低的速度扩展至 2020 年。

（7）西南地区

西南地区，包括重庆、贵州、四川、云南和西藏等 5 个省级行政区。遥感监测西南地区城市扩展，共包括了 1 个直辖市、4 个省会（首府）城市和 3 个其他城市。西南地区城市扩展显著，从 1973 年的 259.13 平方千米扩展到 2020 年的 3173.07 平方千米，面积扩大了 11.25 倍。

西南地区城市扩展的时间特征明显。20 世纪 70 年代处于低速扩展时期，年均扩展速度为 0.76 平方千米；80 年代，西南地区城市扩展总体也处于低速扩展阶段，这个时间段的扩展速度为 1.19 平方千米，1986~1988 年有一个短暂的加速扩展期，年均扩展速度提升到 2.13 平方千米，之后仍维持年均 0.96 平方千米的较低扩展速度；90 年代，持续加速扩展特征明显，从 1990~1991 年的年均 0.95 平方千米加速到 1995~1996 年的 4.92 平方千米，并在此之后的 90 年代末保持年均大于 4 平方千米的速度扩展；21 世纪是西南地区城市加速扩展时期，并伴随着显著的波动，达到年均扩展 12.14 平方千米的高速度，2008~2020 年城市扩展速度波动变化显著，形成 2008~2009 年、2010~2011 年、2012~2013 年和 2016~2017 年城市扩展的四次高潮，年均扩展速度分别达到 18.80 平方千米、26.34 平方千米、21.34 平方千米和 19.46 平方千米（见图 17）。

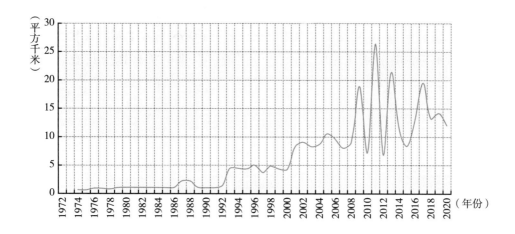

图 17　西南地区城市历年平均扩展面积

西南地区城市扩展的阶段性差异明显，经历了 1973 年至 2008 年的阶梯式平稳扩展，以及 2008~2020 年 12 年的剧烈波动式扩展。在 1973 年至 2008 年阶梯式平稳扩展时期，存在 2 个显著的加速拐点期，第一个显著的加速拐点期出现在 1992~1993 年，年均扩展速度从之前的 1.27 平方千米增加到 4.38 平方千米，并保持到 2000 年；第二个显著加速的拐点期出现在 2000~2001 年，年均扩展速度从之前的 4.11 平方千米显著增加到 8.15 平方千米，扩展速度提高了几乎一倍，并在此后的 8 年均保持这一较高速扩展。2008~2020 年的 12 年是剧烈波动式扩展时期，经历了四次显著的高速扩展和三次明显的减速，在 2010~2011 年急剧加速扩展达到整个监测时期的最高速，2016~2020 年（"十三五"时期）也成为该地区城市扩展速度最快的时期，年均扩展了 14.68 平方千米。

（8）港澳台地区

港澳台地区是对我国香港特别行政区、澳门特别行政区和台湾地区的通称。港澳台地区面积不大，工矿资源很少，但地理位置优越，已经成为比较发达的区域。从 20 世纪 60 年代开始，香港和台湾重点发展劳动密集型加工产业，在短时间内实现了经济的腾飞，一跃成为全亚洲最发达富裕的地区之一，成为"亚洲四小龙"的主要地区之一。

在城市扩展遥感监测中，港澳台地区的监测时间从 1972 年至 2020 年，城市面积从 234.48 平方千米扩展到 526.48 平方千米，面积增大了 1.25 倍，是中国 8 个分区域城市扩展监测中扩展相对最少的区域。

港澳台地区的城市扩展有自身显著的时间特征，总体呈减速扩展态势，显著区别于其他 7 个地区，20 世纪 70 年代该地区的年均扩展速度为 3.32 平方千米，80 年代的扩展速度减小为年均 3.03 平方千米，90 年代的年均扩展速度继续减少至 2.07 平方千米，21 世纪前 10 年更是年均扩展面积只有 0.98 平方千米，2010 年以来的 10 年间继续波动减速扩展（见图 18），"十三五"时期的扩展速度只有 0.62 平方千米。

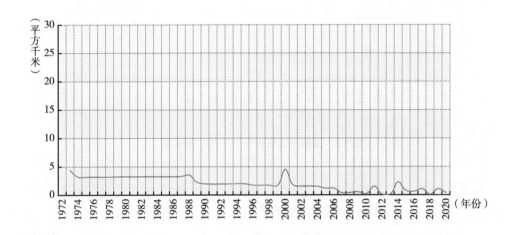

图 18　港澳台地区城市历年平均扩展面积

港澳台地区城市扩展呈持续减速态势，但在局部也略有波动，1999~2000 年以年均 4.48 平方千米的速度显著增速扩展，在 2010~2011 年也出现了一次逆势增速扩展，从 2009~2010 年年均 0.10 平方千米的扩展速度增加至 1.51 平方千米，之后是 2013~2014 年、2016~2017 年和 2018~2019 年再次出现逆势增速扩展。

（9）八大区域城市扩展特征

比较可见，由于 8 个地区存在显著的自然地理状况差异，加上我国对区域经济发展布局的部署和调整也存在阶段性和区域性，不同地区城市扩展的时空过程有明显不同。

20 世纪 70 年代，中国大部分地区城市处于低速扩展时期（见图 19），只有港澳台地区和东北地区的城市扩展速度明显高于其他地区，尤其是港澳台地区城市扩展处于城市化后期，出现减速扩展的特征；而东北地区城市在 1977~1980 年还出

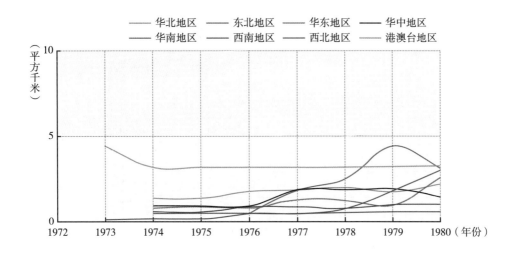

图 19　20 世纪 70 年代中国不同区域城市的平均扩展面积

现了显著增速扩展和减速扩展的波动。以年均扩展速度排序，从大到小依次为港澳台、东北、华北、华中、华东、华南、西南、西北。

20 世纪 70 年代中后期，除港澳台地区、西北地区和西南地区以外的中国其他地区城市扩展启动加速。从"四五"后期到"五五"初期，国家投资的地区重点开始逐步东移，受大型成套设备项目在沿海地区落户等政策影响，东北地区、华南地区和华东地区城市扩展加速明显。

20 世纪 80 年代，中国城市均呈现匀速平稳扩展特征，扩展速度均未出现较大起伏。但区域差异明显，该时期的扩展速度从大到小依次是华南、华东、港澳台、华北、东北、华中、西南、西北（见图 20）。十一届三中全会后，中国实行对外开放、对内搞活经济的重大战略方针，国民经济和社会发展第六个和第七个五年计划明确指出积极发展和加速发展东部沿海地带，华南地区城市扩展加速明显，从 20世纪 70 年代八大区域中的第 6 位跃居到 80 年代的第一位。华东地区城市扩展速度也超越了港澳台地区跃居第三位，西北地区和西南地区城市扩展的速度仍排在最后两位。

20 世纪 90 年代，中国城市扩展出现更大的区域差异，呈现 5 个不同阶梯，华南地区急剧加速扩展，华东地区和华北地区高速平稳扩展，华中地区和西南地区由较为滞后到 1992~1993 年开始加速扩展，西北地区和东北地区平稳加速扩展，港澳台地区从 80 年代末开始减速扩展。该时期的扩展速度从大到小依次是华南、华东、华北、华中、西南、东北、西北、港澳台。这一时期的另一显著特征是，华南地区

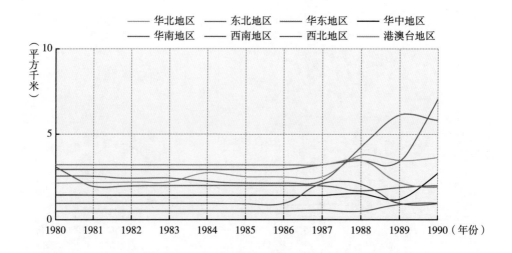

图20　20世纪80年代中国不同区域城市的平均扩展面积

城市面积保持较高速度扩展一段时间后，在90年代后期减速，达到全国城市扩展速度的平均水平（见图21）。该时期，大部分地区城市扩展加速显著，以华南和华东地区城市扩展急剧加速最为明显。总体呈减速扩展的港澳台地区城市也在这个时段出现了短暂的明显加速。

　　21世纪前10年，中国城市保持高速扩展，但有显著波动。该时期城市年均扩展速度，由快到慢依次为华东、华中、华南、东北、西南、华北、西北、港澳台地区。其中，华东地区城市扩展速度最高，在20世纪末至21世纪初，扩展速度从

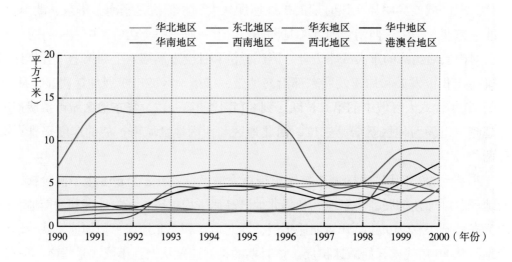

图21　20世纪90年代中国不同区域城市的平均扩展面积

1999~2000 年的年均 4.04 平方千米急剧加速到 2000~2001 年的 8.47 平方千米，并持续加速，在 2004~2005 年年均扩展速度达到 24.66 平方千米，相比 20 世纪 90 年代末，扩展速度增加了 5 倍多，成为该时段全国城市扩展最快速的地区，在保持了较长时间高速平稳扩展后 2009~2010 年开始略有减速。这 10 年中，中国城市扩展的显著波动性特征体现在：除港澳台地区持续低速扩展外，其他 7 个地区的城市扩展速度均呈现多个波峰和波谷的全面高速扩展。其中，华北地区和华中地区城市扩展加速的第一个波峰出现在 2003 年，第二个波峰出现在 2010 年；华南地区城市扩展加速的第一个波峰出现在 2005~2006 年，第二个波峰出现在 2010 年；东北地区城市扩展加速出现 3 个波峰，分别在 2001 年、2005~2006 年和 2010 年；西北地区城市的扩展速度在这一时期仍然低于全国水平，但也在该时期出现了两次波峰，分别是 2006 年和 2010 年；西南地区城市扩展与其他 7 个地区不同，在这一时期呈较平稳的加速扩展状态，只在 2009 年出现一个显著波峰；港澳台地区城市在这一阶段呈持续减速扩展特征（见图 22）。

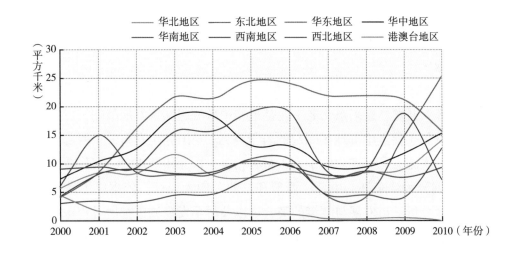

图 22　21 世纪前 10 年中国不同区域城市的平均扩展面积

2010~2020 年，中国八大地区城市扩展特征迥异，呈现 4 种扩展风格（见图 23）。①华东和华中地区均具 3 个波峰式波动增速，在这 10 年年均城市扩展速度达到全国 8 个分区的前两位，年均扩展速度分别达 16.46 平方千米和 15.55 平方千米；②西南地区该时段城市扩展速度跃升至全国八大区域的第三位，并在 2010~2011 年以年均 26.34 平方千米的速度成为全国城市扩展速度最快的地区，之后呈波动减速扩展；③2014~2015 年同为全国八大区域城市扩展的一个波谷时期；④港澳台地区

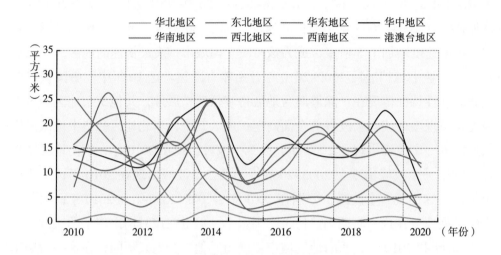

华北地区　　东北地区　　华东地区　　华中地区
华南地区　　西北地区　　西南地区　　港澳台地区

图 23　2010~2020 年中国不同区域城市的平均扩展面积

城市先短暂增速后减速扩展，并在 2011~2013 年呈现零扩展面积。比较该时期各地区城市年均扩展速度，由快到慢依次为华东、华中、西南、华南、东北、华北、西北、港澳台地区。

2. 四大地区城市的扩展

根据西部大开发、振兴东北老工业基地和中部崛起国家发展战略，以及《中共中央、国务院关于促进中部地区崛起的若干意见》、《国务院发布关于西部大开发若干政策措施的实施意见》和党的十六大报告精神，国家于 2011 年 6 月 13 日将我国的经济区域划分为"东部、中部、西部和东北"四大地区。依据以上政策驱动导向，为更好地分析城市发展与政策的契合度以及尽早发现城市扩展过程中的相关问题，将遥感监测的中国 75 个城市划分为 4 种地区类型，分别为东部城市、中部城市、西部城市和东北城市，其中东北城市如前所述。

（1）东部地区城市的扩展

东部地区包括北京市、天津市、上海市 3 个直辖市，河北省、山东省、江苏省、浙江省、福建省、广东省、海南省、台湾省 8 个省份，以及香港和澳门两个特别行政区，涉及遥感监测的城市总计 32 个，分别为：北京市、天津市、上海市、石家庄市、廊坊市、保定市、沧州市、邯郸市、衡水市、邢台市、张家口市、承德市、唐山市、秦皇岛市、济南市、青岛市、枣庄市、南京市、无锡市、徐州市、杭州市、宁波市、福州市、厦门市、泉州市、广州市、深圳市、珠海市、海口市、台北市、香港和澳门，其中有 11 个为沿海开放和经济特区城市。鉴于台北市、香港和澳门与大陆城市分别处于不同的城市化阶段，扩展速度比较缓慢，为客观反映改革开放以来大陆城市建成区的扩展速度变化，在计算东部地区城市建成区历年平均扩展速度时，对台北市、香港和澳门的城市建成区扩展数据作区别处理（见图24）。

图 24　东部地区城市扩展速度变化

东部地区 1973~2018 年城市建成区面积总计扩展了 10545.45 平方千米，年均扩展 292.93 平方千米，扩展总面积占同期全国城市建成区扩展总面积的 49.98%。东部地区城市建成区平均扩展速度明显划分为 6 个阶段：改革开放前为第一个阶段，建成区扩展速度缓慢；20 世纪 80 年代前期为第二个阶段，建成区低速扩展；80 年代末至 2000 年为第三个阶段，建成区高速扩展，该时段持续时间最长；21 世纪前 6 年为第四个阶段，建成区剧烈扩展；2006~2014 年为第 5 个阶段，建成区扩展速度回落，但仍然保持了高速震荡态势，是东部地区建成区次剧烈扩展阶段；2014~2020 年为第六个阶段，其间 2014~2015 年建成区扩展速度急速衰减，2015~2017 年又有一定反弹，但反弹幅度有限，并很快再次回落。

改革开放前东部地区城市建成区扩展速度也相对缓慢，平均年扩展面积由 1973~1974 年的 0.87 平方千米演变至 1978~1979 年的 1.47 平方千米，总体表现为上升趋势。

20 世纪 80 年代前期东部地区城市建成区扩展速度相对后期低速平稳，1979~1980 年平均扩展 2.73 平方千米，1986~1987 年平均扩展 2.81 平方千米，几乎无变化。该时期与"六五"计划在时间上相吻合，国家提出要积极利用沿海地区的经济技术区位优势，充分发挥它们的特长，带动内地经济进一步发展，并开始采取一系列向沿海地区倾斜的政策。

20 世纪 80 年代末至 2000 年东部地区城市建成区高速扩展。1987~1988 年平均扩展 4.74 平方千米；1994~1995 年的扩展速度为该时段最高值，平均年扩展 8.52 平方千米。受 1997 年亚洲金融危机影响，东部地区城市建成区扩展速度在 1997~2000 年形成一个低谷期，其间平均年扩展面积 6.00 平方千米。

2000 年以后，东部地区城市建成区扩展剧烈，特别是 2000~2003 年建成区扩展速度直线上升，平均年扩展面积由 1999~2000 年的 5.65 平方千米上升至 2002~2003 年的 19.65 平方千米，增加了 2.48 倍，2002~2003 年数值是东部地区城市建成区扩展速度的历史最高值。东部地区城市建成区剧烈扩展阶段止步于 2008 年全球经济危机，经济危机对城市扩展速度的影响在 2006~2007 年已初露端倪，2006~2007 年东部地区城市建成区平均扩展 13.48 平方千米，较 2005~2006 年下降了 29.82%。

2008~2014 年东部地区城市建成区扩展速度维持高速震荡态势，2007~2008 年平均扩展 14.18 平方千米，至 2013~2014 年变化为 17.04 平方千米，其间经历了 2012~2013 年的低谷期，平均年扩展 10.30 平方千米。2014 年以后，扩展速度快速衰减，2014~2015 年平均扩展 5.43 平方千米，为 2000 年以来东部地区城市建成区扩展速度的历史最低值。2015 年后，东部地区城市建成区扩展速度有所恢复，2016~2017 年平均扩展 12.85 平方千米，是 2014~2015 年扩展速度的 2.37 倍。2017 年后扩展速度再次回落，2019~2020 年平均扩展 6.08 平方千米，为"十三五"期间最低值。

遥感监测的 14 个沿海开放和经济特区城市有 11 个分布在东部地区，因此东部城市与沿海开放和经济特区城市建成区扩展速度的变化规律基本相同，先后经历了 20 世纪 70 年代的起步缓慢期，80 年代的低速发展期，90 年代的高速发展期和 21 世纪初期的剧烈发展期，在时间上完整包含"六五""七五""八五""九五""十五"等 6 个五年计划。"十三五"期间，东部城市、沿海开放和经济特区城市建成区扩展速度均进入快速衰减阶段，并且近五年扩展速度变化的步调完全一致。2008~2010 年沿海开放和经济特区城市再次经历了第二次剧烈扩展高潮，之后才进入次剧烈扩展期，但是东部城市总体从 2006 年后便进入次剧烈发展期，说明 2008 年后的经济刺激计划对沿海开放和经济特区城市影响相对较大。

（2）中部地区城市的扩展

"中部崛起计划"是 2004 年 3 月 5 日首先由温家宝总理提出的，对于推动中部城市发展意义深远，是指促进中国中部经济区——河南、湖北、湖南、江西、安徽和山西 6 省共同崛起的一项中央政策。所谓的中部实际上包括华中地区 3 省、华东地区 2 省以及华北地区的 1 省。中部崛起计划首次施行于"十一五"期间，发展重点为依托现有基础，提升产业层次，推进工业化和城镇化，在发挥承"东"启"西"和产业发展优势中崛起。中部崛起规划的目标为：争取到 2015 年，中部地区实现经济发展水平显著提高、发展活力进一步增强、可持续发展能力明显提升、和谐社会建设取得新进展。最新一期的城市扩展遥感监测结果表明，"十三五"期间，中部地区城市扩展呈现先逐渐提高后急剧下降趋势，整体扩展速度表现为下降，特别是在 2019~2020 年新冠肺炎疫情期间，中部城市的扩展速度大幅回落。

遥感监测的中部城市包括太原、大同、合肥、蚌埠、南昌、郑州、武汉、长沙、衡阳、湘潭和宜昌共 11 个城市，其中有 6 个省会城市和 5 个其他城市。

1974~2020 年，中部地区城市扩展总面积共 3725.25 平方千米，年均扩展面积为 79.26 平方千米。自 20 世纪 70 年代至 1998 年，中部地区城市扩展一直处于相对缓慢阶段，1999 年以来中部地区的城市扩展经历了两次明显的加速，逐渐以高速平稳态势发展（见图 25）。中部地区城市年均扩展面积峰值出现在 2013~2014 年，是扩展最慢年份的 30.66 倍，扩展规模的急剧增速可见一斑。

自 2004 年国家提出"中部崛起"战略以来，至 2020 年中部城市扩展面积明显增加，城市规模明显扩大。该时段中部城市实际扩展面积 2693.26 平方千米，短短 17 年时间的扩展面积占监测期间实际扩展面积的三分之二以上，年均扩展面积相比之前增加了 3.76 倍，相比监测期间平均速度增加了约 1 倍。

中部城市扩展的主要特点表现出显著的时间差异，1974~1998 年，城市扩展一直缓慢进行，20 世纪 90 年代末开始明显加速，并于 2004 年前后达到一个阶段扩展高峰，随后一直保持快速平稳扩展，2009 年以后又出现加速趋势，增速明显，

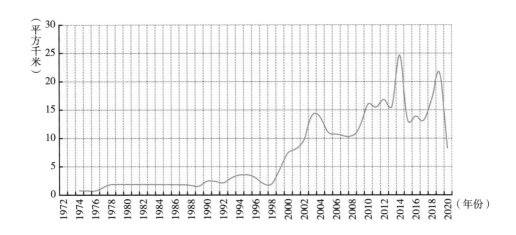

图 25　中部地区城市扩展速度变化

且在 2014 年达到监测以来的最高峰，年均扩展面积达 24.66 平方千米，是整个监测时段的 3.40 倍。在中部城市的扩展中，国家从"十一五"开始实施的"中部崛起计划"有明显的促进作用，城市扩展速度不断出现新的峰值。但是"十三五"期间呈现"倒 V 型"变化趋势，在 2019~2020 年的最新一期遥感监测中，中部城市平均扩展速度大幅回落，降至 2004 年以来的最低点以下。

（3）西部地区城市的扩展

西部地区主要城市包括重庆、成都、南充、丽江、昆明、丽江、贵阳、南宁、防城港、北海、西安、延安、兰州、武威、西宁、银川、中卫、拉萨、日喀则、乌鲁木齐、克拉玛依、喀什、霍尔果斯、呼和浩特、包头、赤峰等 26 个城市。其中，包括 1 个直辖市，11 个省会城市和 14 个其他城市。

西部城市扩展遥感监测时间，始于 1972 年，终于 2020 年，历时 48 年，实际扩展总面积达到 5565.70 平方千米。总体呈现 2000 年前的平稳低增速扩展，以及之后的显著波动增速扩展特点（见图 26）。这与我国的区域经济政策有很大关系，1978 年前我国实行向西推进的平衡发展策略，"四五计划"时期（1971~1975 年）全国逐步建立不同水平、各有特点、各自为战、大力协作的工业体系和国民经济体系；从"四五计划"后期到"五五计划"（1976~1980 年）初期，国家投资的地区重点开始逐步向东转移，进入向东倾斜的不平衡发展阶段，西部地区的城市扩展速度缓慢。直到 1999 年我国开始提出实施"西部大开发"战略以及 2015 年我国推动"一带一路"建设，西部地区城市扩展也进入快速扩张时期。

西部地区城市在 20 世纪 70 年代和 80 年代扩展速度缓慢，年均扩展面积只有 0.53 平方千米和 0.94 平方千米，均不足 1 平方千米。在 20 世纪 80 年代末略有增速，

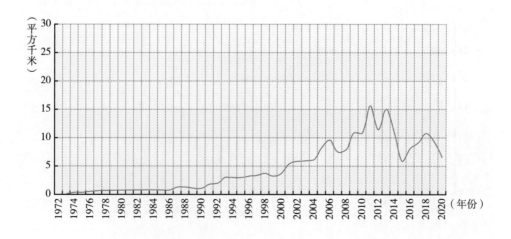

图 26　西部地区城市扩展速度变化

年均扩展面积到达 1.17 平方千米，尤其在 1986~1987 年出现明显增速的拐点。这主要是因为 20 世纪 70 年代末 80 年代初，我国实行了国家扶贫开发政策，从 1979 年起国家确立了部分经济发达省市对口支援少数民族地区政策，在一定程度上促进了西部地区城市的发展，1978~1981 年有一个较小的增速扩展势头，但之后并没有突出的扩展表现。

20 世纪 90 年代，西部地区城市扩展速度上了一个新台阶，年均扩展面积提高近 2 倍，达到 2.97 平方千米。主要源于这期间我国出台了一些促进西部地区发展的利好政策。例如，1991~1998 年国家开始关注中西部区域协调发展，在"八五计划"中明确提出促进地区经济合理分工、优势互补、协调发展的前进方向，并从"九五计划"开始逐步加大工作力度，积极朝着缩小差距的方向努力。1992 年邓小平同志南方谈话以来，国家在进一步巩固沿海地区对外开放成果的基础上，逐步加快了中西部地区对外开放的步伐，在中西部地区增设了一批国家级经济技术开发区，扩大内地省、自治区和计划单列市吸收外商直接投资项目的审批权限，鼓励东部地区的外商投资企业到中西部地区再投资。1988 年，国务院给予新疆扩大对外开放方面的一系列优惠政策，1991 年确定了新疆边境贸易的方针和优惠政策等。

21 世纪前 10 年和第二个 10 年是西部城市高速扩展时期，年均扩展面积分别达到 8.49 平方千米和 9.66 平方千米，并伴随较为明显的波动特征，出现了 4 个波峰，第一个波峰出现在 2004~2006 年，西部地区城市扩展分别达到 8.21 平方千米和 9.60 平方千米的较高扩展速度，而后明显减速至 2006~2007 年的 7.45 平方千米；第二个波峰出现在 2010~2011 年，扩展速度达到 15.58 平方千米每年，成为西部地区城市整个监测时段扩展速度的最大值；第三个波峰出现在 2012~2013 年，年均扩展速度为 14.98 平方千米；第四个波峰出现在"十三五"期间的 2017~2018 年，年均扩展速度为 10.73 平方千米。之后，又呈显著减速。这期间，西部地区城市扩展显著增速直接受益于 1999 年国家提出的"实施西部大开发战略"和 2015 年以来推进的"一带一路"建设。

3. 沿海与内陆城市扩展比较

受地域差异、社会经济发展阶段及国家改革开放、优化国土空间政策等因素影响，我国沿海城市和内陆城市扩展虽存在共性特征，但更具有各自的特点。选择北自大连、南至海口共计 20 个沿海城市，全国各地内陆城市共计 55 个为代表，对比分析近 50 年来我国沿海、内陆城市扩展特征与异同。

开展监测的沿海城市包括上海、天津、唐山、秦皇岛、沧州、大连、宁波、福州、厦门、泉州、青岛、广州、深圳、珠海、北海、防城港、海口、台北、香港和澳门。监测的内陆城市包括北京、重庆、石家庄、邯郸、邢台、保定、张家口、承德、廊坊、衡水、太原、大同、呼和浩特、包头、赤峰、沈阳、阜新、长春、吉林、哈尔滨、齐齐哈尔、南京、徐州、杭州、无锡、合肥、蚌埠、南昌、济南、枣庄、郑州、武汉、长沙、衡阳、湘潭、南宁、成都、南充、宜昌、贵阳、昆明、丽江、拉萨、日喀则、西安、延安、兰州、武威、西宁、银川、中卫、乌鲁木齐、克拉玛依、喀什和霍尔果斯。

20世纪70年代，20个沿海城市建成区面积共计952.38平方千米，平均单个城市的面积为47.62平方千米。55个内陆城市建成区面积共计2653.88平方千米，平均单个城市的面积为48.25平方千米。当时沿海和内陆城市规模相似且普遍较小，相比之下，内陆城市规模略大于沿海城市。2020年，20个沿海城市建成区面积共计10261.82平方千米，平均单个城市的面积为513.09平方千米。55个内陆城市建成区面积共计20259.31平方千米，平均单个城市的面积为368.35平方千米。沿海城市平均规模超过了内陆城市，达到其1.39倍。沿海城市相比监测初期扩大了9.77倍，内陆城市相比监测初期扩大了6.63倍。沿海城市历年实际平均扩展面积是内陆城市的1.27倍。以上对比均表明，我国沿海城市的扩展幅度远高于内陆城市，沿海城市在我国城镇化进程中发挥了主力军作用。沿海和内陆城市扩展过程均表现为用地规模的不断增大，同时，不同时期的扩展过程表现出明显的速率区别（见图27）。

20世纪70年代，沿海与内陆城市扩展均不明显，大部分城市建成区持续保持了多年相对稳定的缓慢发展状态。特别是1978年及以前，20个沿海城市实际扩展

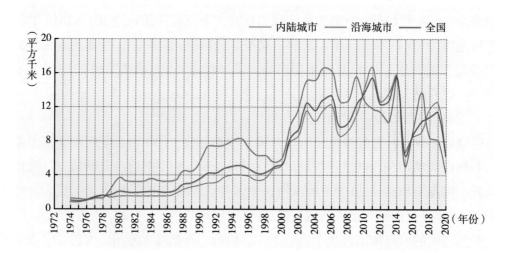

图27　20世纪70年代至2020年沿海、内陆城市平均历年扩展面积对比

面积共计 93.45 平方千米，城市平均年增加面积 1.16 平方千米；55 个内陆城市实际扩展面积共计 188.58 平方千米，城市平均年增加面积 1.08 平方千米，沿海城市与内陆城市基本相似，城市规模变化均很缓慢。自 1978 年实施改革开放以后，沿海城市扩展速度明显加快，1979 年沿海城市平均扩展速度大幅度上升，比此前上升了 87.93%；内陆城市则继续保持了前期的缓慢变化趋势。实施于 20 世纪 70 年代末期的改革开放政策，首先为沿海城市发展提供了便利的政策支持，开始逐渐拉开了沿海和内陆城市发展的差距。

20 世纪 80 年代，沿海城市持续了改革开放初期开始的城市快速发展趋势，平均年扩展面积 3.50 平方千米。内陆城市仍处于缓慢发展态势，平均年扩展面积 1.66 平方千米，不足沿海城市的一半。直至 20 世纪 80 年代末期两年，内陆城市扩展速度有所加快，城市平均年扩展面积达到了 2.36 平方千米，接近了沿海城市在改革开放初期的年均扩展速度。从时间看，内陆城市开始快速扩展比沿海城市约晚十年。

20 世纪 90 年代，沿海城市继续加速扩展，城市平均年扩展面积 6.89 平方千米，比此前时期增加了近一倍。内陆城市虽然年均扩展面积仍低于沿海城市，但就其自身而言，城市平均年扩展面积也有所增加，增加至 3.54 平方千米，相比内陆城市此前十年的扩展速度增大了 1.13 倍。在 20 世纪 90 年代末期，沿海城市与内陆城市扩展速度均有小幅度下降。虽然沿海城市与内陆城市的扩展规模不尽相同，但就扩展速度的时间变化趋势而言，二者表现出同步性，既体现了我国城市发展局部的区域差异，也反映了全国社会、经济和政策大背景整体对城市扩展的重要影响。

进入 21 世纪之后，我国城市进入全面快速发展时期。21 世纪前十年，沿海城市扩展速度达到顶峰期，沿海城市平均年扩展面积 13.11 平方千米。在此期间，城市平均年扩展面积持续上升，至 2005 年前后平均年扩展面积达到 16.57 平方千米，相当于一个普通中小城市的规模。2006 年以后，沿海城市扩展速度开始波动下降。同期，内陆城市经历了与沿海城市时间上完全同步的城市扩展速度升降变化过程，区别是内陆城市年均扩展速度为 9.53 平方千米，依然低于沿海城市。

2010~2020 年，沿海城市扩展速度波动较大，平均年扩展面积 10.00 平方千米，相比此前时期下降了 23.72%。前五年，内陆城市扩展速度继续波动上升，迎来了内陆城市扩展的顶峰期，平均年扩展面积 14.49 平方千米，相比内陆城市此前时期继续上升了 52.05%。对比发现，2010 年可视为沿海与内陆城市扩展过程的转折年：一方面，2010 年后沿海城市扩展速度下降，而内陆城市扩展速度上升，二者开始出现了扩展趋势上的逆向发展；另一方面，2010 年后，内陆城市的年均扩展面积在监测期内首次超过了沿海城市。2010 年后，我国城市扩展的空间重心，逐步由沿海城市向内陆城市转移。以上变化特点体现了我国宏观性区域发展策略在不同社会经济发展阶段发挥的作用。但是，在 2014 年以后直至 2020 年，沿海城市与内陆城市的扩展速度同时放缓，两种区位的城市扩展波动变化幅度基本相似，但沿海城市更早表现出扩展减缓的趋势，从 2017 年开始沿海城市扩展速度明显低于内陆城市。

整体而言，沿海城市历年平均扩展面积是内陆城市的 1.27 倍，城市的扩展幅度远高于内陆城市，沿海城市在我国城镇化进程中发挥了主力军作用。相比之下，沿海城市在 20 世纪 70 年代末实施改革开放后，率先开始了较快速的扩展，内陆城市开始快速扩展时间比沿海城市晚约十年。"六五"期间，沿海和内陆城市年平均扩展面积都处于较低水平；直至"七五"期间开始缓慢上升；在"八五"期间沿海城市发展迅速，城市扩展面积逐年上升，到"九五"期间有所回落。与此形成对比的是，在"八五"和"九五"期间，内陆城市扩展相对缓慢，但扩展面积整体处于不断上升趋势。2000 年以后，"十五"期间我国城市扩展水平达到巅峰，城镇发展迎来黄金期；"十一五"和"十二五"期间，城镇扩展面积波动较大；"十三五"期间，我国城市扩展水平是 2000 年以来相对较低的时期，城镇化步伐开始放缓，进入深度调整期。

沿海城市和内陆城市共同经历了始于"八五"直至"十一五"期间的快速扩展期，也同样经历了 1998 年前后、2008 年前后以及 2015 年前后三次的城市扩展减速期，扩展速度的时间变化趋势具有良好的同步性，既体现了我国城市发展局部的区域差异，也反映了全国社会、经济、政策大背景整体对城市扩展的重要影响。2010 年后，内陆城市达到城市扩展的顶峰期，年均扩展面积在监测期内首次超过了沿海城市，内陆城市在此时期得以快速发展，体现了我国宏观性区域发展策略在不同社会经济发展阶段发挥的作用。

1.4.3　城市扩展过程的基本模式

自 20 世纪 70 年代以来，中国城市扩展经历三个重要时期，80 年代末至 90 年代中国城市扩展逐渐步入起步期，21 世纪前 10 年中国城市进入持续扩展期，2010~2020 年这一时期中国城市扩展呈现波动式变化。受自然地理环境、政府政策和社会经济发展水平等各种因素差异的影响，中国城市扩展速度表现出明显的时空差异。根据城市扩展起步阶段不同，以 2000 年前后为分界，将监测的 75 个城市划分为早期起步、晚期起步和不明显变化 3 种系列。受城市规模和发展阶段的影响，早期起步城市年均扩展速度是全国 75 个主要城市年均扩展速度的 1.49 倍,而晚期起步的城市年均扩展速度则比全国 75 个主要城市的年均扩展速度低 48.12%。在早期起步和晚期起步两个系列内部,根据城市扩展速度变化特点,将城市扩展过程划分为 5 种模式(见表 6)。早期起步的城市,可以根据扩展顶峰期的不同划分为 3 种模式:以北京和南京为代表的城市在 2010 年前达到扩展顶峰,在监测末期开始减速,为 2010 年前扩展顶峰—末期减速模式;以上海和天津为代表的城市在 2010 年之后才达到扩展顶峰期,在监测末期开始减速,为 2010 年后扩展顶峰—末期减速模式;以杭州和海口为代表的城市则呈阶梯状上升趋势,为梯级加速模式。晚期起步的城市在 2010~2015 年这一时期经历了扩展速度的一个高峰期,但是在 2016~2020 年,即"十三五"期间,以唐山和徐州为代表的一部分城市表现出减速趋势,而以石家庄和大同为代表的一部分城市则仍处于梯级加速;据此,晚期起步城市划分为末期减速和梯级加速两种模式。此外,香港、澳门和台北由于早于大陆经历了城市化进程,在监测期间城市规模基本稳定,单独划分为无明显变化系列。

表 6 20 世纪 70 年代以来中国城市扩展过程模式

起步时期	扩展变化趋势	包含城市	城市个数
早期起步(2000 年之前)	2010 年前扩展顶峰—末期减速	北京、大连、南京、无锡、宁波、厦门、泉州、济南、青岛和深圳	10
	2010 年后扩展顶峰—末期减速	上海、天津、重庆、秦皇岛、保定、衡水、武汉、太原、哈尔滨、福州、郑州、广州、珠海、成都、昆明、西安和乌鲁木齐	17
	梯级加速	杭州、邯郸、廊坊、长沙、南宁和海口	6
晚期起步(2000 年之后)	梯级加速	石家庄、邢台、沧州、大同、赤峰、合肥、枣庄、宜昌、南充、日喀则、兰州、武威、中卫和克拉玛依	14
	末期减速	唐山、张家口、承德、呼和浩特、包头、沈阳、阜新、长春、吉林、齐齐哈尔、徐州、蚌埠、南昌、湘潭、衡阳、北海、防城港、贵阳、丽江、拉萨、延安、西宁、银川、喀什和霍尔果斯	25
无明显变化		澳门、台北和香港	3

在中国城市扩展中,早期起步的城市共计 33 个,占监测城市总数的 44.00%,晚期起步的城市 39 个,占监测城市总数的 54.67%。在 5 种基本过程模式中,以晚期起步末期减速模式的城市数量最多,占监测城市总数的 33.33%;其次是早期起步的 2010 年后扩展顶峰—末期减速模式,占监测城市总数的 22.67%;无明显变化系列的城市数量最少(见图 28)。

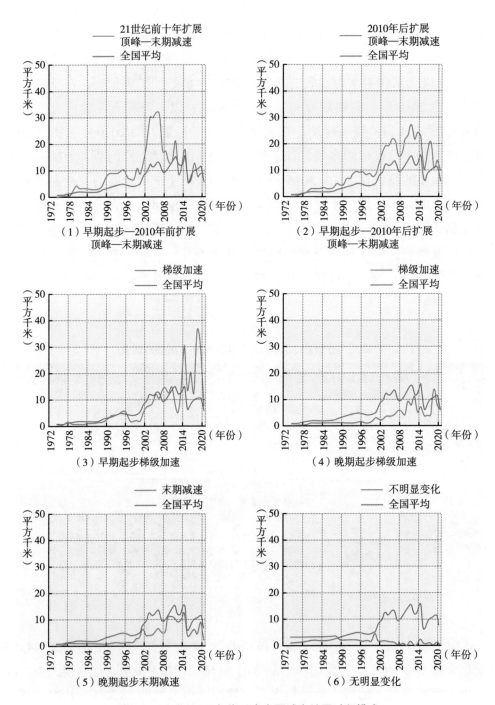

图28　20世纪70年代以来中国城市扩展过程模式

早期起步的城市在 20 世纪 90 年代经历了一段平稳扩展期。其中，2010 年前扩展顶峰—末期减速模式的城市，在 2000~2010 年这一时期进入城市高速扩展期，尤其在 2005 年前后达到扩展顶峰，城市年均扩展面积达 32.11 平方千米；这一高速扩展期后，城市扩展速度开始呈现波动下降趋势；在"十三五"期间，城市年均扩展面积降至 9.11 平方千米，比这一模式的年均扩展面积低约 10%，在"十三五"末期变化更加平缓；属于该过程模式的 10 个城市中，北京、南京、无锡、宁波、厦门、深圳、济南和大连等城市的城市化进程基本稳定，开始进入成熟稳定期；青岛则属于在近年刚刚出现稳定端倪的城市，泉州仍然处于波动增长状态。

2010 年后扩展顶峰—末期减速这一过程模式的城市，在 2000~2010 年这一时期进入城市的快速扩张期，2010 年之后达到了城市扩展速度的顶峰期，2011 年前后年均城市扩展面积达到 27.37 平方千米；"十三五"期间，城市扩展速度呈现波动下降趋势；属于该过程模式的城市表现复杂，有发展强势的东部城市如上海、天津、哈尔滨、杭州、福州、广州和珠海等，其中天津和福州 2016~2020 年的扩展趋于平稳，年均扩展面积占这一模式监测期年均扩展面积的 86.11% 和 39.82%；中西部区域重要城市如重庆、武汉、太原、郑州、成都、昆明、西安和乌鲁木齐等则属于早期起步但发展速度较为平稳，在 2010~2015 年扩展明显；西安在"十三五"期间经历了 2016~2018 年的发展平稳期后，在 2019 年和 2020 年连续两年出现扩展增加趋势，2020 年的扩展面积是该城市年均扩展面积的 2.81 倍；其余城市在"十三五"期间波动趋势减缓；此外，属于该模式的中小城市如秦皇岛、保定和衡水等，虽然在 2010 年后快速发展，但后劲不足，没能进入持续加速期。

属于早期起步梯级加速模式的城市，分别在 21 世纪前 10 年、2010~2015 年以及 2016~2020 年经历了三次扩展高峰期，且扩展速度呈阶梯状增加，2016~2020 年的年均城市扩展峰值面积最大，达 36.58 平方千米。属于该模式的城市较少，包括省会（首府）城市杭州、长沙、南宁、海口以及其他城市邯郸和廊坊共 6 个城市。

属于晚期起步梯级加速的城市的建成区规模在 20 世纪 80~90 年代始终保持平稳，在 2000 年后扩展速度才开始逐渐上升，并一直持续到 2016 年，这一期间，城市扩展速度始终低于全国平均水平，在 2017~2020 年达到扩展速度的顶峰值，年均扩展面积为 13.88 平方千米，比同期的全国平均扩展水平高 35.97%；属于该模式的城市有 14 个，包括省会城市合肥、石家庄和兰州，以及邢台、沧州、大同、赤峰、枣庄、宜昌、南充、日喀则、中卫、武威和克拉玛依等 11 个其他城市。

属于晚期起步末期减速模式的城市，继 2014 年达到城市扩展速度的最高峰值 12.53 平方千米以后，在"十三五"期间呈现波动式下降，并且 2020 年的城市扩展速度是 2000 年以来的最低值；属于该模式的城市最多，共计 25 个，包括华东地区和华北地区的省会（首府）城市南昌和呼和浩特、东北地区的省会城市沈阳和长春以及西部地区的省会（首府）城市贵阳、银川、西宁和拉萨等，以及 17 个其他类型的大、中、小城市，包括唐山、张家口、承德、包头、阜新、吉林、齐齐哈尔、徐州、蚌埠、湘潭、衡阳、北海、防城港、丽江、延安、喀什和霍尔果斯，这些城市均发挥着重要的区域性作用。

无明显变化城市主要有澳门、香港和台北，该类城市早在 20 世纪 70、80 年代及其之前，已经开始并完成了快速城市化进程，监测初期已经处于高度城市化水平，监测期间建成区规模基本保持稳定，仅表现为缓慢扩展，且扩展速度总体呈降低趋势。

整体而言，我国城市扩展早期起步城市数量略少于晚期起步城市。早期起步城市多数在 2000~2010 年以及 2010 年之后经历了扩展顶峰期，基本完成了快速城市化进程，进入相对平稳发展期，以北京、上海、天津、南京、深圳等超大、特大型城市为典型代表。晚期起步的城市，相比早期起步城市发展过程晚 10 年左右，该模式城市在 2010 年之后陆续步入快速扩展的顶峰期。“十三五”期间，早期起步和晚期起步的城市中，属于梯级加速模式的城市均经历了不同规模的扩展顶峰，这部分城市占城市监测总数的 26.67%，以中小城市为主，且“十三五”期间年均扩展面积为全国同期年均扩展面积的 1.20 倍。但是，在 2019~2020 年，受新冠肺炎疫情对全球经济和政体冲击的影响，我国城市均呈现扩展速度减缓的趋势。

1.4.4 不同类型城市的扩展

城市经济具有典型的规模收益递增和聚集经济的特点，大城市有着比中小城市更多的就业机会、更高的公共服务水平和更完善的投资与创新环境，因而往往成为人口迁移和流动的优先选择。城市规模或级别不同，吸纳劳动力和资金等社会资源的能力存在差异，由人口和经济支撑的城市建成区在空间上的扩展速度也因城市规模或级别不同而存在差异。直辖市、省会（首府）城市、计划单列市和其他城市等 4 种不同类型城市中心建成区在 20 世纪 70 年代初至 2020 年的年均扩展面积随时间的变化显著不同，人均城市用地面积的变化也存在明显差异。此外，考虑到经济特区和沿海开放城市的特殊性，对其也进行了专门分析。

1. 直辖市建成区扩展特征

中国共有四个直辖市，分别是北京市、上海市、天津市和重庆市。直辖市是中国所有城市的重中之重，其发展过程必然代表中国城市化进程和经济发展最绚丽精彩的一面。20 世纪 70 年代初 4 个直辖市城市建成区面积合计 542.27 平方千米，至 2020 年增长为 5062.52 平方千米，实际扩展面积 3678.01 平方千米，是监测初期建成区面积的 6.78 倍，占同期遥感监测的 75 个城市建成区实际扩展总面积的 16.41%。20 世纪 70 年代初至 2020 年，上海市建成区扩展面积最多，为 1425.74 平方千米，是 70 年代初建成区面积的 9.83 倍；其次为北京市，扩展面积 1233.28 平方千米，增加了 6.71 倍；天津市和重庆市建成区扩展面积相对较少，分别为 561.72 平方千米、457.28 平方千米，增加了 4.46 倍和 5.24 倍。北京市和上海市建成区扩展面积合计占直辖市城市建成区扩展面积的七成以上，为同期全国 75 个城市建成区实际扩展总面积的 11.87%。

直辖市城市建成区扩展速度明显划分为 4 个阶段，第一阶段为 20 世纪 70 年代初至 80 年代中后期，这一阶段直辖市城市建成区低速平稳扩展；第二阶段为 80 年代末至 2000 年，直辖市城市建成区进入快速扩展阶段；第三阶段为 2000~2012 年，直辖市城市建成区剧烈扩展，其间 2000~2003 年建成区扩展速度直线上升，2003~2012 年扩展速度维持高位震荡；第四阶段为 2013~2020 年，直辖市城市建成区扩展速度较 2012 年有了较大回落，至 2020 年扩展速度接近 80 年代前半期扩展速度的平均水平（见图 29）。

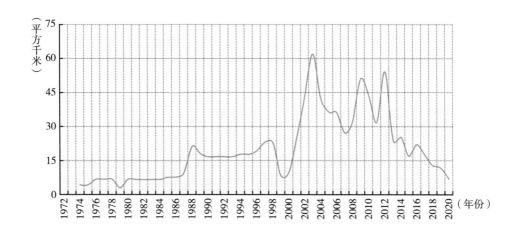

图 29　直辖市建成区扩展速度变化

在改革开放前的一段时期（1973~1978 年），直辖市城市建成区扩展已经有了一定苗头，4 个城市平均年均扩展面积由 1973~1974 年的 4.27 平方千米上升到 1977~1978 年的 6.75 平方千米。

改革开放初期（1978~1987 年），直辖市城市建成区保持低速平稳发展。在此阶段的前期城市扩展速度相对较低，甚至低于改革开放前的城市扩展速度，特别是 1978~1979 年建成区平均扩展 3.02 平方千米，是监测期内直辖市城市建成区扩展速度的历史最低水平。这或许与改革开放起步阶段，国家将有限的财力物力优先投到东部沿海地区有关。1978 年全国引进的 22 个大型成套设备项目，有 10 个摆在了沿海地区。另外，1979 年 4 月中央提出的"调整、巩固、整顿、提高"方针对此阶段的城市扩展速度亦有影响。此阶段后期，城市扩展速度逐步恢复，至 1986~1987 年直辖市城市建成区平均扩展面积达到 9.65 平方千米。

20 世纪 80 年代末至 90 年代末（1987~1998 年）是直辖市城市建成区的快速扩展阶段。这个时期直辖市城市建成区扩展速度呈两头高中间低的鞍形特点，与国家宏观经济调控政策紧密相关。80 年代末期中国经济持续过热，1989 年，中央政府提出，"治理经济环境，整顿经济秩序"，并采取强硬的宏观调控政策抑制总需求：严格项目审批等措施压缩投资规模；对重要生产资料实行最高限价；坚持执行紧缩信贷的方针，中央银行严控信贷规模，一度停止对乡镇企业贷款，并提高存款准备金率和利率；坚持执行紧缩财政，解决好国民收入超额分配的问题；大力调整产业结构，增加有效供给，增强经济发展后劲。坚决压缩总需求的宏观调控迅速抑制了增长和通货膨胀，经济实现了"硬着陆"：1990 年经济增长率迅速下降到 3.8%，当年商品零售价格指数增长率急剧下降到 2.1%。从城市扩展速度对宏观调控的响应来看，1987~1988 年 4 个直辖市城市建成区平均扩展面积为 21.13 平方千米，1989~1990 年平均扩展面积为 16.67 平方千米，较 1987~1988 年下降了 21.11%。1993 年后直辖市城市建成区扩展速度逐步回升，1997~1998 年建成区平均扩展面积为 22.95 平方千米，与 20 世纪 80 年代末的扩展速度基本持平。

1998~2000 年是直辖市城市建成区扩展速度的低谷期，时间上较 1997 年亚洲金融危机爆发有所滞后。其间 4 个直辖市城市建成区在 1998~1999 年的平均扩展面积为 8.36 平方千米，在 1999~2000 年的平均扩展面积为 9.78 平方千米。

2000~2003 年直辖市城市建成区扩展速度直线上升，进入高速扩展阶段；2003~2012 年扩展速度维持高位振荡，并且变化幅度较大；2012~2016 年扩展速度快速下降。2002~2003 年是直辖市城市扩展速度的最高峰，2003 年后扩展速度总体呈下降趋势。2000 年之后直辖市城市建成区扩展速度出现了三个上升期（2000~2003 年、2008~2009 年和 2011~2012 年）和三个下降期（2003~2008 年、2009~2011 年和 2012~2020 年），总体来看，扩展速度下降时期要大于扩展速度上升时期。

2000~2003 年是直辖市城市建成区扩展速度的直线上升期。为应对亚洲金融危机对国家经济增长造成的压力，国家实施了"激励或扩张式"宏观调控，1998

年至 2002 年国家累计发行长期建设国债 6600 亿元，加之银行配套资金和企业资金，用于基础设施和基础产业建设的资金较为充裕，有效地促进了投资的快速增长。2000~2001 年 4 个直辖市城市建成区的平均扩展面积为 25.32 平方千米，至 2002~2003 年变为 61.78 平方千米，是 2000~2001 年扩展速度的 2.44 倍，同时也是整个监测期内直辖市城市建成区扩展速度的历史最高值。

从 2003 年底到 2004 年 4 月，针对宏观经济运行中出现的粮食供求关系趋紧、固定资产投资过猛、货币信贷投放过多、煤电油运供求紧张等不稳定、不健康问题，党中央、国务院及时采取了相应措施，加强和完善宏观调控，在调控力度的掌握上遵循"适度从紧"的原则。2003~2004 年直辖市城市建成区仍然以 41.96 平方千米的平均扩展速度保持高速扩展，至 2006~2007 年速度滑落到年扩展 27.13 平方千米。

2008 年再次爆发世界经济危机，中央政府采取从紧的货币政策和稳健的财政政策，以保持经济平稳较快发展，为拉动经济增长出台了 4 万亿的经济刺激计划，并且大部分用于基础设施建设投资。遥感监测到 2007~2008 年 4 个直辖市城市建成区平均扩展面积为 32.34 平方千米，2008~2009 年则剧烈上升到 50.85 平方千米。

在 2009~2011 年直辖市城市建成区扩展速度稍有放缓，其中 2009~2010 年 4 个直辖市城市建成区平均扩展面积为 43.60 平方千米，2010~2011 年为 31.81 平方千米，但紧接着 2011~2012 年立即回升为 54.00 平方千米，并且 2011~2012 年的扩展速度是直辖市城市建成区扩展速度的历史第二高值。

2012 年以后直辖市城市建成区扩展速度进入快速下降阶段。2012~2013 年平均扩展面积为 23.75 平方千米，不及 2011~2012 年扩展速度的一半，落差较大，2019~2020 年平均年扩展面积进一步下降至 6.90 平方千米，是 2000 年后直辖市扩展速度最低谷，与 20 世纪 80 年代前半期扩展速度的平均水平持平。

房地产热也是近十几年加快城市扩展速度的重要原因之一。1998 年 7 月，国家颁布《关于进一步深化城镇住房制度改革、加快住房建设的通知》，明确提出"促使住宅业成为新的经济增长点"，并拉开了以取消福利分房为特征的中国住房制度改革。2003 年 8 月出台《关于促进房地产市场持续健康发展的通知》，首次明确指出"房地产业关联度高，带动力强，已经成为国民经济的支柱产业"，并提出促进房地产市场持续健康发展是保持国民经济持续快速健康发展的有力措施，对符合条件的房地产开发企业和房地产项目要继续加大信贷支持力度。尽管 2003 年底后国家采取了"适度从紧"的宏观调控政策，但房地产业高涨势头不减，因此直辖市城市建成区扩展速度在 2002~2003 年的扩展速度达到历史最高点后依然保持扩展速度高位振荡的趋势，乃至 2008 年国际金融危机对其影响力也十分有限。2009 年后房地产业出现了"量价齐涨"的局面，为遏制房价过快上涨和防止房地产泡沫影响国民经济的良性发展，政府相继出台了一系列调控政策。2016 年 9 月颁布了最严厉的"9·30"新政，2017 年 10 月党的十九大将"房住不炒"定为房地产市场发展的基调，有效打击了房地产投机。从城市扩展速度的反应来看，2013 年后直辖市城市扩展速度确实下降很快。

按国民经济和社会发展五年计 / 规划时段来统计与分析直辖市城市建成区扩展的过程特点（见图 30）。1980 年及以前直辖市城市建成区扩展速度最低，平均年扩展 5.50 平方千米，"十五"期间城市扩展速度最高，平均年扩展 41.70 平方千米，是 1980 年及以前扩展速度的 7.58 倍。直辖市城市建成区扩展速度在"十五"时期之前阶梯上升特征明显，"六五"及以前扩展速度相对较低，"七五"至"九五"时期是直辖市城市建成区的快速扩展阶段，"十五"时期较"九五"时期建成区扩展速度骤升，实现了扩展速度的翻番。"十五"之后，直辖市建成区扩展速度逐渐降低，"十五"、"十一五"和"十二五"是直辖市城市建成区扩展速度最快的三个时期。"十三五"时期直辖市城市建成区扩展速度较"十二五"时期回落较大，甚至略低于"七五"时期扩展速度。

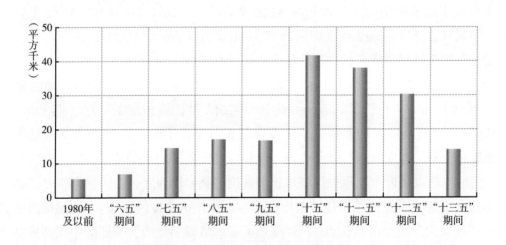

图 30　直辖市不同五年计 / 规划期间的城市平均年扩展面积

"六五"期间及以前直辖市城市扩展速度较慢。1980 年及以前面积扩展总量为 87.84 平方千米，"六五"期间扩展了 137.37 平方千米。1980 年之前我国结束了"文化大革命"，国家经济逐步恢复，并制定了改革开放政策，此阶段直辖市城市扩展速度较低。1980 年 12 月，国务院批转的《全国城市规划工作会议纪要》指出："控制大城市规模，合理发展中等城市，积极发展小城市，是我国城市发展的基本方针。""六五"期间直辖市城市平均年扩展 6.87 平方千米，高于 1980 年及以前，但城市规划政策在一定程度上束缚了直辖市城市在"六五"期间的扩展速度。

"七五"、"八五"和"九五"时期是中国改革开放深入发展时期。"七五"期间，直辖市城市扩展了 293.16 平方千米，"八五"期间扩展了 342.46 平方千米，"九五"期间扩展了 332.80 平方千米，对应的平均年扩展面积依次为 14.66 平方千米、17.12 平方千米、16.64 平方千米，"八五"时期扩展速度略高。

"十五"期间中国正式加入 WTO，并确立了房地产业作为国家支柱产业的地位，促进了社会经济的蓬勃发展，对城乡建设用地扩展起到了极大推动作用。"十五"时期是直辖市城市建成区扩展速度最快的时期，之后扩展速度逐渐降低，但较"十五"之前仍然异常剧烈。"十五"期间扩展了 833.99 平方千米，"十一五"期间扩展了 759.79 平方千米，"十二五"期间扩展了 607.08 平方千米，对应的平均年扩展面积依次为 41.70 平方千米、37.99 平方千米和 30.35 平方千米，扩展速度持续衰减。"十三五"时期，直辖市城市建成区扩展速度较"十二五"时期进一步降低，建成区扩展总面积 283.52 平方千米，平均年扩展 14.18 平方千米。"十五"时期后直辖市城市建成区扩展速度逐渐降低与国家经济结构调整、重点城市经济增长对土地投入的需求降低、政府的房地产调控政策以及经济换挡密切相关。

2. 省会（首府）城市建成区扩展特征

在 28 个省会（首府）城市里面，台北市比较特殊，其与大陆的 27 个省会（首府）城市存在截然不同的发展轨迹，已处于后城市化阶段，在监测时期台北市的建成区扩展基本处于停滞状态，因此与大陆城市建成区扩展速度相比具有本质区别。为客观反映改革开放以来大陆城市建成区的扩展速度变化，在计算全国省会（首府）城市建成区扩展速度时，对台北市城市扩展数据作区别处理（见图 31）。大陆 27 个省会（首府）城市具体包括：长春市、长沙市、成都市、福州市、广州市、贵阳市、哈尔滨市、海口市、杭州市、合肥市、呼和浩特市、济南市、昆明市、拉萨市、兰州市、南昌市、南京市、南宁市、沈阳市、石家庄市、太原市、乌鲁木齐市、武汉市、西安市、西宁市、银川市、郑州市。

20 世纪 70 年代初，27 个省会（首府）城市建成区面积合计 2040.11 平方千米，至 2020 年增长为 15869.43 平方千米，实际扩展面积合计 11840.62 平方千米，扩展面积是监测初期建成区面积的 7.78 倍，占同期遥感监测的全国 75 个城市建成区实际扩展总面积的 52.84%。在 27 个省会（首府）城市里，成都市建成区扩展面积最多，为 913.99 平方千米，拉萨市建成区扩展面积最少，为 85.60 平方千米。扩展面积排名前 10 位的城市依次为成都市、广州市、合肥市、杭州市、郑州市、南京市、

—— 省会（首府）城市（不含台北）　　—— 省会（首府）城市（含台北）

图31　省会（首府）城市建成区扩展速度变化

武汉市、西安市、长春市和乌鲁木齐市，扩展面积排名后10位的城市依次为拉萨市、西宁市、兰州市、银川市、福州市、海口市、济南市、南昌市、呼和浩特市和贵阳市。总体来看，建成区扩展面积靠前的城市以东部和中部城市为主，排名靠后的城市多为西部地区城市。但是，从建成区面积的扩展倍数来看，省会（首府）城市中海口市建成区面积增加了54.42倍，兰州市最低，为1.27倍。海口市、贵阳市、杭州市、郑州市、合肥市、南宁市和成都市的建成区面积扩展了10倍以上，说明这些城市建设比较活跃。

省会（首府）城市扩展速度变化过程可以划分为4个阶段，即1974~1987年的低速平稳期、1987~1997年的快速扩展期、1997~2014年的加速扩展期和2014~2020年的扩展速度回落期。总体来看，省会（首府）城市建成区扩展速度过程在2014年以前表现为波浪式上升，至2014年达到历史最高点，平均年扩展面积达28.11平方千米。2014~2015年建成区扩展速度较2013~2014年衰减了六成，2015年后扩展速度反弹有限并很快再次回落。

低速平稳期分改革开放前和改革开放初期两个阶段。1973~1978年省会（首府）城市建成区平均扩展速度有所缓慢上升，由1973~1974年的平均1.11平方千米上升到1977~1978年的2.34平方千米。1978~1979年受国家优先发展东南沿海地区政策以及中央提出的"调整、巩固、整顿、提高"方针的影响，1978~1979年省会（首府）城市建成区扩展速度下降为年均1.96平方千米，并在1979~1987年长期低于1977~1978年的扩展速度。

1988年起省会（首府）城市建成区进入快速扩展阶段，此阶段止于1997年亚洲金融危机。在快速扩展阶段，省会（首府）城市建成区扩展速度由 1987~1988 年的平均 2.42 平方千米上升到 1994~1995 年的 6.97 平方千米，翻了 1.88 倍。1995~1996 年、1996~1997 年省会（首府）城市建成区扩展速度逐步下降，平均扩展面积分别为 6.59 平方千米、4.29 平方千米。

1997~2014 年是省会（首府）城市建成区的加速扩展阶段，扩展速度在 2014 年达到历史最高点。此阶段省会（首府）城市建成区的扩展速度具有鲜明的波浪式上升特点，第一波上升期为 1997~2006 年，持续时间较长，平均年扩展 12.65 平方千米；第二波上升期为 2008~2011 年，平均年扩展 20.96 平方千米；第三波上升期为 2012~2014 年，平均年扩展 25.29 平方千米。其间经历了两个低谷期，分别为 2006~2008 年和 2011~2012 年，尽管这两个时期省会（首府）城市建成区平均年扩展面积分别下降为 13.59 平方千米和 17.12 平方千米，但较整个 20 世纪 90 年代及以前的扩展速度均要高出许多。省会（首府）城市建成区在 2008 后经历的两波扩展高潮与世界经济危机后国家制定的经济刺激计划，以及房地产市场在二三线城市的火热发展不无关系。

受国家经济转型和房地产去库存措施的影响，2014 年后，省会（首府）城市建成区扩展速度经历短暂急速衰减后，恢复至 21 世纪前 5 年的最高水平，但之后又很快回落，至 2019~2020 年平均年扩展 11.11 平方千米，扩展速度高于 2014~2015 年的 9.94 平方千米，但比 21 世纪以来其他年份都低，因此，总体上延续了 2014 年后扩展速度的回落趋势。

按国民经济和社会发展五年计/规划时段划分来看，省会（首府）城市在 1980 年及以前扩展速度最低，平均年扩展 1.70 平方千米，"十二五"时期扩展速度最高，平均年扩展 20.62 平方千米，是 1980 年及以前扩展速度的 12.10 倍。"十二五"时期及之前，除"九五"时期较"八五"时期扩展速度稍有回落外，城市扩展速度持续上升，"十五"时期建成区扩展速度开始有了质的跨越，至"十二五"时期达到历史最高值。"十三五"时期建成区扩展速度较"十二五"时期有所回落，并且扩展速度略低于"十一五"时期的平均水平（见图 32）。

省会（首府）城市在"七五"期间及以前扩展速度缓慢增加，平均年扩展面积由 1980 年及以前的 1.70 平方千米缓慢变化为"七五"期间的 2.79 平方千米，城市面积合计增加了 881.93 平方千米。

"八五"开始，省会（首府）城市扩展速度出现跃升，"八五"期间和"九五"期间平均年扩展面积分别为 6.38 平方千米、6.09 平方千米，对应城市扩展总面积分别为 861.01 平方千米、821.91 平方千米。"九五"期间扩展速度较"八五"期间有所回落，与 1997 年亚洲金融危机影响有关。

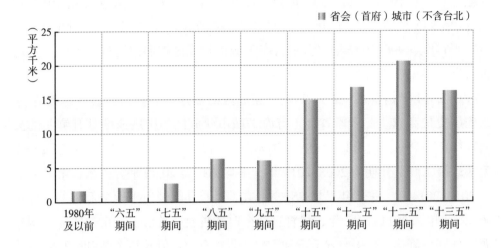

图32 省会（首府）城市不同"五年计划"期间平均年扩展面积

"十五"之后省会（首府）城市扩展速度再次跃升，且上升幅度较"八五"和"九五"时期更加强烈。"十五"、"十一五"和"十二五"平均年扩展面积依次为 14.95 平方千米、16.84 平方千米、20.62 平方千米，对应的扩展总面积依次为 2017.690 平方千米、2274.02 平方千米、2783.25 平方千米。"十三五"时期建成区扩展速度与"十一五"时期基本持平，扩展总面积为 2200.77 平方千米，平均年扩展 16.30 平方千米。

与直辖市城市建成区扩展速度变化过程相比，省会（首府）城市建成区扩展速度变化规律与直辖市城市在 2003 年之前比较相似，2003 年之后差异明显。与直辖市城市建成区扩展速度变化比较一致的特征有四点。① 20 世纪 80 年代末以前，二者均处于低速扩展阶段，至 1987~1988 年同时进入快速扩展阶段。② 2000 年后直辖市城市和省会（首府）城市建成区均进入高速扩展阶段。③ 2006~2008 年、2014~2015 年是城市扩展的重要波谷期。④ 2008 年后扩展速度急速回升。与直辖市城市扩展速度变化差异比较明显的特征有四点。①直辖市城市建成区扩展速度在1998~1999 年出现波谷，省会（首府）城市出现在 1996~1997 年。②直辖市城市建成区扩展速度 2000 年后直线上升，并在 2002~2003 年达到峰值；省会（首府）城市建成区扩展速度在 2000 年后呈波浪式上升，并在 2013~2014 年达到峰值，即省会（首府）城市建成区扩展速度出现历史最高值较直辖市城市晚了将近 10 年时间。③省会（首府）城市建成区扩展速度 2008 年后直线上升，并很快在 2010~2011 年达到新的历史高点，但直辖市城市建成区扩展速度在 2008 年后的扩展速度远低于其在 2002~2003 年的历史最高点。④经历 2014~2015 年建成区扩展速度低谷后，

"十三五"期间,省会(首府)城市建成区扩展速度有一个反弹和回落过程,但是直辖市城市建成区扩展速度没有出现反弹。

3. 计划单列市建成区扩展特征

国家社会与经济发展计划单列市,简称"计划单列市",是在行政建制不变的情况下,省辖市在国家计划中列入户头并赋予这些城市相当于省一级的经济管理权限。中国现有计划单列市 5 个,分别为大连市、青岛市、宁波市、厦门市和深圳市。

20 世纪 70 年代初 5 个计划单列市建成区面积合计仅 146.67 平方千米,至 2020 年增长为 3424.14 平方千米,实际扩展面积合计 2445.83 平方千米,是监测初期建成区面积的 16.68 倍,占同期遥感监测的全国 75 个城市建成区实际扩展总面积的 10.92%。在 5 个计划单列市里,深圳市建成区扩展面积最多,达 922.90 平方千米,仅深圳市的建成区扩展面积就占 5 个计划单列市的 37.73%,建成区面积扩展倍数最高,高达 134.27 倍。其他 4 个单列市中,依建成区扩展面积从多到少依次为青岛市、厦门市、大连市和宁波市,依建成区面积扩展倍数由高到低依次为厦门市、宁波市、青岛市和大连市。因此,5 个计划单列市的城市建成区发展由北向南趋于活跃。

计划单列市建成区扩展过程划分为五个阶段:第一个阶段为改革开放前(1973~1978 年),建成区停滞扩展,5 个城市平均年扩展 0.42 平方千米;第二个阶段为 1978~1989 年,建成区低速扩展,平均年扩展 4.07 平方千米;第三个阶段为 1989~1998 年,建成区快速扩展,平均年扩展 9.68 平方千米;第四个阶段为 1998~2004 年,建成区扩展速度急速攀升,平均年扩展 21.47 平方千米;第五个阶段为 2004~2020 年,建成区扩展速度震荡下行,持续时间较久,平均年扩展 14.16 平方千米(见图 33)。

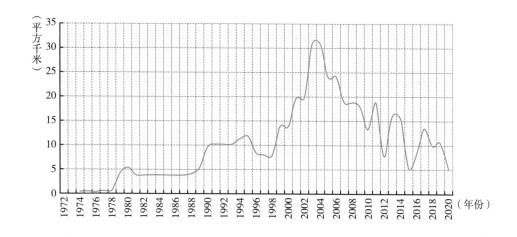

图 33　计划单列市建成区扩展速度变化

区别于直辖市城市和省会（首府）城市，计划单列市建成区在改革开放后的扩展速度增加明显，建成区平均年扩展面积在 1977~1978 年为 0.54 平方千米，在 1979~1980 年上升为 4.04 平方千米，1979~1980 年平均扩展面积进一步上升为 5.33 平方千米，分别较 1977~1978 年增加了 6.48 倍和 8.87 倍。改革开放初期计划单列市建成区扩展速度缓慢下滑，平均年扩展面积不及 1978~1979 年和 1979~1980 年这两个时段，至 1988~1989 年才恢复为 5.26 平方千米。

1989 年后，计划单列市建成区扩展速度加快，但变化相对平稳，平均年扩展面积由 1989~1990 年的 9.60 平方千米变化为 1994~1995 年的 11.72 平方千米，扩展速度增加了 22.08%。在 1997 年亚洲金融危机爆发前一年，计划单列市建成区的扩展速度已开始下滑，在 1995~1998 年的扩展速度低谷期，平均年扩展 8.06 平方千米，较 1994~1995 年的扩展速度下降了 31.22%。

1998~2004 年，建成区扩展速度急速攀升，平均年扩展面积由 1998~1999 年的 13.83 平方千米上升到 2003~2004 年的 30.85 平方千米，扩展速度增加了 1.23 倍并达到历史最高值。2004 年后计划单列市建成区的扩展速度变化趋势发生转变，建成区扩展速度持续波动下行，2014~2015 年建成区扩展速度是 1990 年以来的历史最低，平均年扩展 5.26 平方千米，较 2003~2004 年下降了 82.95%。2015 年后建成区扩展速度延续波动下行的态势，2019~2020 年平均年扩展 5.15 平方千米，是 20世纪 90 年代以来计划单列市建成区扩展速度的历史最低值。

从国民经济和社会发展五年计 / 规划时段划分来看，计划单列市建成区在 1980 年及以前扩展速度最低，平均年扩展 1.64 平方千米，"十五"期间扩展速度最高，平均年扩展 25.03 平方千米，是 1980 年及以前扩展速度的 15.26 倍。监测时期计划单列市建成区扩展速度从"十一五"时期开始缓慢回落，至"十三五"时期扩展速度低于"八五"时期和"九五"时期（见图 34）。

"八五"时期之前，计划单列市建成区扩展速度缓慢爬升，平均年扩展面积由 1980 年及之前的 1.64 平方千米上升到"七五"时期的 5.28 平方千米，三个时期扩展总面积合计 281.24 平方千米。"八五"时期建成区扩展总面积为 625.76 平方千米，平均年扩展 10.67 平方千米，扩展速度增速明显，较"七五"时期增加了 1.02 倍。"九五"时期建成区扩展速度与"八五"时期基本持平，平均年扩展 10.37 平方千米，扩展总面积为 259.22 平方千米。"十五"时期建成区扩展速度剧烈攀升，平均年扩展 25.03 平方千米，该时期总计扩展了 625.76 平方千米。"十五"之后，建成区扩展速度逐渐降低，但在"十一五"期间和"十二五"期间建成区扩展速度仍较快，平均年扩展面积分别为 18.51 平方千米和 12.63 平方千米，扩展总面积分别为 462.77 平方千米和 315.74 平方千米。"十三五"时期建成区扩展总面积 234.32

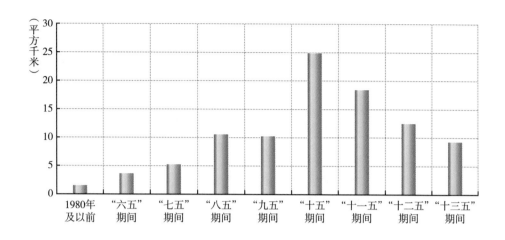

图34 计划单列市不同五年计／规划期间平均年扩展面积

平方千米，平均年扩展9.37平方千米，扩展速度回落明显，低于"八五"时期和"九五"时期。

4. 其他城市建成区扩展特征

遥感监测的其他城市共计41个，包括：保定、北海、蚌埠、包头、沧州、承德、赤峰、大连、大同、防城港、阜新、邯郸、衡水、衡阳、霍尔果斯、吉林、克拉玛依、喀什、廊坊、丽江、南充、宁波、齐齐哈尔、秦皇岛、青岛、泉州、日喀则、深圳、唐山、无锡、武威、厦门、湘潭、邢台、徐州、延安、宜昌、枣庄、张家口、中卫和珠海等。

20世纪70年代初，遥感监测的其他41个城市建成区面积合计789.38平方千米，至2020年增长为9062.70平方千米，实际扩展面积合计6612.24平方千米，是监测初期建成区面积的8.38倍，占同期遥感监测的全国75个城市建成区实际扩展总面积的29.51%。在41个城市中，20世纪70年代初至2020年建成区面积扩展倍数较大的10个城市依次为深圳市、泉州市、珠海市、防城港市、北海市、厦门市、喀什市和无锡市，说明南方沿海城市建成区扩展相对活跃。

1997年亚洲金融危机以前，其他城市建成区扩展速度台阶式缓慢爬升，第一阶段为改革开放前，第二阶段为改革开放后至20世纪80年代末，第三阶段为80年代末至1997年亚洲金融危机；亚洲金融危机后至2006年，建成区扩展速度剧烈攀升，此后维持高速震荡态势至2014年；经历了2014~2015年的快速衰减期之后，2015~2020年建成区扩展速度有一反弹与回落过程（见图35）。监测时期41个其他城市建成区平均年扩展3.37平方千米，远低于直辖市城市的19.92平方千米和省会

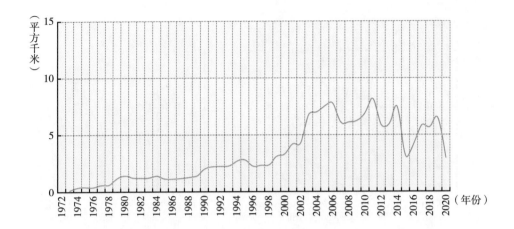

图 35　其他城市建成区扩展速度变化

（首府）城市的 9.41 平方千米。

  47 个其他城市建成区在改革开放前这一段时间平均扩展速度非常慢，年均扩展面积最高为 1977~1978 年的 0.58 平方千米，基本处于停滞状态。改革开放后，其他城市建成区扩展速度显著加快，改革开放刚起步的 1978~1979 年和 1979~1980 年两个时段，其他城市建成区平均扩展面积分别为 1.15 平方千米、1.41 平方千米，改革开放前其他城市建成区扩展速度远低于这两个时段。改革开放初期其他城市建成区扩展速度缓慢下滑，也不及 1978~1979 年和 1979~1980 年这两个时段，至 1987~1988 年其他城市建成区平均扩展面积为 1.17 平方千米。1980 年国务院批转的《全国城市规划工作纪要》提出："控制大城市规模，合理发展中等城市，积极发展小城市的方针。"因此，与直辖市城市和省会（首府）城市相比，其他城市在改革开放初期的发展要活跃得多。

  紧随时代步伐，其他城市在 1988 年后也进入快速扩展阶段，亦同样止于 1997 年亚洲金融危机。此阶段其他城市建成区在 1988~1989 年的平均扩展面积为 1.38 平方千米，至 1994~1995 年上升为 2.80 平方千米，扩展速度达到该时段的峰值。1995 年后城市建成区扩展速度开始回落，至 1996~1997 年平均扩展面积下降为 2.32 平方千米。

  1998 年后，其他城市建成区进入加速扩展阶段，此阶段止于 2008 年世界经济危机。与省会（首府）城市扩展情况相似，其他城市建成区扩展速度在此阶段前期也表现为台阶式上升趋势，年扩展面积由 1997~1998 年的年均 2.33 平方千米上升到 2002~2003 年的 6.75 平方千米，增加了 1.90 倍。此后的 2003~2006 年仍然维持高速扩展，其中 2003~2004 年平均扩展 7.02 平方千米，2004~2005 年平均扩展 7.52 平方千米，2005~2006 年平均扩展 7.78 平方千米。

2008 年世界经济危机前后其他城市建成区扩展速度经历了一段低谷时期，其中 2006~2007 年和 2007~2008 年平均扩展面积均为 6.11 平方千米；2008~2009 年低至 6.24 平方千米。

受 2008 年国际金融危机后国家的经济刺激计划影响，2009 年后其他城市再次经历了一波高速扩展，遥感监测到 41 个其他城市建成区在 2009~2010 年平均扩展面积为 6.91 平方千米，紧接着的 2010~2011 年上升为 8.16 平方千米，达到历史最高值。2011 年后其他城市建成区扩展速度震荡下行，2011~2012 年平均扩展面积回落至 5.90 平方千米，2014~2015 年进一步回落至 3.17 平方千米。2015 年后有一个反弹和回落过程，2017~2018 年平均扩展面积恢复至 5.68 平方千米，2019~2020 年回落至 2.99 平方千米。

按国民经济和社会发展五年计／规划时段划分来看，其他城市在 1980 年及以前扩展速度最低，平均年扩展 0.62 平方千米，"十一五"期间扩展速度最高，平均年扩展 6.63 平方千米，是 1980 年及以前扩展速度的 10.69 倍。监测时期其他城市建成区扩展速度"十一五"后开始缓慢回落，"十三五"时期扩展速度较"十一五"时期下降了 24.40%（见图 36）。

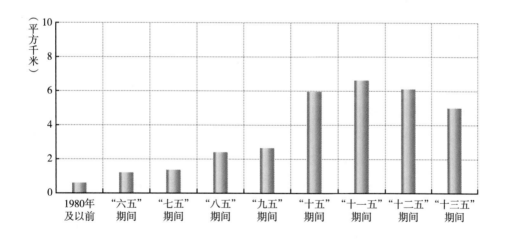

图 36　47 个其他城市不同五年计／规划期间平均年扩展面积

受积极发展小城市方针的影响，其他城市扩展速度在"六五"期间较直辖市和省会（首府）城市活跃，"六五"时期平均年扩展 1.23 平方千米，是 1980 年及以前的 1.98 倍。"七五"时期其他城市扩展速度比"六五"时期略高，为 1.38 平方千米。

其他城市在"六五"与"七五"时期的扩展总面积分别为251.89平方千米、282.07平方千米。

"八五"和"九五"期间其他城市扩展速度再上新台阶，两个时期平均年扩展面积分别为2.41平方千米、2.66平方千米，扩展总面积分别为493.58平方千米、544.68平方千米。

"十五"之后其他城市扩展速度较"八五"和"九五"时期有了质的跨越。"十五"、"十一五"和"十二五"期间平均年扩展面积依次为5.96平方千米、6.63平方千米和6.13平方千米，较之"九五"时期扩展速度均翻番，但自"十一五"后其他城市建成区扩展速度持续缓慢回落。"十五"、"十一五"和"十二五"期间其他城市建成区扩展总面积依次为1220.86平方千米、1359.01平方千米和1255.95平方千米。"十三五"时期建成区扩展总面积1027.37平方千米，平均年扩展5.01平方千米，扩展速度较"十二五"时期虽进一步下滑，但仍然远高于"九五"时期及之前。

5. 沿海开放和经济特区城市建成区扩展特征

中国政府在1978年决定进行经济体制改革，即有计划、有步骤地实行对外开放政策，从1980年起中国先后批准了5个经济特区，1984年又进一步开放了14个沿海城市。本次基于遥感技术监测了其中的4个经济特区城市和10个沿海开放城市，4个经济特区城市分别为：深圳市、珠海市、厦门市、海口市；10个沿海开放城市分别为：大连市、秦皇岛市、天津市、青岛市、上海市、宁波市、福州市、广州市、防城港市和北海市。

20世纪70年代初，沿海开放和经济特区城市建成区面积合计643.52平方千米，至2020年增长为8738.27平方千米，实际扩展面积合计6183.89平方千米，是监测初期建成区面积的9.61倍，占同期遥感监测的全国75个城市建成区实际扩展总面积的27.60%。上海市、深圳市、广州市、天津市、青岛市和厦门市等6个城市的建成区扩展面积相对较多，扩展面积都超过了400平方千米，扩展面积合计4726.33平方千米，占遥感监测的14个沿海开放和经济特区城市建成区面积的76.43%，是同期遥感监测的全国75个城市建成区实际扩展总面积的21.09%。从建成区面积的扩展倍数来看，深圳市、珠海市、海口市、防城港市、北海市、厦门市、宁波市和青岛市等8个城市建成区面积的增加倍数相对较大，都超过了10倍，说明南方沿海城市建成区扩展强度相对较大。

纵观沿海开放和经济特区城市建成区面积的总体变化历程，其先后经历了改革开放前的停滞扩展期、20世纪80年代的低速扩展期、90年代的高速扩展期、2000~2009年的剧烈扩展期、2009~2020年的扩展速度衰减期5个阶段。2008~2009

年，建成区平均年扩展 21.62 平方千米，是沿海开放和经济特区城市建成区扩展速度的历史最高值。2009~2014 年建成区扩展速度缓慢衰减，但仍较剧烈，2014~2015 年则经历了短暂快速衰减，2015~2017 年扩展速度虽有所反弹，但反弹幅度有限，并且 2017~2020 年再次快速衰减（见图 37）。

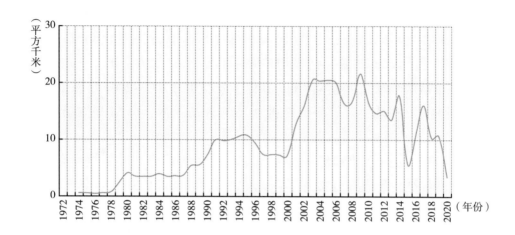

图 37 沿海开放和经济特区城市平均历年扩展面积

改革开放前的一个时期内，各沿海开放和经济特区城市还未批准，城市扩展速度极其缓慢，该时期 14 个城市建成区平均扩展速度最高水平为 1977~1978 年的 0.75 平方千米。但十一届三中全会后，全国各项基础设施建设加快推进，改革开放政策对城市扩展速度的影响立竿见影，14 个城市建成区在 1978~1979 年、1979~1980 年的平均扩展面积分别为 2.34 平方千米、4.14 平方千米。

20 世纪 80 年代前期沿海开放和经济特区城市建成区的扩展速度相对缓慢，14 个城市建成区的平均年扩展面积由 1980~1981 年的 3.57 平方千米缓慢过渡到 1986~1987 年的 3.72 平方千米。1988 年后，沿海开放和经济特区城市建成区拉开了高速扩展的帷幕，在 1987~1988 年、1988~1989 年、1989~1990 年三个时段的平均年扩展面积分别为 5.43 平方千米、5.53 平方千米、7.20 平方千米，扩展速度逐年上升。

沿海开放和经济特区城市建成区的扩展速度在 20 世纪 90 年代前期较后期要快。1991~1996 年沿海开放和经济特区城市建成区高速扩展，平均年扩展面积大于 10.00 平方千米，其间 1994~1995 年平均扩展面积为 10.78 平方千米，是整个 20 世纪 90 年代的最高值。受 1997 年亚洲金融危机影响，沿海开放和经济特区城市的扩展速度出现了低谷，1996~2000 年平均年扩展面积为 7.34 平方千米，但仍远高于

20 世纪 80 年代。

2000 年以后，沿海开放和经济特区城市建成区再启扩展高潮，平均年扩展面积由 1999~2000 年的 7.28 平方千米跃升到 2002~2003 年的 20.41 平方千米，翻了 1.80 倍。在 21 世纪前 10 年沿海开放和经济特区城市建成区在 2002~2006 年和 2008~2009 年两个时段扩展速度相对较高。前一个峰值期持续了 4 年，其中在 2002~2003 年、2003~2004 年的平均扩展面积均为 20.41 平方千米，在 2004~2005 年、2005~2006 年的平均扩展面积分别为 20.48 平方千米、20.03 平方千米；后一个峰值期持续时间较短，2008~2009 年的平均扩展面积为 21.62 平方千米。因此，建成区扩展速度在前后两个峰值期基本持平。在处于波谷期的 2006~2007 年和 2007~2008 年两个时段建成区平均年扩展面积分别为 16.36 平方千米、16.64 平方千米，仍大于 2003 年以前的扩展速度。

2009~2017 年沿海开放和经济特区城市建成区的扩展速度虽然没有 21 世纪前 10 年那么剧烈，但总体上维持了高速发展态势，2009~2013 年建成区平均年扩展 15.01 平方千米，2013~2014 年扩展速度稍有反弹，平均年扩展 17.59 平方千米。2014~2015 年沿海开放和经济特区城市建成区的扩展速度快速衰减，平均年扩展 5.79 平方千米，接近 20 世纪 80 年代末的建成区扩展速度，此后建成区扩展速度有所反弹，2016~2017 年平均扩展面积恢复至 16.07 平方千米，扩展速度是 2014~2015 年的 2.78 倍，但扩展速度低于 2008~2009 年和 2013~2014 年的两个速度峰值，总体表现为下降趋势。

2017~2020 年再次快速衰减，至 2019~2020 年建成区平均年扩展 3.49 平方千米，是 21 世纪以来沿海开放和经济特区城市建成区扩展速度的历史最低值，甚至低于 20 世纪 80 年代前期水平。

按国民经济和社会发展五年计 / 规划时段划分来看，沿海开放和经济特区城市在 1980 年及以前扩展速度最低，平均年扩展 1.38 平方千米。"十一五"时期及之前，沿海开放和经济特区城市建成区除"九五"较"八五"时期扩展速度稍有回落外，其他时期建成区扩展速度节节攀升。"十五"和"十一五"期间，沿海开放城市和经济特区城市建成区扩展速度相对较快且基本持平，其次为"十二五"时期。"十三五"时期沿海开放和经济特区城市建成区扩展速度较"十二五"时期有所回落，并与"八五"时期的扩展速度持平（见图 38）。

受改革开放政策推动，"六五"时期扩展总面积 256.12 平方千米，平均年扩展 3.66 平方千米，扩展速度是 1980 年及以前的 2.65 倍。"七五"和"八五"时期扩展速度持续上升，其中"七五"时期扩展总面积 357.17 平方千米，平均年扩展 5.10 平方千米；"八五"时期扩展总面积 717.70 平方千米，平均年扩展 10.25 平方千米，

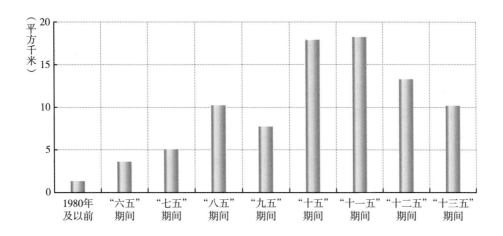

图38　沿海开放和经济特区城市不同五年计 / 规划期间平均年扩展面积

扩展速度是"七五"时期的 2.01 倍。"九五"时期因亚洲金融危机等因素影响，城市扩展速度较"八五"时期下降了 24.2%，平均年扩展 7.77 平方千米，扩展总面积为 543.64 平方千米。

与直辖市、省会（首府）城市和其他城市相仿，"十五"时期之后沿海开放和经济特区城市建成区扩展速度有了质的跨越。"十五""十一五"时期平均年扩展面积依次为 17.94 平方千米、18.28 平方千米，分别是"八五"时期的 1.75 倍、1.78 倍，建成区扩展总面积依次为 1256.09 平方千米、1279.51 平方千米。"十二五"时期建成区扩展总面积 930.88 平方千米，平均年扩展 13.30 平方千米，扩展速度较"十一五"下降了 27.24%。"十三五"时期，建成区扩展总面积716.46 平方千米，平均年扩展 9.46 平方千米，与"八五"时期建成区扩展速度相当。

6. 人均城市用地面积变化

西方城市发展有两种模式：一种是以欧洲为代表的紧凑型模式，在有限的城市空间分布较高密度的产业和人口，节约城市建设用地，提高土地的配置效率；另一种是以美国为代表的松散型模式，人口密度偏低，但消耗的能源要比紧凑型模式多。紧凑型城市首先由乔治·B. 丹齐格（George B. Dantzig）和托马斯·萨蒂（Thomas I. Saaty）于 1973 年在其出版的专著《紧凑型城市——适于居住的城市环境与计划》中提出。欧共体委员会（CEC）1990 年发布《城市环境绿皮书》，再次提出"紧凑城市"这一概念，并将其作为"一种解决居住和环境问题的途径"，认为它是符合可持续发展要求的。中国人口众多、国土资源有限，这决定了中国只能

走紧凑型城市化道路。因此，分析人均城市用地面积变化对于科学控制城市规模具有重要参考价值。

为分析城市扩展过程中的人均城市用地面积变化，课题组收集了《中国城市统计年鉴》关于1989~2018年中国主要城市市辖区总人口数据。比较1990年和2018年两个时间点中国不同类型城市的人均城市用地面积变化，如果某个城市在1990年无遥感监测数据，则用该城市1990年相邻年份的建成区面积数代替，2018年全部使用当年建成区面积。另外，由于防城港市、丽江市、中卫市、霍尔果斯市和喀什市等5个城市没有1990年市辖区人口统计数据，这里只对遥感监测的大陆72个城市中的67个进行人均城市用地面积变化分析。

与1990年相比，遥感监测的2018年67个主要城市中有53个城市的人均城市用地面积为增加变化；有14个城市的人均城市用地面积为减少变化，分别是日喀则市、衡水市、深圳市、枣庄市、武威市、重庆市、秦皇岛市、石家庄市、保定市、济南市、南充市、邯郸市、邢台市和唐山市，其中日喀则市人均城市用地面积减少最多，减少了1.48平方千米/万人，唐山市人均城市用地面积减少最少，减少了0.01平方千米/万人。人均城市用地面积增加较多的前十个城市从高到低依次为：泉州市、包头市、呼和浩特市、乌鲁木齐市、克拉玛依市、无锡市、厦门市、合肥市、青岛市和银川市，泉州市人均城市用地面积增加了4.34平方千米/万人，其他城市介于1.19~1.78平方千米/万人之间。

将不同类型城市建成区的面积和人口分别相加，然后计算其人均城市用地面积。从67个城市总体来看，1990年的人均城市用地面积为0.73平方千米/万人，2018年为1.15平方千米/万人，增加了0.43平方千米/万人。分不同类型城市来看：直辖市城市1990年的人均城市用地面积为0.61平方千米/万人，2018年为0.78平方千米/万人，增加了0.16平方千米/万人；省会（首府）城市1990年的人均城市用地面积为0.77平方千米/万人，2018年为1.30平方千米/万人，增加了0.52平方千米/万人；其他城市1990年的人均城市用地面积为0.75平方千米/万人，2018年为1.28平方千米/万人，增加了0.52平方千米/万人；沿海开放和经济特区城市1990年的人均城市用地面积为0.62平方千米/万人，2018年为1.36平方千米/万人，增加了0.73平方千米/万人；5个计划单列市1990年的人均城市用地面积为0.83平方千米/万人，2018年为1.72平方千米/万人，增加了0.89平方千米/万人。对比以上数据发现，至2018年，省会（首府）城市、其他城市，以及沿海开放和经济特区城市的人均城市用地面积已非常接近，介于1.28~1.36平方千米/万人。同时也说明，不同类型城市人均城市用地面积的差异比较明显，如5个计划单列市的人均城市用地面积相对沿海开放和经济特区城市整体水平就比较高。总体来看，中小城市扩展对土地资源浪费相对较大，大型城市相对集约，按照 2018 年的人均城市用地水平，每增加万人直辖市要比省会（首府）节约 0.52 平方千米的建成区面积，比其他城市节约 0.50 平方千米的建成区面积。2018 年香港的人均城市用地面积为 0.29 平方千米 / 万人，澳门为 0.44 平方千米 / 万人，台北市为 1.03 平方千米 / 万人。与香港、澳门的人均城市用地面积比较，内地城市无论直辖市城市，还是省会（首府）城市和其他城市，人均城市用地要偏大很多。

尽管使用的人口数据有一定局限性，即在城市就业的非本市户籍人口未全部包括在人口总量中，使得一些沿海经济发达城市的人均城市用地面积可能偏大，但对人均城市用地面积变化趋势的影响不大。城市土地集约利用是城市发展的必然趋势，这就需要我们在以后的城市土地利用过程中，变外延扩展为外延扩展和内涵挖潜相结合的土地利用方式，提高土地利用的集约度与综合效益，走集约化发展之路。

7. 不同类型城市扩展的一般特点

20 世纪 70 年代初至 2020 年中国不同类型城市的变化特征差异比较明显。

（1）20 世纪 80 年代末期中国的直辖市、省会（首府）城市以及其他城市建成区均先后进入快速扩展阶段，20 世纪 90 年代前期、21 世纪前 10 年分别经历了快速扩展期和高速扩展期两个高峰期。

（2）2002~2003 年直辖市城市建成区扩展速度达到了历史最高值，之后虽然扩展速度有所下降，但扩展速度仍然较高；省会（首府）城市建成区扩展速度在 1997 年以后一路高歌猛进，先后在 2005~2006 年、2010~2011 年和 2013~2014 年出现了三次峰值，并且 2013~2014 年的扩展速度远高于前两次；计划单列市建成区扩展速度在 2003~2004 年达到了历史最高值，之后扩展速度一路下滑；其他城市建成区扩展速度先后在 2005~2006 年和 2010~2011 年出现了峰值，2010~2011 年的扩展速度略高。沿海开放城市建成区扩展速度先后在 2004~2005 年和 2008~2009 年出现了峰值，2008~2009 年的扩展速度略高。

（3）受国家积极发展小城市方针和改革开放初期优先发展沿海的政策影响，其他城市、沿海开放和经济特区城市扩展在"六五"时期较直辖市和省会（首府）城市活跃。直辖市和计划单列市建成区扩展高峰分别出现在"八五"和"十五"时期；省会（首府）城市建成区扩展高峰分别出现在"八五"和"十二五"时期；其他城市建成区扩展高峰分别出现在"九五"和"十一五"时期；沿海开放和经济特区城市建成区扩展高峰分别出现在"八五"和"十一五"

时期（沿海开放和经济特区城市建成区扩展速度在"十五"和"十一五"期间基本持平）。总体来看，"八五"时期中国各类城市开启扩展高潮，"十五"时期及之后建成区扩展速度剧烈攀升，实现了跨越式增长。

（4）经济危机和国家宏观调控政策是形成城市扩展速度波动的重要原因。1997年亚洲金融危机和 2008 年国际金融危机爆发前后的两个时期是不同类型城市建成区扩展速度的低谷期，但在两次危机后国家出台的经济刺激计划使城市扩展速度急剧拉升。

（5）房地产热是 2015 年以前城市扩展速度保持高位的重要原因之一。省会（首府）城市建成区在 2008 年后经历的两波扩展高潮与世界经济危机后国家制定的经济刺激计划以及房地产市场在二三线城市的火热发展不无关系。受国家经济转型、房地产去库存和限购措施的影响，2014~2015 年所有类型城市建成区扩展速度经历了短期急速衰减。"十三五"期间，省会（首府）城市、计划单列城市、其他城市，以及沿海开放与经济特区城市的建成区扩展速度虽有反弹，但很快再次回落，基本维持波动下行的趋势，而直辖市城市建成区扩展速度持续下行，没有反弹迹象。

（6）与 1990 年相比，中国内地主要城市的人均城市用地面积多数表现为增加，总体来说中小城市扩展对土地资源相对浪费，大型城市相对集约。与香港、澳门的人均城市用地面积比较，内地城市无论直辖市城市，还是省会（首府）城市和其他城市，人均城市用地面积要偏大很多。

1.4.5　不同规模城市的扩展

2010 年，由中国中小城市科学发展高峰论坛组委会、中小城市经济发展委员会与社会科学文献出版社共同出版的"中小城市绿皮书"，依据市区常住人口将城市规模划分为小城市（＜ 50 万）、中等城市（50 万 ~100 万）、大城市（100 万 ~300 万）、特大城市（300 万 ~500 万）和巨大型城市（＞ 1000 万）5 类，引起了相关领域学者的广泛关注。参照"中小城市绿皮书"，考虑到人口数据口径一致性与可获取性，我们按照 2018 年底的市辖区人口将 75 个城市划分为小城市、中等城市、大城市、特大城市和巨大城市 5 个城市等级，大城市与特大城市的数量较多且不同人口规模城市的扩展规律存在明显差异，因此依据人口规模将大城市划分为市辖区人口 100 万 ~200 万和 200 万 ~300 万两类，将特大城市划分为市区总人口 300 万 ~500 万和 500 万 ~1000 万两类（见表 7）。

表 7　中国 75 个主要城市的人口规模

城市等级	人口规模（万人）	城市名称
小城市	< 50	霍尔果斯、克拉玛依、拉萨、丽江、日喀则、中卫
中等城市	50~100	澳门、北海、沧州、承德、防城港、阜新、衡水、喀什、廊坊、湘潭、邢台、延安
大城市	100~200	蚌埠、包头、赤峰、大同、海口、衡阳、呼和浩特、吉林、南充、齐齐哈尔、秦皇岛、泉州、武威、宜昌、银川、张家口、珠海、西宁
	200~300	保定、福州、贵阳、合肥、兰州、宁波、台北、太原、乌鲁木齐、无锡、厦门、枣庄
特大城市	300~500	长春、长沙、大连、邯郸、南昌、南宁、深圳、石家庄、唐山、徐州、郑州、昆明
	500~1000	成都、广州、哈尔滨、杭州、南京、沈阳、武汉、西安、香港、济南、青岛
巨大城市	> 1000	北京、上海、天津、重庆

1. 不同规模城市扩展的过程

20 世纪 70 年代以来，受社会、经济发展以及政策导向等多因素的影响，中国不同人口规模的城市扩展特色各异。

中小城市的健康发展是促进区域经济社会发展、保障人民健康和国家实现可持续发展的重要环节。改革开放伊始，我国在规避"大城市病"、推动区域发展的理论基础上，选择"控制大城市规模、积极发展小城镇"的城市化发展思路。1989年我国明确了城市发展的战略方针："严格控制大城市规模，合理发展中等城市与小城市。"但在具体实施过程中，大城市规模并未得到有效控制，大部分地区的中小城市发展也并未发挥有效作用。中小城市扩展在进入 21 世纪以后才较为明显。尤其是 2000 年以后，相关方案、方针制定在国家层面对中小城市发展有了进一步的表述，开始"有重点地发展小城镇，积极发展中、小城市，引导城镇密集区有序发展"。我国"十一五"规划、"十二五"规划和"十三五"规划先后提出，要"坚持大中小城市和小城镇协调发展，积极稳妥地推进城镇化"，"促进大中小城市和小城镇协调发展、有重点地发展小城镇"，"加快城市群建设发展，增强中心城市辐射带动功能，加快发展中小城市和特色镇"。在各种政策导向下，中小城市发展逐渐成为我国城市化建设的重点之一，对应的城市扩展速度不断加快，中小城市扩展速度在本次监测之后有望继续加速。我国中小城市特色不一，城市扩展特点存在一定差异。

小城市的城镇化成本低、投入相对较少，对应的城镇化过程平稳，更符合大众人口城镇化由农村到小城市、小城市到中等城市、中等城市再到大城市的一般规律。因此，大力发展小城市有利于城乡统筹发展。但小城市就业机会少、基础设施相对落后，不利于吸引人口迁入，难以解决我国长期存在的就业问题，导致小城市发展及空间扩展相对滞后。20世纪70年代以来，我国小城市扩展速度明显慢于中等城市、大城市、特大城市以及巨大城市，对我国城市扩展的影响微弱。20世纪70年代至2020年，霍尔果斯、克拉玛依、拉萨、丽江、日喀则和中卫6个小城市以平均每年0.93平方千米的速度缓慢扩展，城市实际扩展总面积仅有261.88平方千米（见图39），平均每个城市扩展不足50平方千米。小城市扩展速度以2002年为时间节点，呈现明显的时间差异性：20世纪70年代至2002年相当长的一段时间内，小城市扩展速度缓慢；2002年以后，扩展速度波动增长，于2013年达到峰值（城市平均每年扩展4.58平方千米）（见图40），之后波动减速，尤其是在"十三五"期间，小城市扩展速度波动显著，于2018年达到一个扩展次高峰（城市平均每年扩展4.07平方千米）之后迅速回落，直观体现了小城市剧烈扩展与"十三五"期间"积极稳妥地推进城镇化，促进大中小城市和小城镇协调发展"目标深入实施的博弈过程。

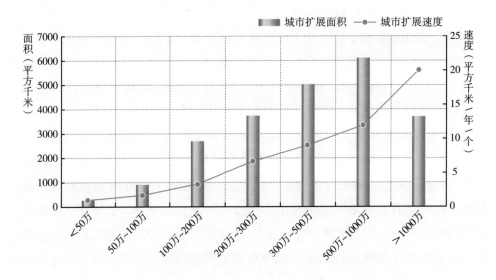

图39　不同人口规模城市20世纪70年代以来的扩展总面积与扩展速度

中等城市的发展既能避免大城市的"膨胀病"，又能克服小城市的发展滞后问题，但我国中等城市对大城市和小城市都有一定依赖性，难以形成自身城市发展的特点，进而阻碍了我国中等城市空间扩展进程。20世纪70年代以来，我国中等城市扩展的进程快于小城市，但明显滞后于大城市、特大城市和巨大城市；澳门、北海、沧州、承德、防城港、阜新、衡水、喀什、廊坊、湘潭、邢台和延安等12个中等城市平均以每年1.57平方千米的速度扩展，略高于小城市，远小于其他规模

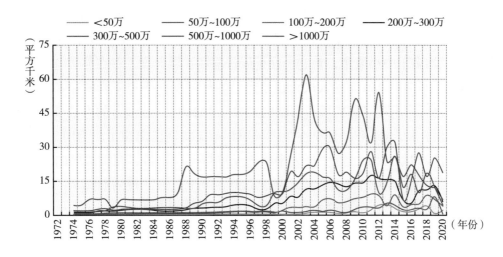

图 40　不同人口规模城市 20 世纪 70 年代以来的平均历年扩展面积

的城市。12 个中等城市实际扩展总面积为 901.18 平方千米，平均每个城市扩展了 75.10 平方千米。2000 年之前，我国中等城市的扩展速度平稳、缓慢，实际扩展总面积为 246.24 平方千米；进入 21 世纪后，中等城市实际扩展总面积为 654.94 平方千米，扩展速度呈现波动增长，于"十三五"期间达到巅峰（平均每年扩展 7.98 平方千米），扩展速度在之后的一年迅速回落到 2000 年之前的水平。

大城市及城市规模更大的特大城市和巨大城市是我国社会、经济等的重要载体，能容纳更多人口、产生更高的经济效益，在国家经济发展中具有举足轻重的作用。"大城市及以上城市超先发展"是许多国家走的一条共同道路，中国也不例外，我国多数大城市尤其是特大城市和巨大城市成为改革开放春风的第一批"受益者"。但大城市、特大城市、巨大城市的发展容易诱发"膨胀病"，城市发展、扩展到一定阶段就不利于城镇化的顺利、健康进行。因此，我国多次从区域、国家层面强调大城市、特大城市、巨大城市扩展要重质非重量，各种政策层出不穷，旨在引导大中小城市和小城镇协调发展。尤其是"新型城镇化"为我国城市未来发展指明了方向："以大带小，把大中城市和小城镇连接起来共同发展"。目前，我国大城市、特大城市和巨大城市的发展正在从单纯扩张城市规模向规模和质量同步增长并举推进、城市空间形态从大城市单体发展向城市群体发展转变、发展目标从单一经济目标向以人为本的全国发展和综合功能转变。我国大城市、特大城市、巨大城市的发展超前于中小城市，城市扩展呈现不一样的特色。

75 个主要城市中有 30 个城市属于大城市，其中蚌埠、包头和赤峰等 18 个城市的市辖区人口规模介于 100 万~200 万，保定、福州和贵阳等 12 个城市的市辖区人口规模介于 200 万~300 万。20 世纪 70 年代以来，我国大城市实际扩展总面积 6622.21 平方千米，平均每个城市扩展了 214.07 平方千米。两种规模的大城市实际扩展总面积均多于中小城市，但它们在扩展进程和扩展速度上存在显著差异。市辖区人口介于 100 万~200 万的大城市以城市平均每年 3.21 平方千米的速度扩展，且在 2000 年之后才出现显著扩展；市辖区人口介于 200 万~300 万的大城市扩展速度为 6.59 平方千米 / 年 / 个，且早在 20 世纪 90 年代初期已出现了较为明显的扩展。受"十一五"规划、"十二五"规划中城市发展战略的影响，两种规模的大城市扩展速度均在 2011 年达到峰值后波动减少；但在"十三五"规划期间，二者的城市扩展速度明显反弹，这种反弹在"十三五"末期均得到有效抑制。

特大城市和巨大城市多为改革开放初期先行发展的城市，它们的空间扩展区位优势明显，扩展进程远提前于大中小城市，扩展速度早在 20 世纪 80 年代末期就出现了较为明显的增长趋势。75 个主要城市中有 23 个属于特大城市，其中长春、长沙和大连等 12 个城市市辖区人口介于 300 万~500 万，成都、广州和哈尔滨等 11 个城市市辖区人口介于 500 万~1000 万。特大城市在我国城市扩展中的贡献巨大，实际扩展总面积 11143.64 平方千米，占 75 个监测城市实际扩展总面积的近半数，平均每个城市扩展了 484.51 平方千米。两种规模的特大城市实际扩展总面积相当且均多于其他规模的城市。市辖区人口介于 500 万~1000 万的特大城市扩展速度总体快于人口规模介于 300 万~500 万的特大城市。随着我国"促进大中小城市和小城镇协调发展、有重点地发展小城镇"等战略和方案的实施，特大城市扩展在 2014 年以后总体呈现减少趋势，但减少幅度不大，尤其是在"十三五"期间，扩展速度一直高于 2000 年之前。

监测的巨大城市包括北京、上海、天津和重庆 4 个直辖市，它们的社会和经济地位在全国领先。改革开放伊始，我国巨大城市扩展就如火如荼地进行，城市扩展进程明显优于其他人口规模的城市。20 世纪 70 年代以来，4 个巨大城市实际扩展总面积 3678.01 平方千米，平均每个城市扩展面积高达 919.50 平方千米。我国巨大城市扩展速度最快，平均历年扩展面积高达 19.92 平方千米，分别是小城市、中等城市、大城市和特大城市的 21.42 倍、12.69 倍、4.35 倍和 1.92 倍。巨大城市的扩展速度先后经历了 20 世纪 70 年代初期至 80 年代末期的低速扩展期、80 年代末期至 2000 年的稳速扩展期以及 2000 年以后的剧烈波动期，城市扩展速度在 2003 年达到峰值，之后波动降低，尤其是在"十二五"和"十三五"两个五年规划期间，扩展速度得到有效遏制，扩展速度降幅远大于大中小城市和特大城市。

综上所述，按照城市扩展速度和平均每个城市扩展面积排序由大到小依次为巨大城市、特大城市、大城市、中等城市和小城市，可见巨大城市在我国城市扩展过程中起到了"领头羊"的作用。人口规模越大的城市，建成区扩展过程中出现明显增速的现象越早。早在20世纪80年代末期，巨大城市的建成区扩展已出现较为显著的增速，而小城市的建成区扩展在21世纪初期才出现明显的增速现象。在新型城镇化的引导下，未来相当长的时期内，促进大中小城市和小城镇协调发展、重点发展中小城市、支持城市群发展将成为我国城市发展的一种必然趋势。我国中小城市的扩展速度有望稳定不变或增长；大城市、特大城市与巨大城市的扩展速度将有所降低，但受城市面积基数大的影响，未来这三类城市尤其是特大城市与巨大城市的扩展面积总量依然可观，仍将是我国城市扩展的重要贡献者。

2. 五年计/规划期间的不同规模城市扩展

在国民经济和社会发展五年计/规划的不同阶段，中国各种人口规模城市的空间扩展存在明显的阶段性差异。20世纪70年代和80年代，政治、经济地位领先的北京、上海等大城市以及沿海省市是我国城市发展的重点，这些城市经过近50年的成长，陆续成为现今的大城市、特大城市和巨大城市。相比之下，参与本次监测的小城市与中等城市多数设市时间相对较晚，加之对应的城市建成区面积基数较小，虽然早在改革开放初期国家就制定了一系列积极发展中小城市的战略和方针，但城市发展和扩展见效慢。中小城市扩展在各五年计/规划阶段对我国城市扩展的贡献较小，对应扩展速度在各五年计划时期均远滞后于大城市、特大城市和巨大城市。

相较于其他规模的城市，小城市是城市扩展最为滞后的一种城市类型，其对全国城市扩展的贡献微弱（见图41）。"十五"计划实施之前，小城市扩展速度缓慢。监测初期至"十五"计划实施之前，6个小城市实际扩展了47.90平方千米，仅占

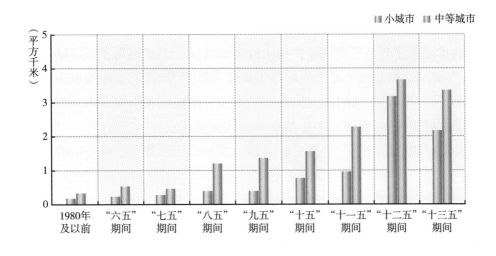

图 41 不同五年计/规划期间的中小城市平均年扩展面积

"十五"计划实施后小城市实际扩展面积的 22.38%。直至"十五"期间,国家层面制定"严格控制大城市规模,合理发展中等城市与小城市"的发展战略方针,对小城市扩展方显成效。"十五"计划伊始,小城市的空间扩展出现明显提速,扩展速度由 1980 年及以前的年均每个城市 0.18 平方千米迅速增至"十五"期间的 0.79 平方千米,扩展速度增加近 4 倍。"十五"期间,国家层面对中小城市的发展也有了进一步表述,明确"有重点地发展小城镇,积极发展中小城市,引导城镇密集区有序发展"的方向,对小城市扩展的刺激效果显著。"十一五"期间,小城市扩展增速明显。"十二五"期间,小城市在政策引导下快速发展,城市扩展速度达到巅峰期(城市平均每年扩展 3.19 平方千米)。虽然小城市扩展在"十三五"初期大幅减速,发展中小城市仍是我国城市建设的重点之一,尤其是在"新型城镇化"政策的引导下,未来小城市的扩展速度有望稳定不变或者有所增加。

中等城市的扩展进程虽超前于小城市,但明显滞后于大城市、特大城市和巨大城市。虽然中等城市与小城市在扩展速度、实际扩展面积上均存在明显的差异,但这两种规模的城市在"八五"计划实施之前,城市扩展速度趋势保持一致,即平稳、缓慢推进,"八五"计划之后,小城市的扩展趋势明显滞后于中等城市。中等城市在进入"八五"计划之前的扩展速度保持匀速增长,监测初期至"八五"计划实施之前,12 个中等城市共扩展了 89.94 平方千米,仅占"八五"计划实施之后中等城市实际扩展面积的 11.09%。"八五"期间,中等城市的空间扩展出现明显提速,扩展速度由 1980 年及以前的平均每年扩展 0.35 平方千米迅速增至"八五"期间的 1.22 平方千米,扩展速度增加了 2.50 倍。在"有重点地发展小城镇,积极发展中小城市,引导城镇密集区有序发展"等城市发展思想的引导下,中等城市在"九五"期间的城市扩展速度较"八五"期间略有增长。进入"十五"期间,中等城市的扩展速度升至平均每年扩展 1.57 平方千米,之后城市扩展不断加速,于"十二五"期间达到巅峰(城市平均每年扩展 3.68 平方千米)。中等城市的扩展速度在"十三五"期间出现回落,但在"坚持大中小城市和小城镇协调发展,积极稳妥地推进城镇化""促进大中小城市和小城镇协调发展、有重点地发展小城镇"等城市发展思想的引导下,特别是在"新型城镇化"形势下,中等城市的扩展有望加速。

相比上述中小城市,大城市的扩展对全国城市扩展的贡献明显更大,城市扩展进程有所提前,城市扩展速度明显加快,市辖区人口介于 200 万~300 万的大城市扩展速度在各阶段均快于市辖区人口介于 100 万~200 万的大城市(见图 42)。监测的 30 个大城市多是由改革开放初期的中小城市发展起来的,相应的城镇用地基

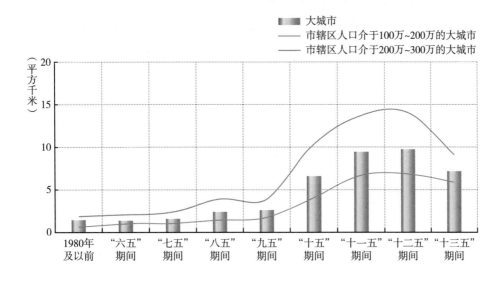

图 42 不同五年计 / 规划期间大城市平均年扩展面积

数小，但在改革开放初期较早开放的城市，如宁波、厦门和珠海等，以及原本经济、社会条件相对较好的省会城市福州、太原和合肥等城市扩展的带动下，大城市扩展面积在各阶段不断增加，扩展速度在"八五"计划实施之前缓慢增速，且市辖区人口介于 200 万 ~300 万的大城市在"八五"计划实施之前的扩展速度与市辖区人口介于 100 万 ~200 万的大城市差距较小。"八五"期间，大城市扩展明显增速，由 1980 年及以前的平均每年扩展 1.51 平方千米增至 2.49 平方千米。进入"八五"计划之后，两种人口规模的大城市的扩展速度差距呈增大趋势。"九五"期间，大城市扩展相对稳定，直到"十五"期间，大城市扩展速度出现飞跃式增长，5 年间共扩展近 1000 平方千米，扩展速度相比"九五"期间增长了 1.49 倍。"发展沿海城市""西部开发""振兴东北老工业区""中部崛起"等战略的相继实施，为我国大城市扩展提供了动力，"十一五"和"十二五"期间，大城市继续增速扩展。随着"新型城镇化"政策的提出以及该政策的不断深入实施，大城市在"十三五"规划初期扩展减速。

特大城市与巨大城市多属改革开放初期的大城市，它们对全国城市扩展的贡献最大。国务院 1978 年在北京召开第三次全国城市工作会议，会议制定的《关于加强城市建设工作的意见》首次提出我国城市规模发展的指导方针："控制大城市规模，多搞小城镇"、"大城市的规模一定要控制"和"中等城市要避免发展成大城市"。"七五"期间还颁布了《城市规划法》，对城市规模提出新的要求：国家实行严格控制大城市规模、合理发展中等城市和小城市的方针，促进生产力和人口的合理布局。但特大城市和巨大城市先天的城市发展区位优势仍"助长"它们继续扩展。在"十五"计划之前，特大城市与巨大城市的扩展速度持续快速增长，于"十五"期间分别达到平均每年扩展 18.64 平方千米和 41.70 平方千米，其中巨大城市扩展速度出现 20 世纪 70 年代以来的峰值，特大城市达到次高值（略低于"十二五"期间的速度）（见图 43、图 44）。市辖区人口介于 500 万~1000 万的特大城市扩展速度在各阶段均高于市辖区人口介于 300 万~500 万的特大城市，且两种人口规模的特大城市随着城市扩展进程的不断推进，扩展速度差距呈持续增加趋

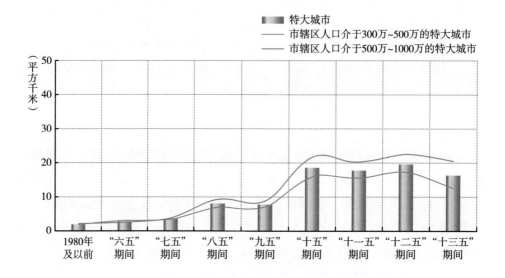

图 43　不同五年计 / 规划期间特大城市平均年扩展面积

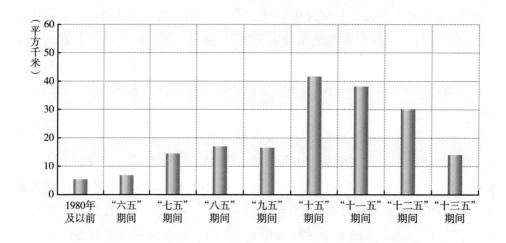

图 44　不同五年计 / 规划期间巨大城市平均年扩展面积

势，速度差于"十三五"末期达到最大（平均年扩展面积相差 7.86 平方千米）。受国家城市发展政策的影响，"十五"计划结束后，特大城市扩展减速但减少幅度不大；而巨大城市的扩展出现较明显的减速，在"十三五"期间尤为显著。

通过分析我国不同人口规模城市在不同五年计 / 规划期间的扩展特点发现：小城市、中等城市和大城市在进入"八五"期间之前，城市扩展速度趋势基本保持一致，即相对平稳、缓慢，"八五"之后出现明显差异。特大城市和巨大城市在"十一五"规划实施之前扩展速度持续快速增长；之后开始减速，且巨大城市扩展速度减少幅度大于特大城市。"十三五"规划实施期间，各种人口规模的城市均出现扩展减速现象。受"坚持大中小城市和小城镇协调发展，积极稳妥地推进城镇化"、"促进大中小城市和小城镇协调发展、有重点地发展小城镇"等战略思想的影响，在"新型城镇化"政策和《全国国土空间规划纲要（2020~2035）》引导下，未来小城市、中等城市的扩展有继续加速趋势，大城市、特大城市和巨大城市的扩展可能进入减速期。

1.5　中国主要城市扩展占用土地特点

城市通常位于发达的农业区或滨海区。如果大量的农田变成了城市用地，将会影响邻近地区的农业可持续发展。在我国的城市扩展过程中，对周边土地的影响以逐步占用其他类型的土地为主，城市中心建成区规模不断扩大。

受各个城市自然条件、社会环境等多方面因素的影响，不同的土地利用类型在不同地区和不同性质的城市扩展过程中表现各异。根据对遥感监测的各个城市的独立分析以及全国城市中心建成区有明显不同的扩展过程的综合分析，城市建成区增加的部分，来源于城市周边耕地占用和城市邻近农村居民点、工交建设用地等的吸纳，最终联结为一体，这是我国城市扩展最主要的土地来源。我国南方和西部地区的城市扩展，对于草地、林地、水域以及其他土地类型的占用较东部地区相对比例稍高，但因为城市自身规模较小和扩展的显著性不及东部，整体上数量及其比例较小。这一特点实际上表现了我国城市周边区域土地利用类型的地域性差异，并导致不同地域的城市扩展过程对土地利用影响的复杂性。

城市扩展影响的土地利用类型包括耕地、草地、林地、水域、建设用地和未利用土地等全部六个一级类型，在次一级土地利用类型中，包括水田、旱地等全部耕地类型，有林地、灌木林地、疏林地和其他林地等全部林地类型，高覆盖度草地、中覆盖度草地和低覆盖度草地等全部草地类型，河流、湖泊、水库与坑塘、海涂和滩地等多数水域类型，城镇、农村居民点、工交建设用地等全部建设用地类型，以及未利用土地的部分类型。除此以外，因为沿海城市向海洋方向的发展，还有部分沿海成为建设用地的一部分。对于这些土地类型的影响，在一定程度上反映了城市扩展对土地利用影响的广泛性。

在我国主要城市扩展过程中，土地来源包括多种土地利用类型，根据利用性质可以归为三种类型。第一种类型的土地是耕地，包括旱地和水田等两个土地利用二级类型。第二种类型是其他建设用地，即除城市中心建成区以外，位于城市周边并相对独立存在的农村居民点、工交和其他建设用地，以及达不到上图标准的独立城镇用地，都属于土地利用分类中的建设用地。第三类是除其他建设用地、耕地等以外的所有土地利用类型，包括林地、草地、水域和未利用土地等相关类型。

75 个城市扩展过程中，占用的耕地面积达 12362.60 平方千米，占城市实际扩展面积的 55.17%，包括水田和旱地；其次是占用城市周边原来独立的农村居民点、工交建设用地，面积达 7277.24 平方千米，占城市实际扩展面积的 32.48%；以草地、林地、水域等为主的其他土地，虽然类型比较多，但实际占用面积一般比较小，合计 2767.65 平方千米，占城市实际扩展面积的 12.35%。城市扩展中所占用的上述三类土地的面积比例在各个城市之间存在很大差异（见图 45）。

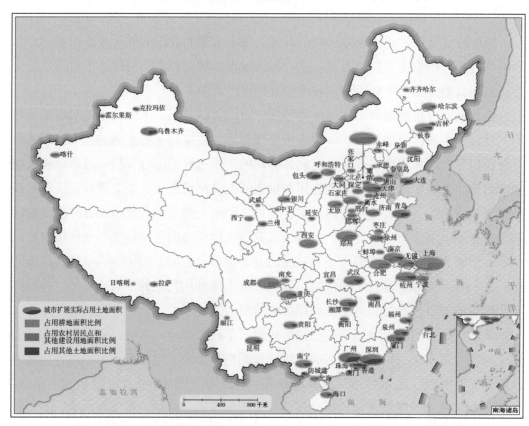

图 45　20 世纪 70 年代至 2020 年我国 75 个主要城市扩展占用各类土地面积比例

不同五年计/规划期间,以"十五"到"十二五"期间的城市扩展最显著,占用的耕地面积也最大,"六五"期间至"十二五"期间城市扩展对耕地的占用呈持续增加态势,"十三五"期间有所减少(见图46);"十二五"期间城市扩展占用耕地的面积是"六五"期间的4.99倍,"十三五"期间城市扩展占用耕地的面积是"六五"期间的3.82倍。"六五"期间至"十二五"期间城市扩展对建设用地的占用呈持续增加态势,"十三五"期间有所减少;"十二五"期间城市扩展占用建设用地的面积是"六五"期间的11.48倍,"十三五"期间城市扩展占用建设用地的面积是"六五"期间的8.37倍。"六五"期间至"十三五"期间,城市扩展对其他土地的占用除"九五"期间较"八五"期间和"十三五"期间较"十二五"期间有所下降外,"六五"期间至"八五"期间和"九五"期间至"十二五"期间均呈持续增加态势;"十二五"期间城市扩展占用其他土地的面积是"六五"期间的6.41倍,"十三五"期间城市扩展占用其他土地的面积是"六五"期间的5.08倍。

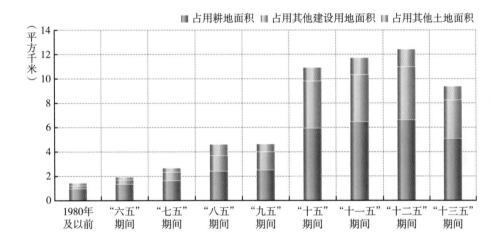

图46 不同五年计/规划期间城市平均年扩展占用各类土地面积

不同人口规模城市的城市扩展对土地利用类型的占用异同共存(见图47)。市辖区人口介于300万~1000万的特大城市在扩展过程中对土地利用的影响面积最多,近50年来,特大城市扩展中占用的耕地、其他建设用地和其他土地面积分别为5909.12平方千米、3555.63平方千米和1679.22平方千米,成为该类城市扩展用地的第一、第二和第三土地来源。人口规模介于300万~500万和500万~1000万的两种特大城市对土地利用的影响面积和类型比例构成类似。大城市对土地利用的影响仅次于特大城市,且市辖区人口介于200万~300万的大城市对各类土地利用类型的影响远大于市辖区人口介于100万~200万的大城市,但新增建成区的第一、

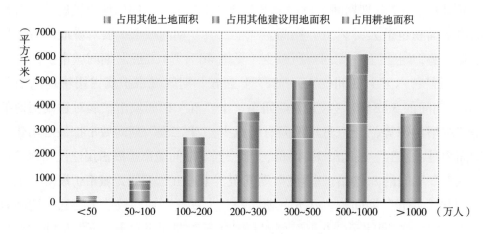

图47　不同人口规模城市扩展占用各类土地面积

第二和第三土地来源均与特大城市相同。巨大城市对土地利用的影响面积远小于特大城市和大城市，分别有2265.45平方千米、1294.11平方千米和118.45平方千米的耕地、其他建设用地和其他土地在巨大城市扩展过程中被占用，但平均每个巨大城市对土地利用的影响远大于其他人口规模的城市。相较于大城市、特大城市和巨大城市，中小城市扩展对土地利用的影响甚微，其中耕地资源也是中小城市新增面积的第一土地来源，但林地、水域等其他土地在小城市扩展过程中的贡献略高于其他建设用地。总体而言，市辖区人口规模越大，城市扩展对土地利用的影响越大；耕地是各种人口规模城市扩展的第一土地来源；除小城市外，各种人口规模城市扩展占用其他建设用地均多于其他土地。

1.5.1　城市扩展占用耕地特点

遥感监测表明，75个城市近50年的扩展过程中，耕地始终是被占用面积最多的土地类型。

1. 不同时期城市扩展对耕地的占用

从城市的发展过程看，耕地在相当长的时期内都是城市扩展直接并首先影响的土地类型，不但范围广，而且规模大。整个城市扩展过程中，被占用的耕地面积变化主要表现为一种不断增加的趋势。

20世纪70年代中期的1975年以前，每年城市扩展占用的耕地面积在20平方千米以下，1975~1979年在30~75平方千米，1979~1987年每年城市扩展占用的耕地面积稳定在99~108平方千米。这三个时间段基本上和我国城市扩展出现第一次快速期以前的时间吻合，累计持续了15年左右，其中三个时段内耕地每年被占用面积大致保持100平方千米以内，趋势上比较平稳。这一时期城市扩展占用的耕地面积比例在63.93%~71.53%。

1987年以后，随着我国城市发展进入快速期，占用的耕地面积有了比较明显的增加，1987~2000年比较平稳，在130~222平方千米；这个时期与20世纪80年代中期以前相比，仍然属于比较平稳的增加期，但增加的幅度超过以前。13年中，占用的耕地面积占城市扩大面积的比例在50.40%~61.79%，较前一时期有所降低。

2000~2006年开始进入我国城市扩展速度最快的时期，同时也是占用耕地面积急剧增加的时期，每年城市扩展占用的耕地面积在340~520平方千米，这6年间城市扩展占用的耕地面积比例在49.91%~56.85%。之后在2007~2008年快速下降到440平方千米以内，又继续反弹到2011年的655.90平方千米，也达到了占用耕地面积的极值，这5年间城市扩展占用的耕地面积比例在50.59%~58.33%。之后经过2011~2012年和2014~2015年的两次快速下降，在2015年下降到250多平方千米，2016年有所回升，2017年又略有下降，2018~2019年回升明显，2020年又下降到310多平方千米，其间城市扩展占用的耕地面积比例为44.96%~69.43%。

从中国75个主要城市平均每年每个城市扩展占用的耕地面积的发展过程看，不同时期耕地被占用的速度不同（见图48）。

20世纪70年代中国主要城市扩展占用耕地：比较而言，70年代的数年间是我国城市扩展最不明显的时期，大部分城市中心建成区持续保持了多年相对稳定的缓慢发展状态。1974~1979年，每个城市年均占用耕地在0.62~1.06平方千米，5年间

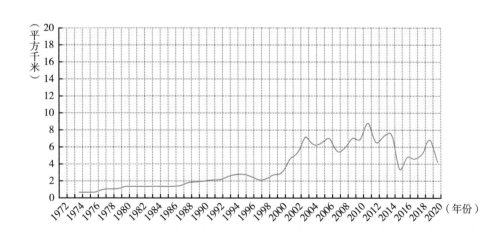

图48　中国75个主要城市扩展平均历年占用的耕地面积

每个城市年均占用耕地的平均值为 0.86 平方千米。在目前条件下，受客观因素的影响，单纯基于航天遥感数据尚难以准确、全面地恢复 20 世纪 70 年代以来我国城市变化每个年度的具体情况。部分城市由于具有一定时间段的多时相遥感数据，完成了监测，更多的城市数据只是为今后的扩展过程监测提供了遥感趋势基础和比较标准。

20 世纪 80 年代中国主要城市扩展占用耕地情况。1980 年以后，各个城市都获取了相对于 20 世纪 70 年代的变化结果，能够实现与 70 年代城市中心建成区状况及占用耕地的对比，因而，80 年代的城市扩展遥感监测是在获得一致、全面和比较系统的过程信息基础上进行的。1980~1989 年，每个城市年均占用耕地在 1.31~1.82 平方千米，9 年间每个城市年均占用耕地平均值为 1.44 平方千米。这一扩展速度只是稍高于前一时期，速度变化不大。其中，在 1987 年以前每个城市年均占用耕地面积的速度和规模变化不大，在 1.31~1.43 平方千米，相对比较平稳缓慢的扩展是这个时间段的主要特点。但从 1988 年开始，这种情况发生了比较大的变化，耕地被占用速度加快，为 1.74~1.82 平方千米。这一时间段，我国城市发展对耕地的占用首次表现出明显加速势头。20 世纪 80 年代是我国城市扩展过程中各个城市逐步向快速发展转变的一个时期，越来越多的城市在 80 年代末期开始进入快速扩展时期。

20 世纪 90 年代中国主要城市扩展占用耕地情况。自 20 世纪 80 年代末期开始出现城市中心建成区的快速扩展，一直持续到 90 年代中期才有所减缓，累计持续时间在 8 年左右。1990~1995 年，每个城市年均占用耕地在 2.08~2.74 平方千米，5 年间每个城市年均占用耕地平均值为 2.42 平方千米。20 世纪 90 年代中期以前是我国城市扩展的较快期，多数城市在这一时期的发展速度都比较快，对耕地的占用也比较显著，出现第一个高峰。1995~1999 年，每个城市年均占用耕地在 2.11~2.68 平方千米，4 年间每个城市年均占用耕地的平均值为 2.39 平方千米，其间年均占用耕地呈现一种波动现象。

21 世纪中国主要城市扩展占用耕地情况。每个城市年均占用耕地到 2000 年超过此前的扩展水平，且出现了扩展加速势头。2000~2003 年，每个城市年均占用耕地在 4.53~7.08 平方千米，3 年间每个城市年均占用耕地平均值为 5.64 平方千米，年均占用耕地面积呈现多年连续变化中非常突出的一个扩展高峰，成为监测期内扩展非常快的时期。2003~2011 年，每个城市年均占用耕地在 5.50~8.75 平方千米，8 年间每个城市年均占用耕地平均值为 6.70 平方千米。年均占用耕地面积呈现先放缓再加速扩展态势，出现监测期内占用耕地的峰值。2011~2020 年，每个城市年均占用耕地在 3.39~7.37 平方千米，9 年间每个城市年均占用耕地呈现起伏波动现象，且平均值为 5.54 平方千米。

对 20 世纪 70 年代以来不同时段中国城市扩展占用耕地基本过程特点的分析表明，1987 年以前处于一个相对稳定的缓慢发展时期，此后出现了比较明显的加快，成为一个发展速度较快的时期，持续了 10 年左右的时间，至 1997 年出现比较明显的减缓，直至 2000 年左右，从 2001 年开始，我国城市的扩展速度再次加快，2003~2011 年有波动，但又创新高，2011~2015 年增速呈波动下降趋势，2015~2019 年增速呈波动上升趋势，2020 年增速下降明显。

就全国而言，包括水田、旱地在内的耕地是我国城市扩展过程中被占用最多的一类土地，大部分城市的扩展以占用周边的耕地为主。

占用耕地面积最多的是上海市，为 1025.03 平方千米，占监测城市数量的 1.33%；占用耕地面积超过 600 平方千米的是成都和北京市，分别为 687.80 平方千米和 641.49 平方千米，占监测城市数量的 2.67%；占用耕地面积在 500~200 平方千米的 20 个城市包括合肥、郑州、南京、武汉、杭州、深圳、西安、长春、重庆、无锡、天津、沈阳、长沙、南宁、太原、青岛、石家庄、厦门、呼和浩特和昆明市，占监测城市数量的 26.67%；占用耕地面积在 200~100 平方千米的 14 个城市包括哈尔滨、广州、乌鲁木齐、宁波、贵阳、徐州、南昌、银川、福州、泉州、济南、大连、海口和包头市，占监测城市数量的 18.67%；唯一没有占用耕地的城市是澳门；防城港和克拉玛依 2 市占用耕地面积小于 6 平方千米，占监测城市数量的 2.67%；其余 35 个城市占用耕地面积小于 100 平方千米，占监测城市数量的 46.67%。

75 个城市中占用耕地面积比例在 70%~85% 的有 11 个城市，占监测城市数量的 14.67%，包括日喀则、中卫、丽江、宁波、成都、合肥、邢台、阜新、上海、衡水和枣庄。占用耕地面积比例在 60%~70% 的有 19 个城市，占监测城市数量的 25.33%，包括呼和浩特、蚌埠、太原、银川、西宁、重庆、廊坊、郑州、武威、西安、承德、无锡、南京、长春、武汉、珠海、南充、北海和霍尔果斯。防城港和克拉玛依市占用耕地面积比例小于 10%。占用耕地面积比例为 20%~40% 的 8 个城市分别为深圳、乌鲁木齐、泉州、湘潭、延安、包头、香港和广州，占监测城市数量的 10.67%。占用耕地面积比例在 40%~50% 的有 12 个城市，占监测城市数量的 16.00%，包括秦皇岛、邯郸、拉萨、海口、衡阳、厦门、昆明、济南、张家口、兰州、青岛和大连市。其余为占用耕地面积比例在 50%~60% 的 22 个城市，占监测城市数量的 29.33%。澳门占用耕地面积为零。

综上可知，城市扩展对耕地的占用是一种普遍状况，不同城市的差异也比较明显。

不同五年计/规划期间（见图49），城市扩展占用耕地的比例一直相对高而稳定，"六五"期间至"十二五"期间城市扩展占用耕地面积呈持续增加态势，但从"八五"开始降低后持续稳定。

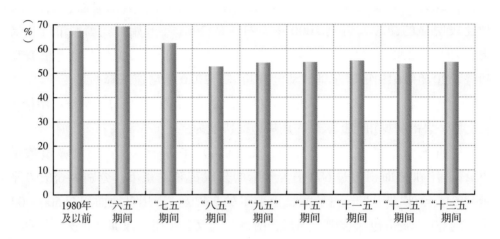

图49 不同五年计/规划期间城市扩展占用耕地的面积比例

"六五"时期，城市扩展占用耕地的面积为499.33平方千米，占同时期城市扩展总面积的68.82%。"七五"时期，城市扩展占用耕地面积616.15平方千米，占同时期城市扩展总面积的61.96%。"八五"时期，城市扩展占用耕地面积906.36平方千米，占城市扩展面积的52.51%。"九五"时期，城市扩展占用耕地面积937.17平方千米，占城市扩展面积的54.09%。"十五"时期，城市扩展占用耕地面积2221.49平方千米，占城市扩展面积的54.25%。"十一五"时期，城市扩展占用耕地面积2411.83平方千米，占城市扩展面积的54.81%。"十二五"时期，城市扩展占用耕地面积2490.89平方千米，占城市扩展面积的53.48%。"十三五"时期，城市扩展占用耕地面积1906.61平方千米，占城市扩展面积的54.15%。比较而言，"六五"到"十二五"时期，城市扩展占用耕地面积呈不断增加趋势，"十三五"时期有所下降；相对于比较高而稳定的耕地面积比例，"十三五"时期城市扩展占用耕地的面积是"六五"时期的3.82倍。

2. 不同类型城市扩展占用耕地对比

随着城市化进程的不断加快，城市扩展对耕地的占用是一个普遍性现象。将城市按直辖市、省会（首府）城市和其他城市分别进行统计，考虑到港澳台的特殊性，未归入以上三种类型。不同类型城市扩展对于耕地的占用状况，整体上表现为逐渐增加趋势。20世纪70年代以来，直辖市在城市扩展过程中对耕地的占用速度最快，且波动性最大；其他城市在城市扩展过程中对耕地的占用速度最慢且波动性最小；省会（首府）城市介于二者之间。不同类型城市扩展占用耕地速度表现出各自的特点（见图50）。

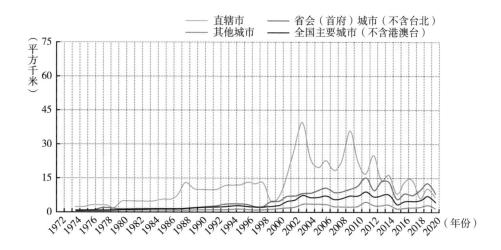

图50　中国不同类别城市扩展平均历年占用的耕地面积

直辖市扩展累计占用耕地2265.45平方千米，占被占用耕地总面积（不含港澳台）的18.46%，占用速度最快且波动性大。1987年之前表现为低速平稳期，20世纪80年代末期至90年代末城市扩展对耕地的占用速度表现为平稳增长，1998~2000年有所回落，在21世纪初至2003年对耕地的占用速度表现为快速增长，2003~2007年是波动回落期，2007~2009年是快速增长期，2009~2020年是波动回落期。1973~1974年直辖市扩展占用耕地面积2.21平方千米，2019~2020年占用25.89平方千米，后者是前者的11.72倍。1987年之前，有198.16平方千米的耕地以每个城市年均4.10平方千米的速度被占用，该时段耕地占新增城镇用地的67.33%。1988~1998年，有454.58平方千米的耕地以每个城市年均11.36平方千米的速度被占用，速度较前一时段有所上升，该时段耕地占新增城镇用地的61.25%。2000~2003年，有335.81平方千米的耕地以每个城市年均27.98平方千米的速度被占用，速度明显较前一时段上升，该时段耕地占新增城镇用地的64.48%。2003~2007年，有337.34平方千米的耕地以每个城市年均21.08平方千米的速度被占用，该时段耕地占新增城镇用地的59.62%。2007~2009年，有232.79平方千米的耕地以每个城市年均29.10平方千米的速度被占用，该时段耕地占新增城镇用地的69.96%。2009~2020年，有609.65平方千米的耕地以每个城市年均13.86平方千米的速度被占用，该时段耕地占新增城镇用地的57.24%。

省会（首府）城市扩展累计占用耕地6751.71平方千米，占被占用耕地面积（不含港澳台）的 55.00%，以较快速度持续增加。1988 年及其以前是低速平稳期，20 世纪 80 年代末期至 90 年代末城市扩展对耕地的占用速度呈平稳增长，1998~2011 年对耕地的占用速度呈波动快速增长，2011~2015 年呈波动回落，2015~2019 年对耕地的占用速度呈波动增长，2019~2020 年明显回落。1973~1974年省会（首府）城市扩展占用耕地面积 5.92 平方千米，2019~2020 年占用 217.69平方千米，2019~2020 年省会（首府）城市扩展占用耕地面积是 1973~1974 年的36.77 倍。1988 年之前，有 489.79 平方千米的耕地以每个城市年均 1.41 平方千米的速度被占用，该时段耕地占新增城镇用地的 71.00%。1988~1998 年，有 778.74平方千米的耕地以每个城市年均 2.88 平方千米的速度被占用，速度较前一时段有所上升，该时段耕地占新增城镇用地的 52.91%。1998~2011 年，有 3104.42 平方千米的耕地以每个城市年均 8.84 平方千米的速度被占用，该时段耕地占新增城镇用地的 57.68%。2011~2015 年，有 1130.83 平方千米的耕地以每个城市年均 10.47 平方千米的速度被占用，该时段耕地占新增城镇用地的 53.94%。2015~2019 年，有1030.25 平方千米的耕地以每个城市年均 9.54 平方千米的速度被占用，该时段耕地占新增城镇用地的 54.21%。2019~2020 年，有 217.69 平方千米的耕地以每个城市年均 8.06 平方千米的速度被占用，该时段耕地占新增城镇用地的 72.54%。

其他城市扩展累计占用耕地 3257.78 平方千米，占被占用耕地面积（不含港澳台）的 26.54%，速度慢且波动性小。1998 年及其以前是低速平稳期，1998~2004年是快速增长期，2004~2008 年是平稳回落期，2008~2010 年是平稳增长期，2010~2011 年增速明显，达到峰值，2011~2020 年是波动回落期。1973~1974 年其他城市扩展占用耕地面积 6.01 平方千米，2019~2020 年占 69.84 平方千米，2019~2020 年其他城市扩展占用耕地面积是 1973~1974 年的 11.62 倍。1998 年之前，有 860.01 平方千米的耕地以每个城市年均 0.83 平方千米的速度被占用，该时段耕地占新增城镇用地的 57.85%。1998~2004 年，有 595.55 平方千米的耕地以每个城市年均 2.42 平方千米的速度被占用，速度明显较前一时段上升，该时段耕地占新增城镇用地的 50.70%。2004~2008 年，有 497.50 平方千米的耕地以每个城市年均3.03 平方千米的速度被占用，该时段耕地占新增城镇用地的 44.08%。2008~2010年，有 218.62 平方千米的耕地以每个城市年均 2.67 平方千米的速度被占用，该时段耕地占新增城镇用地的 40.57%。2010~2011 年，有 178.96 平方千米的耕地以每个城市年均 4.36 平方千米的速度被占用，该时段耕地占新增城镇用地的 53.49%。2011~2020 年，有 907.14 平方千米的耕地以每个城市年均 2.46 平方千米的速度被占用，该时段耕地占新增城镇用地的 46.55%。

虽然三种类型的城市扩展过程中对耕地的占用速度等存在一定差异，但总体趋势基本一致，即三类城市对耕地的占用速度在 1987 年及其以前相对缓慢；在 20 世纪 80 年代中后期至 90 年代中期城市扩展对耕地的占用速度呈稳步增长态势；在 20 世纪 90 年代末期至 2003 年对耕地的占用速度呈快速增长态势，而省会（首府）城市该态势持续到 2006 年。20 世纪 70 年代初期至 80 年代中后期，三种类型的城市在扩展过程中对耕地的占用速度差异相对于其他时段来说最小。在 20 世纪 80 年代中后期至 90 年代中期，三种类型城市的扩展对耕地的占用速度呈稳步增长，增速均高于前一时段。20 世纪 90 年代末期至 2003 年，三种类型城市的扩展对耕地的占用进入快速增长期。2003~2009 年直辖市呈先降后升态势。2009~2020 年直辖市呈波动回落态势。而省会（首府）城市扩展对耕地的占用速度在 2006~2007 年才呈下降趋势，2007~2011 年又呈增长态势，2011~2015 年呈波动回落态势，2015~2019 年呈波动上升态势，2019~2020 年呈回落态势。2004~2011 年其他城市的扩展对耕地的占用速度呈先降后升态势，2011~2020 年呈波动回落态势。

不同人口规模城市扩展对耕地的占用既有普遍性，又有差异性。按人口规模划分为小城市、中等城市、大城市、特大城市、巨大城市五个城市等级。分析不同规模城市扩展对耕地的占用状况，整体上表现为逐渐增加趋势。20 世纪 70 年代以来，巨大城市在城市扩展过程中对耕地的占用速度最快，且波动性最大；特大城市在城市扩展过程中对耕地的占用速度较快且波动性较大；大城市在城市扩展过程中对耕地的占用速度较慢且波动性较小；小城市和中等城市在城市扩展过程中对耕地的占用速度慢且波动性小。从不同人口规模城市看，城市扩展占用耕地速度表现出各自的特点（见图 51）。

20 世纪 70 年代至 2020 年中国小于 50 万、50 万~100 万、100 万~200 万、200 万~300 万、300 万~500 万、500 万~1000 万和大于 1000 万等不同人口规模

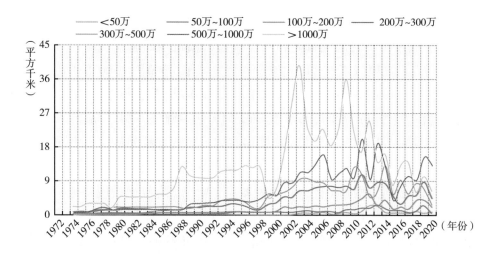

图 51　中国不同人口规模城市扩展平均历年占用的耕地面积

城市扩展占用的耕地面积及其占实际扩展面积的比例分别为：127.59 平方千米和
48.72%、472.90 平方千米和 52.48%、1384.23 平方千米和 51.42%、2203.30 平方千
米和 59.07%、2636.61 平方千米和 52.31%、3272.51 平方千米和 53.62%、2265.45
平方千米和 61.59%。除小城市（市区人口小于 50 万）外，其余不同人口规模城市
扩展占用的耕地面积比例均大于 50.00%，占用耕地面积比例最大的是市区总人口
大于 1000 万的巨大大城市（见图 52）。

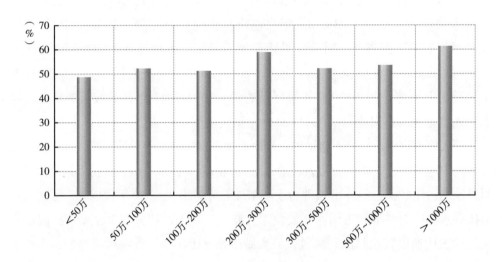

图 52　20 世纪 70 年代至 2020 年中国不同人口规模城市扩展占用的耕地面积比例

　　对比不同五年计 / 规划期间城市扩展占用耕地面积的速度，发现全国平均占用
耕地速度在"十二五"期间最快，平均每年占用耕地 6.65 平方千米。"十三五"期
间平均每年占用耕地 5.08 平方千米，较"十二五"期间下降了 23.61%。不同类型
城市占用耕地面积的速度，除直辖市城市占用耕地的速度在"十五"期间最快外，
省会（首府）城市（不含港澳台）和其他城市占用耕地的速度均在"十二五"期
间最快。不同人口规模城市中，巨大城市和特大城市（300 万 ~500 万）占用耕地的
速度在"十五"期间最快，特大城市（500 万 ~ 1000 万）和大城市（200 万 ~300 万）
占用耕地速度在"十一五"期间最快，大城市（100 万 ~200 万）、中等城市（50 万 ~100
万）和小城市（< 50 万）占用耕地速度均在"十二五"期间最快。不同类型和不
同人口规模城市"十三五"期间占用耕地的速度均低于"十二五"时期；除小城市
（< 50 万）外，不同类型和不同人口规模城市"十三五"期间占用耕地的速度也均
低于"十一五"时期。虽然"十三五"期间不同类型和不同人口规模城市扩展占用
耕地面积的速度均有所下降，但耕地占城市扩展用地面积的比例依然很高，其中耕地
占直辖市城市扩展总面积的比例甚至达到 70.63%，比例仅次于"六五"时期。

3. 不同区域城市扩展占用耕地对比

全国按区域划分为东北地区、华北地区、华中地区、华东地区、华南地区、西北地区、西南地区和港澳台地区八大区域，全国 75 个主要城市扩展占用的八大区域耕地比例分别为 8.12%、19.40%、10.07%、33.26%、8.45%、7.78%、12.22%、0.69%。可见，华东、华北两个地区的城市扩展对耕地的占用最突出，两区城市扩展对耕地的占用量占到 20 世纪 70 年代至 2020 年被占用耕地总量的 52.67%。华东地区每个城市年均扩展占用耕地的速度最快，高达 5.86 平方千米，其后依次是华中地区（4.44 平方千米）、西南地区（4.04 平方千米）、东北地区（3.22 平方千米）、华南地区（3.18 平方千米）、华北地区（2.88 平方千米）、西北地区（1.83 平方千米）、港澳台地区（0.60 平方千米）。八个区域的城市扩展占用耕地的速度有较大差异，这和选取城市的规模有关，但与各区城市扩展速度变化趋势基本一致。

东北地区城市扩展自 20 世纪 70 年代以来，耕地对新增城市用地的贡献为 56.01%。20 世纪 70 年代中期至 90 年代末，平均每年每个城市扩展占用的耕地面积为 1.29 平方千米，呈平稳发展态势，该时段共占用耕地面积 198.53 平方千米，占新增城镇用地的 59.05%。1998~2001 年，107.81 平方千米的耕地以每个城市年均 5.13 平方千米的速度快速被占用，该时段耕地占新增城镇用地的 53.78%。2001~2008 年，东北地区城市扩展占用耕地的速度以每个城市年均 4.06 平方千米的速度呈起伏波动态势，该时段共占用耕地面积 198.92 平方千米，占新增城镇用地的 51.72%。2008~2010 年 2 年的时间内，共占用耕地面积 164.04 平方千米，占新增城镇用地的 58.20%，以每个城市年均 11.72 平方千米的速度呈快速上升态势。2010~2020 年，新增城镇用地对耕地的占用速度进入波动回落期，速度为每个城市年均 4.77 平方千米，该时段共有 334.18 平方千米的耕地被占用，占新增城镇用地的 56.80%（见图 53）。

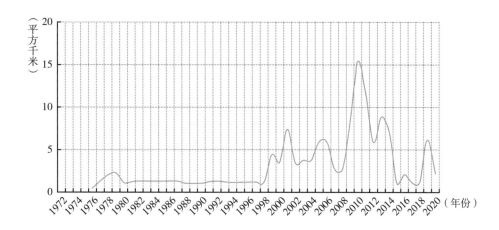

图 53　东北地区城市扩展平均历年占用的耕地面积

华北地区自 20 世纪 70 年代以来，城市扩展占用耕地面积较大，耕地对该区新增城市用地的贡献达 53.87%。先后经历了 20 世纪 70 年代初至 90 年代初的相对稳定期、1992~1995 年的低速增长期、1995~1999 年的低速下降期、1999~2003 年的快速增长期、2003~2005 年的迅猛回落期、2005~2011 年的波动反弹增长期、2011~2020 年的波动回落期。20 世纪 70 年代初至 90 年代初，474.02 平方千米的耕地以每个城市年均 1.50 平方千米的速度被占用，该时段耕地占新增城镇用地的 60.32%。1992~1995 年，141.02 平方千米的耕地以每个城市年均 2.61 平方千米的速度被占用，速度较前一时段有所上升，该时段耕地占新增城镇用地的 59.30%。1995~1999 年，164.57 平方千米的耕地以每个城市年均 2.29 平方千米的速度被占用，速度明显较前一时段下降，该时段耕地占新增城镇用地的 50.21%。1999~2003 年，359.52 平方千米的耕地以每个城市年均 4.99 平方千米的速度被占用，速度较前一时段上升显著，该时段耕地占新增城镇用地的 58.44%。2003~2005 年，129.70 平方千米的耕地以每个城市年均 3.60 平方千米的速度被占用，速度明显较前一时段下降，该时段耕地占新增城镇用地的 46.28%。2005~2011 年，529.507 平方千米的耕地以每个城市年均 4.90 平方千米的速度被占用，速度较前一时段有所上升，该时段耕地占新增城镇用地的 47.29%。2011~2020 年，600.01 平方千米的耕地以每个城市年均 3.70 平方千米的速度被占用，新增城镇用地对耕地的占用速度进入回落期，该时段耕地占新增城镇用地的 55.26%（见图 54）。

华中地区自 20 世纪 70 年代以来，耕地对新增城市用地的贡献达 58.89%。20 世纪 90 年代初之前为稳定期、1992~1995 年为较快增长期、1995~1998 年为回落期、1998~2004 年为快速上升期、2004~2008 年为波动回落期、2008~2014 年为波

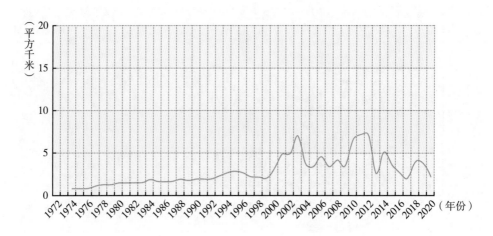

图 54　华北地区城市扩展历年平均占用耕地面积

动上升期、2014~2020年为波动下降期。20世纪90年代初之前，121.13平方千米的耕地以每个城市年均1.12平方千米的速度被占用，该时段耕地占新增城镇用地的70.39%。1992~1995年，48.50平方千米的耕地以每个城市年均2.69平方千米的速度被占用，速度较前一时段有所上升，该时段耕地占新增城镇用地的62.01%。1995~1998年，37.87平方千米的耕地以每个城市年均2.10平方千米的速度被占用，较前一时段以相近的速度回落，该时段耕地占新增城镇用地的61.92%。1998~2004年，254.81平方千米的耕地以每个城市年均7.08平方千米的速度被占用，速度较前一时段快速上升，达到一个峰值，该时段耕地占新增城镇用地的58.64%。2004~2008年，174.95平方千米的耕地以每个城市年均7.29平方千米的速度被占用，该时段耕地占新增城镇用地的64.30%。2008~2014年，346.12平方千米的耕地以每个城市年均9.61平方千米的速度被占用，该时段耕地占新增城镇用地的59.76%。2014~2020年，261.80多平方千米的耕地以每个城市年均7.27平方千米的速度被占用，该时段耕地占新增城镇用地的50.62%（见图55）。

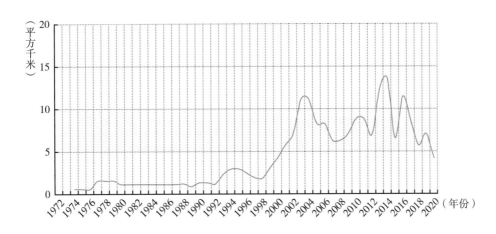

图55 华中地区城市扩展平均历年占用的耕地面积

华东地区自20世纪70年代以来，是占用耕地最多的区域，且呈阶梯状持续上升趋势，耕地对该区新增城市用地的贡献达59.96%。20世纪70年代末之前为低速期、1979~1987年为稳定期、1987~1989年为较快增长期、1989~1995年为稳定期、1995~2000年为回落期、2000~2003年为快速反弹期、2003~2009年为波动上升期、2009~2015年为波动回落期、2015~2019年为波动上升期、2019~2020年呈回落态势。20世纪70年代末之前，61.39平方千米的耕地以每个城市年均0.90平方千米的速度被占用，该时段耕地占新增城镇用地的93.34%。1979~1987年，239.61平方千米的耕地以每个城市年均2.00平方千米的速度被占用，速度较前一时段有所上升，该时段耕地占新增城镇用地的 84.95%。1987~1989 年，112.67 平方千米的耕地以每个城市年均 3.76 平方千米的速度被占用，速度明显较前一时段上升，该时段耕地占新增城镇用地的 72.07%。1989~1995 年，382.73 平方千米的耕地以每个城市年均 4.25 平方千米的速度被占用，速度较前一时段明显上升，该时段耕地占新增城镇用地的 69.65%。1995~2000 年，238.17 平方千米的耕地以每个城市年均 3.18 平方千米的速度被占用，速度明显较前一时段下降，该时段耕地占新增城镇用地的 63.44%。2000~2003 年，418.44 平方千米的耕地以每个城市年均 9.30 平方千米的速度被占用，速度较前一时段快速上升，该时段耕地占新增城镇用地的 60.32%。2003~2009 年，1124.56 平方千米的耕地以每个城市年均 12.50 平方千米的速度被占用，速度较前一时段明显上升，该时段耕地占新增城镇用地的 55.39%。2009~2015 年，855.16 平方千米的耕地以每个城市年均 9.50 平方千米的速度被占用，速度较前一时段明显下降，该时段耕地占新增城镇用地的 53.20%。2015~2019 年，552.05 平方千米的耕地以每个城市年均 9.20 平方千米的速度被占用，该时段耕地占新增城镇用地的 59.34%。2019~2020 年，126.60 平方千米的耕地以每个城市年均 8.44 平方千米的速度被占用，该时段耕地占新增城镇用地的 75.87%（见图 56）。

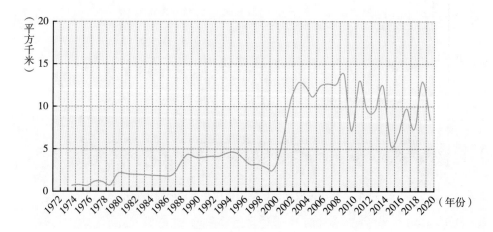

图 56　华东地区城市扩展平均历年占用的耕地面积

华南地区自 20 世纪 70 年代以来，耕地对该区新增城市用地的贡献为 38.13%。20 世纪 70 年代末之前为低速期、1978~1989 年为稳定期、1989~1991 年为较快增长期、1991~1995 年为稳定期、1995~1998 年为回落期、1998~2006 年为快速波动上升期、2006~2012 年为波动回落期、2012~2014 年为快速上升期、2014~2015 年为回落期、2015~2018 年为波动上升期且达到峰值、2018~2020 年为回落期。20 世纪 70 年代末之前，11.24 平方千米的耕地以每个城市年均 0.36 平方千米的速度被占用，该时段耕地占新增城镇用地的 70.76%。1978~1989 年，123.16 平方千米的耕地以每个城市年均 1.60 平方千米的速度被占用，速度较前一时段有所上升，该时段耕地占新增城镇用地的 53.86%。1989~1991 年，47.56 平方千米的耕地以每个城市年均 3.40 平方千米的速度被占用，速度明显较前一时段上升，该时段耕地占新增城镇用地的 33.38%。1991~1995 年，105.56 平方千米的耕地以每个城市年均 3.77 平方千米的速度被占用，速度较前一时段明显上升，该时段耕地占新增城镇用地的 28.24%。1995~1998 年，40.74 平方千米的耕地以每个城市年均 1.94 平方千米的速度被占用，速度明显较前一时段下降，该时段耕地占新增城镇用地的 26.59%。1998~2006 年，299.34 平方千米的耕地以每个城市年均 5.35 平方千米的速度被占用，速度较前一时段快速上升，达到一个峰值，该时段耕地占新增城镇用地的 40.17%。2006~2012 年，146.85 平方千米的耕地以每个城市年均 3.50 平方千米的速度被占用，速度较前一时段明显下降，该时段耕地占新增城镇用地的 48.36%。2012~2014 年，72.45 平方千米的耕地以每个城市年均 5.18 平方千米的速度被占用，较前一时段呈上升态势，该时段耕地占新增城镇用地的 30.05%。2014~2015 年，14.46 平方千米的耕地以每个城市年均 2.07 平方千米的速度被占用，该时段耕地占新增城镇用地的 26.93%。2015~2018 年，124.93 平方千米的耕地以每个城市年均 5.95 平方千米的速度被占用，较前一时段呈快速上升态势，该时段耕地占新增城镇用地的 34.02%。2018~2020 年，58.63 平方千米的耕地以每个城市年均 4.19 平方千米的速度被占用，该时段耕地占新增城镇用地的 50.74%（见图 57）。

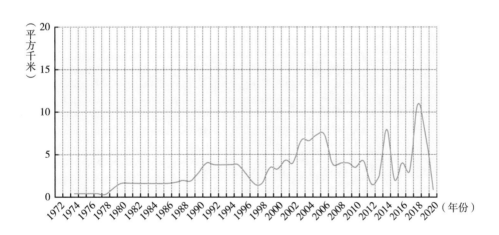

图 57　华南地区城市扩展平均历年占用的耕地面积

西北地区自 20 世纪 70 年代以来，耕地对该区新增城市用地的贡献达 53.14%，占用的速度相对缓慢，且增速相对滞后。20 世纪 80 年代末期之前相当长的时间内

为低速稳定期、1988~2000 年为缓慢增长期、2000~2004 年为波动期、2004~2006
年为快速上升期、2006~2009 年为回落期、2009~2012 年为快速上升期且达到最高
值、2012~2017 年为回落期、2017~2020 年为缓慢增长期。20 世纪 80 年代末期之
前，37.28 平方千米的耕地以每个城市年均 0.23 平方千米的速度被占用，该时段耕
地占新增城镇用地的 52.45%。1988~2000 年，159.14 平方千米的耕地以每个城市年
均 1.21 平方千米的速度被占用，速度较前一时段有所上升，该时段耕地占新增城
镇用地的 58.32%。2000~2004 年，86.13 平方千米的耕地以每个城市年均 1.96 平方
千米的速度被占用，该时段耕地占新增城镇用地的 49.10%。2004~2006 年，107.33
平方千米的耕地以每个城市年均 4.88 平方千米的速度被占用，速度较前一时段快
速上升，该时段耕地占新增城镇用地的 55.99%。2006~2009 年，75.12 平方千米的
耕地以每个城市年均 2.28 平方千米的速度被占用，该时段耕地占新增城镇用地的
51.54%。2009~2012 年，239.07 平方千米的耕地以每个城市年均 7.24 平方千米的速
度被占用，该时段耕地占新增城镇用地的 58.19%。2012~2017 年，183.23 平方
千米的耕地以每个城市年均 3.33 平方千米的速度被占用，速度较前一时段有明
显下降，该时段耕地占新增城镇用地的 47.69%。2017~2020 年，74.52 平方千
米的耕地以每个城市年均 2.26 平方千米的速度被占用，该时段耕地占新增城
镇用地的 47.13%（见图 58）。

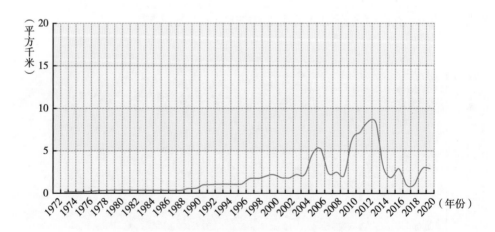

图 58　西北地区城市扩展平均历年占用的耕地面积

西南地区自 20 世纪 70 年代以来，耕地对该区新增城市用地的贡献达 63.85%，
为八大区域最大值。20 世纪 90 年代初之前为稳定期、1992~2005 年为较快增长
期、2005~2007 年为平稳期、2007~2009 年为快速上升期且达到最高值、2009~2012
年为波动回落期、2012~2013 年为快速增长期、2013~2015 年为快速回落期、

2015~2018 年为较快增长期、2018~2020 年呈缓慢回落态势。20 世纪 90 年代初之前，113.08 平方千米的耕地以每个城市年均 0.80 平方千米的速度被占用，1986~1989 年有所波动，该时段耕地占新增城镇用地的 77.60%。1992~2005 年，432.16 平方千米的耕地以每个城市年均 4.16 平方千米的速度被占用，速度较前一时段上升显著，该时段耕地占新增城镇用地的 68.27%。2005~2007 年，104.32 平方千米的耕地以每个城市年均 6.52 平方千米的速度被占用，速度较前一时段有所上升，该时段耕地占新增城镇用地的 74.51%。2007~2009 年，168.17 平方千米的耕地以每个城市年均 10.51 平方千米的速度被占用，速度较前一时段快速上升，达到一个峰值，该时段耕地占新增城镇用地的 75.76%。2009~2012 年，160.57 平方千米的耕地以每个城市年均 6.69 平方千米的速度呈波动态势被占用，该时段耕地占新增城镇用地的 49.91%。2012~2013 年，104.48 平方千米的耕地以每个城市年均 13.06 平方千米的速度被占用，速度较前一时段上升显著，该时段耕地占新增城镇用地的 61.19%。2013~2015 年，78.07 平方千米的耕地以每个城市年均 4.88 平方千米的速度被占用，速度较前一时段下降明显，该时段耕地占新增城镇用地的 49.73%。2015~2018 年，205.59 平方千米的耕地以每个城市年均 8.57 平方千米的速度被占用，速度较前一时段上升明显，该时段耕地占新增城镇用地的 56.22%。2018~2020 年，143.35 平方千米的耕地以每个城市年均 8.96 平方千米的速度被占用，该时段耕地占新增城镇用地的 68.67%（见图 59）。

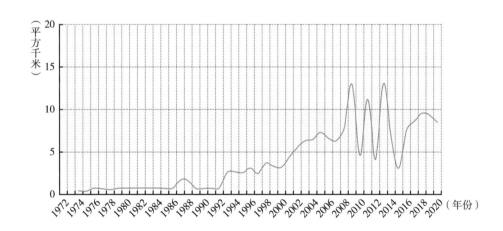

图 59　西南地区城市扩展平均历年占用的耕地面积

港澳台地区城市扩展对耕地的占用和其他区域相比特点显著，且呈阶梯状持续下降趋势。近 50 年来城市扩展占用耕地的面积小于其他土地类型，耕地对该区新增城镇用地的贡献为 30.75%。耕地被城市扩展占用的速度先后经历了 20 世纪

80 年代末期之前的稳定期、1988~1990 年的快速下降期、20 世纪 90 年代的稳定期、1999~2005 年以后的波动期、2005~2013 年的稳定期、2013~2018 年的波动期、2018~2020 年的稳定期。港澳台地区的城市化进程远早于内陆地区，20 世纪 90 年代以前已经完成快速城市化过程，城市建设日趋完善。20 世纪 80 年代末期之前，共有 64.24 平方千米的耕地以每个城市年均 1.43 平方千米的速度被占用，该时段耕地占新增城镇用地的 42.99%。1988~1990 年，2.41 平方千米的耕地以每个城市年均 0.40 平方千米的速度被占用，速度较前一时段下降明显，该时段耕地占新增城镇用地的 19.45%。1990~1999 年，6.43 平方千米的耕地以每个城市年均 0.24 平方千米的速度被占用，速度明显较前一时段下降，该时段耕地占新增城镇用地的 13.17%。1999~2005 年，7.50 平方千米的耕地以每个城市年均 0.42 平方千米的速度被占用，速度较前一时段有所上升，且 2000 年时有波动，该时段耕地占新增城镇用地的 21.07%。2005~2013 年，仅有 0.65 平方千米的耕地以每个城市年均 0.03 平方千米的速度被占用，该时段耕地占新增城镇用地的 5.51%。2013~2018 年，有 3.58 平方千米的耕地以每个城市年均 0.24 平方千米的速度被占用，该时段耕地占新增城镇用地的 25.53%。2018~2020 年，仅有 0.09 平方千米的耕地以每个城市年均 0.02 平方千米的速度被占用，该时段耕地占新增城镇用地的 2.28%。进入 20 世纪 90 年代之后，港澳台地区城市扩展对耕地的占用持续减少，对其他土地类型占用比例持续增加，这也是有别于其他区域的（见图 60）。

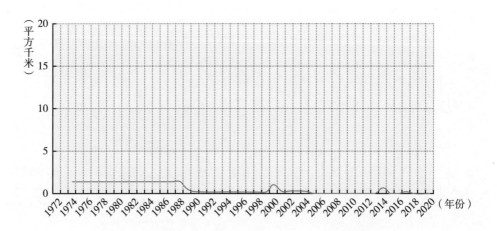

图 60　港澳台地区城市扩展平均历年占用的耕地面积

综上所述，近 50 年来城市扩展对耕地的占用仍然是中国主要城市中心建成区增加的最主要土地来源，占总扩展面积的 55.17%，包括水田和旱地。其次是城市周边原来独立的农村居民点、工交建设用地逐步和原城市中心建成区连为一体，成为城市的一部分，这类土地面积占比 32.48%。以草地、林地、水域等为主的其他土地，虽然类型比较多，但实际占用面积量一般比较小，由此而转变的中心建成区面积只占总扩展面积的 12.35%。城市扩展中所使用的上述三类土地的面积比例在各个城市存在很大差异。

城市扩展对耕地占用的基本过程特点如下。20 世纪 80 年代中后期以前处于一个相对稳定的缓慢发展期，此后出现了比较明显的加快，成为一个发展速度较快的时期，持续了十年左右，至 1997 年出现比较明显的减缓，直至 2000 年左右，从 2001 年开始，我国城市的扩展速度再次加快，2003~2011 年有波动，但又创新高，2011~2020 年增速呈波动下降趋势。"六五"期间至"十二五"期间城市扩展对耕地的占用呈持续增加态势，"十三五"期间有所减少。不同类型、不同区域的城市在扩展过程中对耕地的占用存在一定差异，但与各区城市扩展速度变化趋势基本一致。除港澳台地区外，其余各区近 50 年来城市扩展占用耕地的面积都最大，且对耕地的占用整体上表现为逐渐增加趋势。

对比不同五年计/规划期间城市扩展占用耕地面积的速度发现，除港澳台城市外，不同区域城市占用耕地面积的速度在"十五"期间均显著加快，其中华南地区城市在"十五"期间占用耕地速度最快，东北和华东地区城市在"十一五"期间占用耕地速度最快，华北、华中和西北地区在"十二五"期间占用耕地速度最快，唯独西南地区城市在"十三五"期间占用耕地速度最快。除华南地区和西南地区外，其他区域城市"十三五"期间占用耕地的速度均低于"十二五"时期，其中东北地区和西北地区城市扩展占用耕地速度回落较大，分别下降了 62.85% 和 63.14%。"十三五"期间各区域耕地面积占城市扩展总面积的比例依然很高，有一半区域超过了"十二五"时期。

1.5.2　中国城市扩展对其他建设用地的影响

城市扩展过程对其他建设用地的影响主要是指，在城市建成区不断外扩过程中，原来位于城市周边但与建成区相对隔离的农村居民点和工交建设用地不断与城市建成区合并，成为城市建成区的一部分这一现象。遥感监测表明，伴随着不断加快的城市化进程，其他建设用地对我国城市扩展的贡献举足轻重。20 世纪 70 年代至 2020 年，其他建设用地是城市扩展的第二土地来源，在包头、广州、邯郸、济南、泉州和湘潭等城市，甚至成为第一土地来源。

1. 不同时期城市扩展对其他建设用地的占用

20 世纪 70 年代初期至 2020 年，其他建设用地对中国城市扩展起到重要作用。农村居民点和工交建设用地等其他建设用地以每年 151.61 平方千米的速度融入建成区，累计有 3504.88 平方千米的农村居民点用地随着城市扩展与建成区融为一体，3772.36 平方千米的工业园区、经济开发区等工交建设用地在城市扩展中随着交通线的不断蔓延、加密最终实现与建成区相连，这一现象通常伴随建成区扩展占用耕地和林地、草地、水域与未利用土地等其他土地的过程出现。因此，农村居民点和工交建设用地等其他建设用地融入建成区的时间特征与耕地和其他土地转变为建成区的时间特征相似度极高。虽然其他建设用地对城市扩展的贡献率较大，但其对城市扩展的贡献量明显少于同期被占用的耕地数量，远多于被占用的林地、草地等其他土地面积总和。被城市扩展占用的其他建设用地是被占用其他土地面积的 2.63 倍，仅相当于被占用耕地面积的 58.87%。

我国 75 个城市过去近 50 年的发展过程表明（见图 61），城市扩展占用其他建设用地的速度存在明显的阶段性差异，对城市实际扩展面积的贡献率最高时达 44.58%，最低时只有 13.50%。这种阶段性差异与我国 75 个城市平均历年扩展面积变化趋势具有一致性。

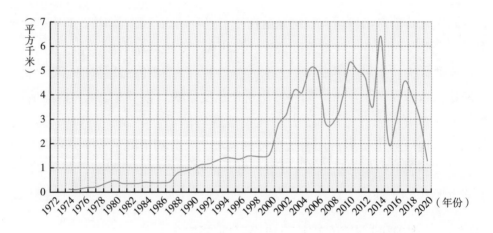

图 61　我国 75 个城市扩展平均历年占用的其他建设用地面积

20 世纪 70 年代初期至 80 年代中后期的十余年内，全国 75 个城市的建成区扩展在较长时期内比较缓慢，在这个过程中年均占用的其他建设用地面积较小且变化幅度不大，对城市扩展的贡献率相对最小，介于 13.50%~24.67%。其他建设用地城市平均年占用 0.33 平方千米，速度略高于同期被占用的其他土地，远低于占用耕地的速度。1972~1987 年，仅有 312.74 平方千米的其他建设用地融入建成区，对城市扩展的贡献率为 19.78%，远低于耕地的贡献率，略高于其他土地贡献率。1980 年前后，其他建设用地对城市扩展的贡献量及速度均出现明显差异：此前，城市扩展占用其他建设用地的速度时间波动性较大，且监测初期的十余年中贡献率最大值与最小值均出现在这个阶段；1980 年以后，其他建设用地转变为建成区的速度相对平稳，对城市扩展的贡献率几乎是个常量，保持在 19.15%~20.27%。

20 世纪 80 年代末至 2000 年，我国 75 个主要城市的扩展出现明显增速，建成区规模显著增大，作为城市扩展的主要土地来源，其他建设用地在城市扩展过程中被占用的速度稳步提高，但增速缓慢，以年均 1.26 平方千米的速度被建成区占用，是 1972~1987 年的 3.82 倍，远低于 21 世纪以后的减少速度。其他建设用地的减少速度和幅度仍旧远低于转变为建成区的耕地变化速度和幅度，但与同期其他土地的减少速度和幅度拉开差距。1987~2000 年，共有 1231.54 平方千米的其他建设用地融入建成区，是 1972~1987 年融入建成区的其他建设用地总量的 3.94 倍。其他建设用地对城市扩展的贡献率介于 27.25%~36.15%，平均 29.65%，仅相当于耕地对城市扩展贡献率的 54.30%。

2000~2005 年，随着我国社会经济的发展以及道路等基础设施的建设和完善，更多的农村居民点、工业园区和经济开发区等其他建设用地与建成区"手拉手"，成为建成区的一部分。时间跨度仅有 5 年，短于 1972~1987 年和 1987~2000 年两个时段，但建成区扩展对其他建设用地的影响依然较大。其他建设用地以城市平均每年 3.88 平方千米的速度融入建成区，远高于 1972~1987 年和 1987~2000 年 2 个时段。5 年内被占用的其他建设用地面积略多于 1987~2000 年的同类面积。其他建设用地融入建成区的速度和幅度仍旧远低于耕地，且差距加大；其他建设用地减少的总面积是同期被占用的其他土地面积的 3.49 倍。相比前两个时段，其他建设用地对城市扩展的贡献率继续上升，介于 33.53%~39.53%，均值为 35.34%，是耕地对新增城镇土地贡献率的 64.94%。

2005 年之后，其他建设用地向新增建设用地的流转速度波动显著，总体呈"先增后减"态势，先后在 2010 年（城市平均每年 5.28 平方千米）、2014 年（城市平均每年 6.39 平方千米）和 2017 年（城市平均每年 4.55 平方千米）出现三个波峰。在此期间，共有 4277.37 平方千米的其他建设用地融入建成区，约占同期城市实际扩展面积的 1/3，对城市扩展的贡献率介于 21.51%~44.58%。

总体而言，中国城市扩展占用其他建设用地的速度在 2000 年之前相对低缓；在 2000 年之后，随着中国加入世界贸易组织（WTO），中国经济快速复苏，迅速融入全球化的市场体系，刺激了中国城市发展，导致作为新增城镇用地主要来源的其他建设用地快速融入城镇用地中，城市扩展占用其他建设用地的速度在"十五"、"十一五"和"十二五"三个五年计 / 规划期间总体呈剧烈波动、快速增长态势，但随着"十三五"规划的广泛、深入实施，城市扩展占用其他建设用地的速度得到有效遏制，2020 年回落至 2000 年的水平。

2. 不同类型城市扩展对其他建设用地的影响

以行政单位作为区分城市类型的标准，将监测的75个城市划分为直辖市、省会（首府）城市和其他城市等3种类型。考虑到港澳台地区的城市化进程与内地城市存在一定差异，城市类型划分不包括香港、澳门和台北市。

被占用的农村居民点和工交建设用地等其他建设用地分别有52.37%、17.90%和29.73%出现在省会（首府）城市（不含台北）、直辖市和其他城市扩展过程中。直辖市扩展占用其他建设用地的速度最快且波动性最大，加速期早于全国其他城市出现；其次是省会（首府）城市（不含台北）；其他城市对其他建设用地的占用速度最慢且波动性最小，进入快速占用期的时间滞后于全国平均水平时间（见图62）。

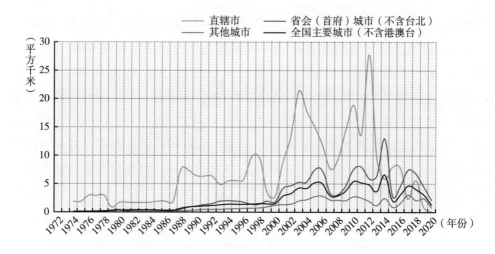

图62　中国不同类型城市扩展平均历年占用的其他建设用地面积

虽然不同类型城市扩展过程中对其他建设用地的占用速度与比例存在差异，但总体变化趋势在2007年之前基本保持一致，即占用其他建设用地均先后经历了20世纪70年代初期至80年代中后期的低速稳定期、20世纪80年代末至2000年的缓慢增速期、2000~2005年的快速期和2005~2007年的减速期。2007年之后，不同类型城市扩展过程中对其他建设用地的占用存在显著差异，具体表现为：直辖市和省会（首府）城市（不含台北）扩展占用其他建设用地均又先后经历了一次快速上升期和一次减速期，而其他城市扩展占用其他建设用地在2007年之后波动频繁但波幅不大，总体呈现"减—增—减"变化趋势。

20世纪70年代初期至80年代中后期，城市扩展占用其他建设用地的速度差异相对于其他时段最小。在直辖市、省会（首府）城市（不含台北）和其他城市的建成区扩展中，占用的其他建设用地面积分别为 82.91 平方千米、110.96 平方千米和 98.15 平方千米，占用速度分别为城市平均每年 2.00 平方千米、0.32 平方千米和 0.16 平方千米。

20 世纪 80 年代末至 2000 年，城市扩展占用其他建设用地的速度相对稳定，速度略高于前一时期但远低于 2000 年之后。直辖市、省会（首府）城市（不含台北）和其他城市在扩展过程中占用其他建设用地的面积分别为 326.58 平方千米、546.35 平方千米和 347.25 平方千米，是前一时段的 3.94 倍、4.92 倍和 3.54 倍；占用速度分别为城市平均每年 6.28 平方千米、1.56 平方千米和 0.65 平方千米，与上个时段相比，3 类城市占用其他建设用地的速度均出现不同程度的增长，直辖市增速最快，其他城市增速最慢。

2000~2005 年，我国经济社会发展取得巨大成就，城市建设进入大发展阶段，城市扩展对其他建设用地的占用速度也不断加快，占用面积显著增大。直辖市、省会（首府）城市（不含台北）和其他城市在扩展过程中占用其他建设用地的面积分别为 306.86 平方千米、733.77 平方千米和 407.43 平方千米，占用速度分别为城市平均每年 15.34 平方千米、5.44 平方千米和 1.99 平方千米，3 种类型城市在扩展过程中对其他建设用地的占用速度均明显高于以前时段。

2005~2007 年，直辖市和省会（首府）城市（不含台北）扩展占用其他建设用地的速度出现短暂回落，分别降至城市平均每年 9.83 平方千米和 5.39 平方千米，其他城市扩展占用其他建设用地有所增加，增至城市平均每年 2.54 平方千米。直辖市和省会（首府）城市（不含台北）和其他城市占用其他建设用地面积分别为 78.64 平方千米、291.22 平方千米和 208.55 平方千米。

2007 年之后，直辖市和省会（首府）城市（不含台北）扩展加速占用其他建设用地，分别于 2012 年和 2014 年达到峰值城市平均每年 27.81 平方千米和 13.04 平方千米后，占用其他建设用地的速度依次迅速回落至城市平均每年 0.15 平方千米和 2.25 平方千米。其他城市扩展占用其他建设用地的速度由 2007 年的城市平均每年 2.18 平方千米缓慢减少至 2015 年的 1.00 平方千米后有所反弹，于 2018 年达到平均每年 3.12 平方千米后开始波动下降。13 年内，分别有 499.13 平方千米、2103.06 平方千米和 1087.67 平方千米其他建设用地转变为直辖市、省会（首府）城市（不含台北）和其他城市新的建成区。不同类型城市扩展占用其他建设用地的速度均在"十三五"期间出现明显的减弱现象。

3. 不同区域城市扩展对其他建设用地的影响

20 世纪 70 年代以来，城市扩展过程中占用的其他建设用地分别有 29.69%、24.08%、11.39%、9.49%、8.87%、7.91%、7.90% 和 0.67% 来自华东地区、华北地区、华南地区、西南地区、华中地区、西北地区、东北地区和港澳台地区。华北、华东两个地区的城市扩展过程中占用其他建设用地的面积最大，两个区域城市扩展占用其他建设用地的面积是 8 个区域城市扩展占用其他建设用地总量的半数以上。华东地区城市扩展占用其他建设用地的速度最快，城市平均每年高达 3.07 平方千米，是全国平均水平的 1.50 倍，其后是华南地区（2.52 平方千米）、华中地区（2.29平方千米）、华北地区（2.10 平方千米）、西南地区（1.84 平方千米）、东北地区（1.83 平方千米）、西北地区（1.09 平方千米），港澳台地区的速度最低，平均每年仅有 0.35 平方千米。8 个区域的城市占用其他建设用地的速度变化存在较大差异，但与各区域城市扩展速度变化趋势相似。

东北地区城市扩展占用其他建设用地的速度略低于全国平均水平（城市平均每年 2.04 平方千米）。在东北地区城市的扩展过程中，共有 575.00 平方千米其他建设用地被占用，对城市扩展的贡献率为 32.10%，是其他土地的 2.70 倍，却仅占耕地贡献率的 57.30%。其他建设用地被占用的速度先后经历了 1 个缓慢期（20 世纪 70年代中期至 90 年代末）、3 个加速期（1998~2002 年、2008~2010 年、2011~2014 年）和 3 个减速期（2002~2008 年、2010~2011 年和 2014~2020 年）（见图 63）。

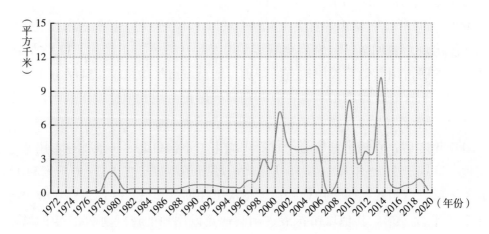

图63　东北地区城市扩展平均历年占用的其他建设用地面积

20 世纪 70 年代中期至 90 年代末，东北地区城市扩展以平均每年 0.60 平方千米的速度缓慢占用其他建设用地，共有 94.19 平方千米的其他建设用地融入建成区，对城市扩展的贡献率为 28.02%，明显低于耕地但远高于其他土地。1998~2002 年，共有 117.33 平方千米其他建设用地以平均每年 4.19 平方千米的速度快速融入不断外扩的城市建成区，对城市扩展的贡献率达到近 50 年来的最高值 45.11%，略低于耕地的贡献率，远高于其他土地对城市扩展的贡献率。2002~2008 年，占用其他建设用地的速度有所减慢，为平均每年2.72平方千米，远低于1998~2002年的速度，被占用的其他建设用地总量与上个时段相差不多，对城市扩展的贡献率却下降至35.11%。2008~2010年，共有77.13平方千米其他建设用地以平均每年5.51平方千米的速度融入城市建成区，对城市扩展的贡献率为27.36%，较2002~2008年有所下降。2010~2011年，占用其他建设用地的速度由平均每年8.19平方千米回落至2.68平方千米，共有18.78平方千米的其他建设用地融入建成区，对城市扩展的贡献率仅有15.89%，达到半个世纪以来的最低值。2011~2014年，东北地区城市扩展以平均每年5.80平方千米的速度快速占用其他建设用地，速度远高于其他时段。共有121.83平方千米其他建设用地融入建成区，对城市扩展的贡献率为39.48%，较2010~2011年明显增加。2014年之后，东北地区城市扩展占用其他建设用地的速度迅速回落至2015年的1.12平方千米，之后随着"十三五"规划的深入实施，东北地区城市扩展以年均0.68平方千米的速度占用其他建设用地，速度相对缓慢、平稳。2014~2020年，仅有31.66平方千米的其他建设用地融入建成区，对城市扩展的贡献率为19.60%，远小于耕地，与其他土地相当。

华北地区城市扩展占用其他建设用地的速度位居华东地区、华南地区和华中地区之后，高于其他区域。20世纪70年代初期以来，在华北地区城市扩展过程中，共有1752.29平方千米其他建设用地被占用，对城市扩展的贡献率为39.36%，是其他土地的4.85倍，却仅占耕地的72.80%。其他建设用地被占用的速度先后经历了1个低速期（20世纪70年代初期至80年代末期）、1个缓慢期（20世纪80年代末期至1999年的缓速期）、3个加速期（1999~2003年、2007~2011年和2013~2018年）和3个减速期（2003~2007年、2011~2013年和2018~2020年）（见图64）。

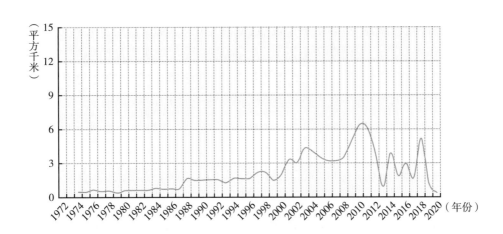

图64 华北地区城市扩展平均历年占用的其他建设用地面积

20世纪70年代初期至80年代末期，华北地区共有133.21平方千米的其他建设用地在城市扩展中以平均每年0.62平方千米的速度缓慢融入建成区，是占用建设用地速度最低的时段。之后较长一段时间，即1987~1999年，共有361.13平方千米其他建设用地以平均每年1.67平方千米的速度被占用，对城市扩展的贡献率达40.28%，明显高于上个时段。1999~2003年，华北地区城市扩展占用其他建设用地的速度翻倍，由平均每年1.52平方千米增至4.35平方千米。4年的时间内，共有229.71平方千米的其他建设用地融入建成区，对城市扩展的贡献率为37.34%，略低于1987~1999年。2003~2007年，为更好地举办第29届奥运会，我国的建城镇用地规模得到了宏观调控，位于华北地区的奥运会举办地北京以及周边的天津、唐山等城市也不例外，直接导致融入建成区的其他建设用地无论是速度还是数量均出现明显增加。2007~2011年，华北地区城市扩展占用其他建设用地进入第二个加速期，占用速度大于其他时段，4年的时间内，共有379.68平方千米其他建设用地以平均每年5.27平方千米的速度融入建成区，对城市扩展的贡献率为45.27%，达到历史最高值。之后的两年，城市扩展占用其他建设用地的速度迅速回落至0.93平方千米，在此期间仅有287.38平方千米其他建设用地被占用。2013~2018年，城市扩展占用其他建设用地的速度波动增加，于2018年增至5.09平方千米，略低于40余年来的峰值；五年间，共有646.78平方千米其他建设用地被占用，对城市扩展的贡献率为43.09%。"十三五"期间尤其是2018年之后，占用建设用地的速度显著回落，于2020年跌至2.70平方千米，对城市扩展的贡献率达到最低值（19.02%），彰显了"十三五"规划实施的力度和效果。

华中地区城市扩展占用其他建设用地的速度仅次于华东地区和华南地区。在华中地区城市的扩展过程中，共有645.72平方千米其他建设用地被占用。对城市扩展的贡献率为30.54%，是其他土地的2.89倍，是耕地的51.86%。华中地区对其他建设用地的占用进程相对滞后，占用速度在20世纪90年代初期才有明显增加，之后进入相对频繁的波动变化期（见图65）。总的来看，其他建设用地被占用的速度先后经历了1个缓慢期（20世纪70年代初期至1992年）、2个加速期（1992~2004年和2008~2019年）和2个减速期（2004~2008年和2019~2020年）。

20世纪90年代初期之前，华中地区城市扩展以平均每年0.15平方千米的速度缓慢占用其他建设用地，仅有16.00平方千米的其他建设用地融入建成区，成为城市扩展的第三土地来源，对城市扩展的贡献率为9.30%，远低于耕地和其他土地。1992~2004年，共有155.21平方千米其他建设用地以平均每年2.16平方千米的速度快速融入不断外扩的城市建成区，成为新增建成区的第二土地来源，对城市扩展的贡献率为27.04%。2004~2008年，城市扩展占用其他建设用地减速，由城市平

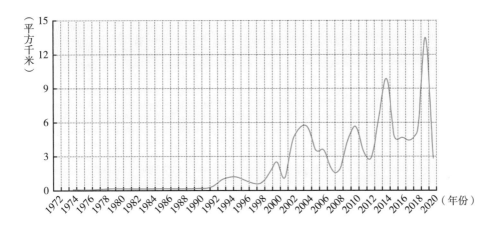

图 65　华中地区城市扩展平均历年占用的其他建设用地面积

均每年 5.55 平方千米减至 1.82 平方千米，4 年的时间内，共有 64.52 平方千米的其他建设用地融入建成区中，对城市扩展的贡献率为 23.71%，较 1992~2004 年有所降低，但其他建设用地仍是城市扩展的第二土地来源。2008~2019 年，城市扩展占用其他建设用地的速度明显大于其他时段，共有 392.91 平方千米其他建设用地以平均每年 5.95 平方千米的速度融入建成区，对城市扩展的贡献率高达 37.35%，是其他土地的 5.16 倍，却仅占耕地的 67.41%。其间，城市扩展占用其他建设用地的速度在"十三五"规划实施的最初三年相对平稳，但在城市发展与"耕地保护"的博弈过程中，耕地被占用的速度不断减慢，其他建设用地跃居为华中地区城市扩展的第一贡献者，被城市扩展占用的速度于 2019 年达到 20 世纪 70 年代以来的峰值（13.47 平方千米），但这一现象只是"昙花一现"，随着"十三五"规划的深入实施，华中地区城市扩展占用其他建设用地的速度在 2019~2020 年迅速回落至 2.85 平方千米，低于"十三五"规划初期的均值（4.87 平方千米）。

　　华东地区是城市扩展占用其他建设用地速度最快的区域，近 50 年来，共计 2160.76 平方千米其他建设用地被占用，对城市扩展的贡献率为 31.51%，是其他土地的 3.69 倍，仅有耕地的 52.56%。华东地区城市扩展占用速度的时间阶梯形较强（见图 66），先后经历了 1 个低速期（20 世纪 80 年代末期之前）、1 个缓慢稳速期（20 世纪 80 年代末至 2000 年）、2 个加速期（2000~2005 年和 2009~2012 年）和 2 个减速期（2005~2009 年和 2012~2020 年）。

　　20 世纪 70 年代初至 80 年代末，仅有 32.64 平方千米的其他建设用地以平均每年 0.16 平方千米融入建成区，对城市扩展的贡献率很小，仅有 9.56%，但仍是仅次于耕地的新增建成区第二土地来源。20 世纪 80 年代末至 2000 年，城市扩展对

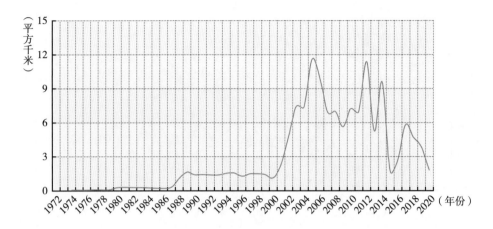

图66 华东地区城市扩展平均历年占用的其他建设用地面积

其他建设用地的占用速度相对平稳且高于上个时段，共有 270.18 平方千米的其他建设用地以平均每年 1.39 平方千米的速度被占用，相比上个时段，其他建设用地对城市扩展的贡献率明显上升至 24.99%。与前两个时段相比，2000~2005 年，城市扩展占用其他建设用地的速度明显增加，由平均每年 1.13 平方千米升至 11.57 平方千米。5 年时间内，共有 503.58 平方千米其他建设用地快速融入建成区，对城市扩展的贡献率也有所增加，达到 36.36%。2005~2009 年，华东地区城市扩展速度减缓，对其他建设用地的占用速度也相应减慢，4 年内共有 441.51 平方千米的其他建设用地在城市扩展过程中被占用，对城市扩展的贡献率（32.97%）也较上个时段有所减少。2009~2012 年，城市扩展占用其他建设用地的速度明显增加，于 2012 年达到峰值（平均每年 11.34 平方千米），3 年的时间内共有 383.51 平方千米其他建设用地以平均每年 8.52 平方千米的速度快速融入建成区，对城市扩展的贡献率达到历史最高值 43.37%，但仍是城市扩展的第二土地来源。占用其他建设用地的速度在 2012 年达到峰值后，于 2012~2020 年进入一个快速波动的回落期，速度于"十三五"末期迅速跌至平均每年 1.81 平方千米。

华南地区城市扩展占用其他建设用地速度仅次于华东地区，明显高于全国平均水平。20 世纪 70 年代初期以来，华南地区城市扩展过程中，共占用其他建设用地 828.71 平方千米，是城市扩展的第三土地来源，对城市扩展的贡献率为 30.24%，分别是耕地和其他土地的 79.31% 和 95.56%。华南地区城市扩展占用其他建设用地的速度先后经历了 1 个低速期（20 世纪 80 年代末期之前）、2 个加速期（20 世纪 80 年代末至 2006 年和 2012~2014 年）和 2 个减速期（2006~2012 年与 2014~2020 年）（见图 67）。

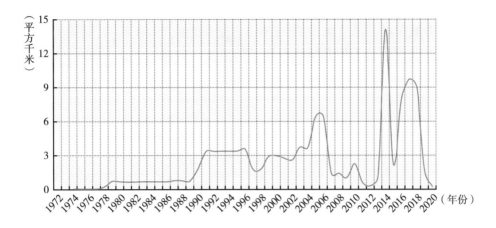

图67　华南地区城市扩展平均历年占用的其他建设用地面积

20世纪70年代初期至80年代末期，仅有57.18平方千米其他建设用地以平均每年0.51平方千米的速度缓慢融入建成区，是同期城市扩展的第二土地来源，对城市扩展的贡献率为23.38%，远小于耕地，略大于其他土地。20世纪80年代末至2006年，城市扩展占用其他建设用地增速明显，速度由平均每年0.78平方千米增至6.42平方千米，在城市扩展过程中，共有400.94平方千米其他建设用地融入建成区，是同期城市扩展的第三土地来源，对城市扩展的贡献率（28.34%）虽较上个时段略有增加，依然小于耕地（34.86%）和其他土地的贡献率（36.80%）。2006~2012年，城市扩展占用其他建设用地的速度出现显著回落，由平均每年6.42平方千米跌至0.35平方千米。6年时间内，仅有49.82平方千米其他建设用地在城市扩展过程中被占用，对城市扩展的贡献率（16.40%）达到历史最低，远低于同期耕地与其他土地的贡献率。之后的两年，城市扩展占用其他建设用地加速，于2014年达到历史巅峰（平均每年14.10平方千米），其他建设用地对城市扩展的贡献率高达44.26%，其他建设用地成为同期城市扩展的第一土地来源。2014年之后，城市扩展占用其他建设用地的速度总体呈现显著的波动下降趋势，共有214.06平方千米其他建设用地在城市扩展过程中被占用，对城市扩展的贡献率为39.88%，其他建设用地仍是同期城市扩展的第一土地来源。"十三五"规划实施初期，城市扩展占用耕地的速度得到有效控制，其他建设用地成为新增城镇用地的第一土地来源，对城市扩展的贡献在2017年是耕地的3.13倍，这一现象随着"十三五"规划的全面实施得以扭转，城市扩展占用其他建设用地速度于2017年之后迅速回落（平均每年0.27平方千米）。

西北地区是城市扩展对其他建设用地占用速度最低的内陆区域，出现明显增速的时间相对滞后。共有 575.53 平方千米其他建设用地被占用，是城市扩展的第二土地来源，对城市扩展的贡献率为 31.80%，是耕地的 59.84%，是其他土地的 2.11 倍。西北地区城市扩展占用其他建设用地的速度大致经历了 3 个阶段，即 20 世纪 70 年代初期至 1996 年的缓慢期、1996~2010 年的加速期、2010~2020 年的波动减速期（见图 68）。

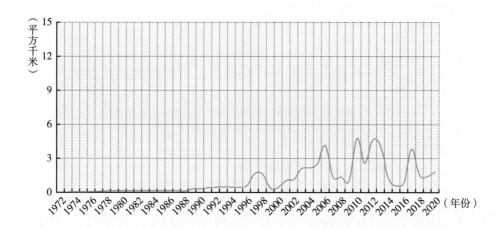

图 68　西北地区城市扩展平均历年占用的其他建设用地面积

20 世纪 90 年代末期之前相当长时期内，西北地区城市扩展占用其他建设用地的速度较为平稳、缓慢，共有 50.87 平方千米其他建设用地被占用，是同期城市扩展的第二土地来源，对城市扩展的贡献率为 24.96%，略高于其他土地，远低于耕地。1996~2010 年，城市扩展占用其他建设用地的速度波动增长，由平均每年 0.56 平方千米增至 4.73 平方千米，共有 277.86 平方千米其他建设用地被占用，对城市扩展的贡献率（35.04%）较上个时段有所增加，但仍低于耕地，是同期城市扩展的第二土地来源。在此期间，城市扩展占用其他建设用地的速度出现两个短暂的回落期（1998~2000 年和 2006~2009 年）。2010~2020 年，城市扩展占用其他建设用地的速度波动降低，平均每年由 4.73 平方千米跌至 1.78 平方千米，共有 246.79 平方千米其他建设用地被占用，对城市扩展的贡献率（30.34%）略低于近 50 年来的平均水平。值得注意的是，受"耕地保护"和"退耕还林、还草"等政策影响，西北地区城市扩展占用耕地速度于 2017 年降至低谷，导致其他建设用地成为城市扩展的主要土地来源，城市扩展占用其他建设用地的速度在 2017 年出现一个短暂、显著的增长；但随着"十三五"规划的深入实施，城市扩展占用其他建设用地的速度得到控制。

西南地区城市扩展占用其他建设用地的速度相对缓慢，在内部区域仅快于东北地区和西北地区。在城市扩展过程中，共占用其他建设用地 690.52 平方千米，是城市扩展的第二土地来源，对城市扩展的贡献率为 29.20%，是其他土地的 4.20 倍，却不足耕地的半数。西南地区城市扩展占用其他建设用地的速度大致经历了 1 个低速期（20 世纪 70 年代初期至 90 年代初期）、1 个相对稳定期（20 世纪 90 年代初期至 2000 年）、2 个加速期（2000~2011 年和 2014~2017 年）和 2 个减速期（2011~2014 年和 2017~2020 年）（见图 69）。

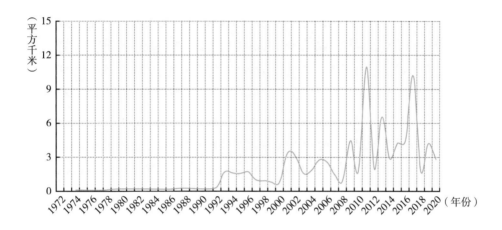

图 69　西南地区城市扩展平均历年占用的其他建设用地面积

20 世纪 70 年代初期至 90 年代初期，西南地区城市扩展占用其他建设用地速度低、较稳定，共计 23.90 平方千米其他建设用地以平均每年 0.17 平方千米的速度缓慢地融入建成区，虽然对城市扩展的贡献率（16.40%）较低，约为耕地的 1/5，却是其他土地的近 3 倍。20 世纪 90 年代初期至 2000 年，虽然城市扩展对其他建设用地占用的速度较上个时间段波动较大，但相比 2000 年之后的速度变化趋势，城市扩展对其他建设用地的占用速度较为平稳且比上个时段高。1992~2000 年，共有 79.64 平方千米的其他建设用地以平均每年 1.24 平方千米的速度被占用，对城市扩展的贡献率较上个时段有所上升，增至 28.76%。2000 年之后，城市扩展占用其他建设用地的速度剧烈波动，且总体呈上升趋势，于 2011 年达到历史巅峰（平均每年 10.95 平方千米）。2000~2011 年，共计 276.08 平方千米的其他建设用地被占用，对城市扩展的贡献率为 28.00%。2011~2014 年之后，城市扩展占用其他建设用地的速度波动降低，共计 90.87 平方千米其他建设用地被占用，对城市扩展的贡献率与 2000~2011 年相当。之后三年，城镇用地占用其他建设用地速度迅速反弹，于 2017 年达到平均每年 10.18 平方千米，3 年的时间内，共有 150.04 平方千米其他建设用地被占用，对城市扩展的贡献率达到历史最高（45.89%）。2017~2020 年，城镇用地占用其他建设用地的速度回落明显，于 2020 年跌至 2.79 平方千米，其他建设用地对城市扩展的贡献率为 22.29%，仅为上 个时段的半数，但仍是城市扩展的第二土地来源，其贡献率仍远高于其他土地。 整个"十三五"期间，西南地区城市扩展占用其他建设用地的速度先增后减，印 证了政策实施的时间滞后性，充分体现了"十三五"规划对西南地区城市扩展的 有效控制。

相比其他 7 个区域，港澳台地区城市扩展对其他建设用地的占用速度最慢、波 动最小（见图 70）且阶段差异不明显。总的来说，港澳台地区其他建设用地被占 用的速度先后经历了 20 世纪 90 年代之前的稳定期、20 世纪 90 年代的低速期以及 2000 年以后的相对剧烈波动期。整个遥感监测期间，共有 48.70 平方千米其他建设 用地被占用。港澳台地区的城市化进程远早于内陆地区，20 世纪 90 年代以前已经 进入快速城市化阶段，城市建设日趋完善，共计 22.11 平方千米其他建设用地以平 均每年 0.50 平方千米融入建成区，成为新增建成区的第三土地来源，但对城市扩 展的贡献率仅有 15.25%。进入 20 世纪 90 年代之后，港澳台地区城市扩展对其他 建设用地的占用速度放缓，以平均每年 0.07 平方千米的速度进行，共有 2.45 平方 千米的其他建设用地被占用，与其他时段相比，对城市扩展的贡献率降至最低值 4.01%。进入 21 世纪以来，港澳台地区城市扩展占用其他建设用地的速度波动比较 明显，以平均每年 0.28 平方千米的速度进行，在 2000 年出现峰值（平均每年 2.50 平方千米）。

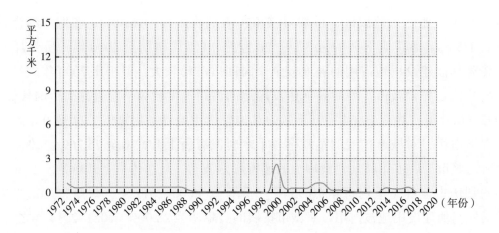

图 70　港澳台地区城市扩展平均历年占用的其他建设用地面积

作为仅次于耕地的重要土地来源，其他建设用地在城市扩展中起着举足轻重的 作用，共有 7277.24 平方千米其他建设用地融入建成区中，包括 3504.88 平方千米的农村居民点用地和3772.36平方千米的工业园区、经济开发区等工交建设用地，是被占用其他土地总量的2.63倍，仅相当于被占用耕地总面积的58.87%，占城市实际扩展面积的32.48%。城市占用其他建设用地的速度先后经历了1个缓速期（20世纪70年代初期至80年代中后期）、1个稳定期（20世纪80年代末至2000年）、2个加速期（2000~2005年和2007~2014年）和2个减速期（2005~2007年和2014~2020年），与监测的75个城市平均历年扩展面积变化趋势基本一致。从城市行政类型来看，直辖市在城市扩展过程中对其他建设用地的占用速度明显快于省会（首府）城市（不含台北市）和其他城市，且波动性最大；其他城市中心建成区外扩对其他建设用地的占用速度最慢，波动性最小。虽然直辖市、省会（首府）城市（不含台北市）和其他城市在扩展过程中对其他建设用地的占用速度和比例存在一定差异，但总体趋势在2007年之前基本保持一致，2007年才出现显著差异。城市扩展对其他建设用地的占用速度、幅度存在明显的区域差异，被占用的其他建设用地分别有29.69%、24.08%、11.39%、9.49%、8.87%、7.91%、7.90%和0.67%来自华东地区、华北地区、华南地区、西南地区、华中地区、西北地区、东北地区和港澳台地区。其他建设用地对8个区域城市扩展的贡献率介于17.64%（港澳台地区）~39.36%（华北地区），是东北地区、华北地区、华中地区、华东地区、西北地区和西南地区城市扩展的第二土地来源，是港澳台地区和华南地区城市扩展的第三土地来源。按照城市扩展占用其他建设用地的速度由大到小排序依次为华东地区、华南地区、华中地区、华北地区、西南地区、东北地区、西北地区和港澳台地区，其中前4个区域城市扩展占用其他建设用地的速度高于全国平均水平，后4个区域低于全国平均水平。20世纪90年代以前，各区域城市扩展占用其他建设用地的速度缓慢；90年代以后，尤其是进入21世纪以来（港澳台地区除外），各区域城市扩展占用其他建设用地的速度存在明显的波动变化，但总体均呈现先增后减态势，尤其是在"十三五"期间，八个区域的城市扩展占用建设用地均出现减速现象。

1.5.3　中国城市扩展对其他土地的影响

其他土地自身的构成类型比较复杂，是指除耕地和建设用地以外的其他所有类型土地，实际监测中出现了林地、草地、水域和未利用土地等4类18个土地利用类型。相对于城市扩展对耕地、农村居民点和工交建设用地的占用，对其他土地占用的普遍程度、面积或比例均较小。

1. 不同时期城市扩展对其他类型土地的占用

在全国75个城市近50年来的城市扩展中，城市扩展占用其他土地的主要特点为：过程曲线波动大。因为此类土地的面积数量小，微小的变化也会造成时间过程曲线的较大波动。按照其他土地被占用面积的变化趋势，不同时期城市对其他土地的占用存在明显差异，20世纪90年代以前对其他土地的占用较少且变化缓慢，城市平均年占用面积仅有0.23平方千米；20世纪90年代是占用速度较快时期，为0.76平方千米；21世纪初速度进一步加快，达1.27平方千米。在整个监测过程中，占用其他土地共经历了两次大的增速过程，第一次出现在1990~1996年，较1990年以前的平均速度增加了2.74倍；第二次增速过程出现在1998~2013年，较上一次又增加了0.40倍。城市扩展对其他土地的占用在2013年达到峰值以后，近年来呈现波动下降趋势，在"十三五"期间呈现"倒V型"变化形态，即先逐渐提高，后急剧下降，特别是在2019~2020年，速度降幅剧烈，出现了新的低值（见图71）。

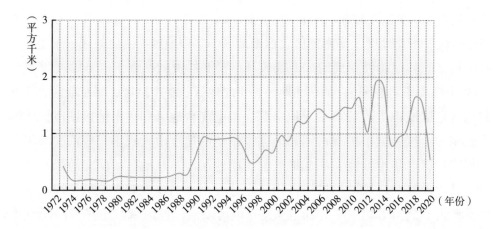

图71　我国75个主要城市扩展中城市平均历年占用的其他土地面积

城市扩展占用其他土地的另一显著特点为占用比例小。在不同时期的城市扩展中，相较于耕地、农村居民点和工交建设用地等，城市对其他土地的占用量长期保持较小比例，占用其他土地的比例在7.12%~21.16%，而且占用的速度较低，城市平均年占用其他土地面积在0.16~1.89平方千米，此一特点持续时间较长，几乎贯穿整个扩展过程。通常情况下，城市作为区域或全国性的社会、经济、文化中心，不但人口集中，而且发展程度远高于其周边区域，无论是土地利用率还是利用程度同样超过了所在地区的平均水平，造成城市周边除了有意识保护或发展的林地、草地、水域等类型土地外，已经很少出现或基本上不存在成规模的其他土地，现有的林地和草地也大多属于公共绿地而成为城市建设的一部分，因而造成其他土地在城市扩展中实际被占用的比例小。实际出现的对其他土地占用数量较大的情况主要包括两类，在香港、澳门、海口等沿海城市，使用海域是最主要的方面，广州和长沙以占用林地为主，武汉和南京以占用内陆水域为主，乌鲁木齐以占用草地为主，各个城市的情况差异比较明显，实际上反映了所处地区的整体土地利用情况差异。

2. 不同类型城市扩展占用的其他土地

城市扩展中，占用其他土地是一个普遍现象。分析中，将 75 个城市按直辖市、省会（首府）城市（不包括台北）和其他城市 3 种类型进行区分。另外，考虑到港澳台地区城市的特殊性，未归入以上类型。1974~2020 年，不同类型城市扩展对其他土地的占用速度整体表现为逐渐提高趋势，但不同类型城市扩展占用的面积及其比重存在明显差异。"十三五"期间，不同类型城市扩展占用其他土地均表现为先逐渐提高后迅速下降的变化形态，占用其他土地的波动更为剧烈，整体表现为下降趋势（见图 72）。

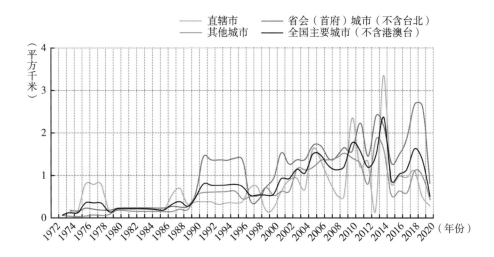

图 72　我国不同类型城市扩展中城市平均历年占用的其他土地面积

首先，不同类型城市扩展占用其他土地的速度以及速度的变化都存在比较显著的差异。直辖市扩展中，平均每年占用其他土地 0.66 平方千米，省会（首府）城市（不包括台北）年均占用 1.04 平方千米，其他城市年均占用 0.61 平方千米。在占用其他土地的速度变化上，其他城市表现最为明显，21 世纪最初 10 年是 20 世纪 70 年代的 27.26 倍；直辖市的速度变化最小，同一时段的倍数只有 1.76，而省会（首府）城市（不包括台北）的倍数为 7.82，处于二者之间。

其次，不同类型城市扩展占用其他土地的速度表现为增加趋势，但占用速度峰值出现的先后不同。直辖市扩展占用其他土地的峰值出现在 2013~2014 年，平均每年占用 3.36 平方千米；省会（首府）城市（不包括台北）的峰值出现在 2017~2018 年，平均每年占用 2.68 平方千米；其他城市的峰值出现在 2012~2013 年，平均每年占用 1.86 平方千米。不同类型城市扩展占用其他土地速度峰值的先后从一定程度上反映了城市扩展高峰的早晚和强弱，直辖市扩展占用其他土地的峰值最大，省会（首府）城市（不包括台北）创出新高。

再次，不同类型城市扩展占用其他土地在城市实际扩展面积中的比例差异显著，集中反映了不同类型城市扩展对土地利用影响的差异。不同类型城市扩展的土地来源中，其他城市占用其他土地的比例最大，达 18.23%，直辖市的比例最小，只有 3.22%，还不足其他城市的 1/4，从另一方面说明了直辖市对于耕地、农村居民点和工交建设用地的占用比例相对更大，省会（首府）城市（不包括台北）的这一比例为 11.01%，处于二者之间。

最后，不同类型城市实际扩展中其他土地面积比例的峰值出现于不同时期，反映了各类城市扩展对其他土地影响的时间差异。在直辖市建成区扩展的土地来源中，其他土地的面积比例峰值最小，为 13.26%，出现在 2013~2014 年；省会（首府）城市（不包括台北）扩展中该峰值出现最早，出现在 1990~1991 年，峰值为 26.13%；其他城市扩展中的这一峰值最大，比例高达 31.23%，具体出现在 2012~2013 年。

3. 不同区域城市扩展占用的其他土地

除港澳台地区外，不同区域城市扩展占用其他土地速度均有逐渐加快的趋势。各区域中，占用其他土地速度最高的是华南地区，城市平均年占用其他土地达 2.64 平方千米。仅次于华南地区的是港澳台地区，为年均 0.99 平方千米，其他依次为华东地区、华中地区、东北地区、西北地区和西南地区，华北地区速度最低，仅为年均 0.36 平方千米。从不同区域城市扩展占用其他土地的比例看，港澳台地区最大，达 52.08%，其他依次为华南地区、西北地区、东北地区、华中地区、华东地区和西南地区，华北地区的这一比例最小，仅为 6.78%。在"十三五"期间，不同区域城市扩展占用其他土地大致经历了先逐渐提高后迅速下降的过程，其中，2019~2020 年，除西北和西南地区外，其他区域城市扩展占用其他土地速度明显下降。

东北地区城市扩展占用其他土地面积累计 213.00 平方千米，占城市实际扩展面积的 11.89%，低于监测城市的平均水平。自 20 世纪 70 年代至 90 年代末，东北地区城市扩展占用其他土地一直处于较低水平，城市平均年占用其他土地仅为 0.27 平方千米，低于整个监测时段占用其他土地的平均水平；21 世纪初，占用其他土地的速度明显提高，城市平均年占用其他土地增加到 1.21 平方千米，为前期平均占用速度的 4.40 倍。最高速度达到年均 4.03 平方千米，出现在 2008~2009 年。

2009~2017 年，占用其他土地扩展的速度有所回落，但仍然保持在较高水平，城市平均年占用其他土地 1.21 平方千米。2017~2020 年，占用其他土地扩展的速度弹起又落下，峰值为年均 2.69 平方千米。另外，随着 2003 年国家"振兴东北"战略的实施，城市扩展占用其他土地明显加剧，占用速度为 2003 年以前均值的 4.32 倍（见图 73）。

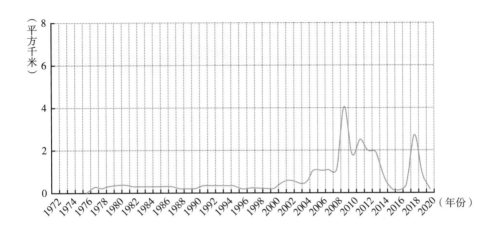

图 73　东北地区城市扩展中城市平均历年占用的其他土地面积

华北地区城市扩展占用其他土地面积为 301.30 平方千米，占城市实际扩展面积的 6.78%，属于各区域中的最低水平。从占用其他土地的速度看，华北地区城市扩展大致可分为 3 个阶段。1988 年以前为第一阶段，该时段城市扩展占用其他土地速度最低，城市平均年占用其他土地仅为 0.09 平方千米；1988~2004 年为第二阶段，该时段城市扩展占用其他土地速度有所增加，城市年均占用其他土地为 0.29 平方千米；第三阶段为 2005~2020 年，占用速度先明显提高后逐渐下降，城市年均占用其他土地最高至 14.43 平方千米，最低降至 2.70 平方千米（见图 74）。

华中地区城市扩展占用其他土地面积为 221.52 平方千米，占城市实际扩展面积的 10.51%，低于监测城市的平均水平。从整个过程看，华中地区城市扩展占用其他土地先慢后快，20 世纪 90 年代以前占用速度较低，城市年均占用其他土地 0.20 平方千米；20 世纪 90 年代以来对其他土地占用加速，占用速度增至年均 1.11 平方千米，峰值出现在 2000~2001 年，占用速度为年均 3.48 平方千米（见图 75）。

华东地区城市扩展占用其他土地面积合计为 584.64 平方千米，占城市实际扩展面积的 8.54%，低于不同区域的平均水平。整个监测时段表现出鲜明的时间差异，

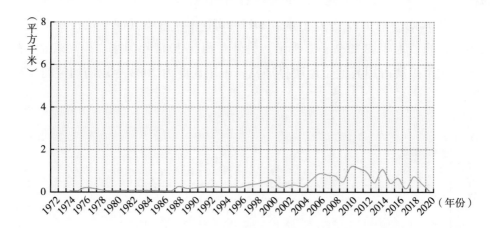

图 74　华北地区城市扩展中城市平均历年占用的其他土地面积

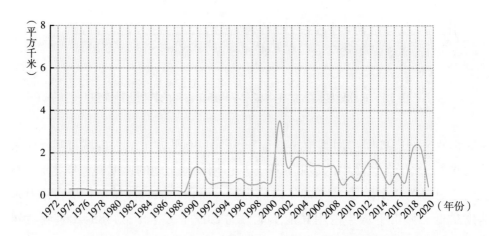

图 75　华中地区城市扩展中城市平均历年占用的其他土地面积

20 世纪 70 年代至 80 年代末期，华东地区城市扩展占用其他土地速度较慢，城市平均年占用其他土地 0.08 平方千米，远低于华东地区整个监测时段 0.83 平方千米的平均水平；20 世纪 90 年代，华东地区占用其他土地速度有所增加，占用速度为年均 0.46 平方千米；21 世纪以来，占用其他土地的速度明显加快，占用其他土地年均达 1.58 平方千米，为之前平均占用速度的 7.03 倍（见图 76）。

华南地区城市扩展占用其他土地面积为 866.57 平方千米，占城市实际扩展面积的 31.68%，是占用其他土地面积最大的区域，但面积比例略低于港澳台地区。华南地区城市扩展占用其他土地面积在 20 世纪 70 年代速度较低，城市平均年占

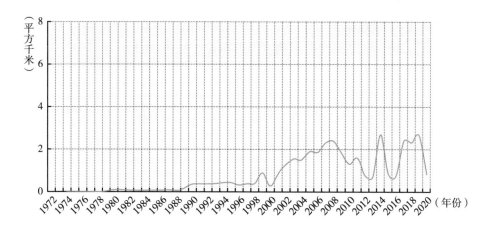

图 76　华东地区城市扩展中城市平均历年占用的其他土地面积

用速度只有 0.08 平方千米。20 世纪 80 年代占用速度加快，比上一时期增加了 8.01 倍。20 世纪 90 年代以后占用其他土地的速度继续增加，比 90 年代以前增加了 6.90 倍，年均 3.75 平方千米，并于 1990~1996 年、2002~2006 年、2012~2013 年以及 2018~2019 年出现阶段峰值，具体占用其他土地速度分别为年均 6.01 平方千米、5.40 平方千米、6.26 平方千米以及 5.24 平方千米（见图 77）。

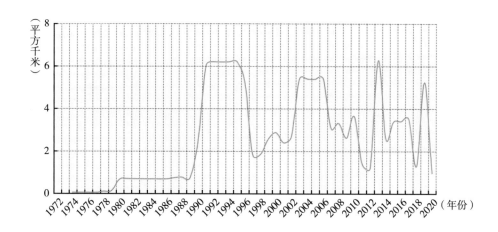

图 77　华南地区城市扩展中城市平均历年占用的其他土地面积

西北地区城市扩展占用其他土地面积为 272.57 平方千米，占城市实际扩展面积的 15.07%，低于各区域平均水平。2000 年以前，占用其他土地速度长期较低，城市平均年占用面积仅有 0.17 平方千米。2000~2014 年，城市扩展占用其他土地速度逐渐增加，平均为 1.09 平方千米，占用速度峰值出现在 2012~2013 年，为年均 3.74 平方千米。2015 年以来，占用速度回落明显（见图 78）。

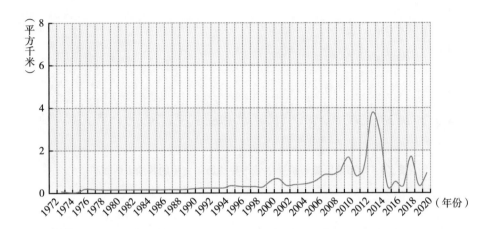

图 78　西北地区城市扩展中城市平均历年占用的其他土地面积

　　西南地区城市扩展占用其他土地面积为 164.30 平方千米，占城市实际扩展面积的 6.96%，低于各区域平均水平。西南地区城市扩展占用其他土地一直保持低速状态，时间持续到 2008 年。在 2009 年以前，城市平均每年占用其他土地仅有 0.12 平方千米。2009~2018 年，城市扩展占用其他土地速度逐渐增加，年均 1.47 平方千米，是 2009 年以前均值的 11.93 倍，在 2010~2011 年出现 4.13 平方千米的最大值（见图 79）。

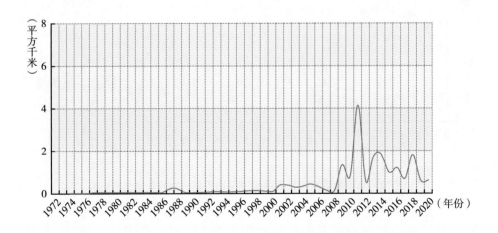

图 79　西南地区城市扩展中城市平均历年占用的其他土地面积

港澳台地区城市扩展占用其他土地面积为 131.67 平方千米，占城市实际扩展面积的 52.08%，是各区域中占用其他土地面积比例最大的区域。与其他区域不同的是，港澳台地区城市扩展占用其他土地呈逐渐减缓趋势，在 20 世纪 70 年代至 90 年代末一直保持相对较高的占用速度，为年均 1.38 平方千米。21 世纪以来占用其他土地的速度降低到年均 0.47 平方千米，因为扩展不明显，占用其他土地的面积有限（见图 80）。

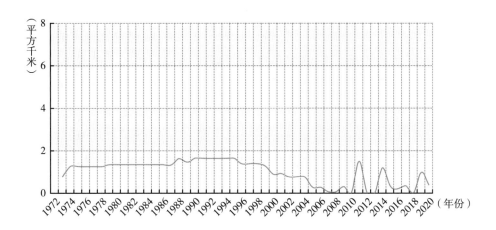

图 80　港澳台地区城市扩展中城市平均历年占用的其他土地面积

无论从不同时期、不同类型还是不同区域分析，其他土地在城市扩展中被占用的面积和比例均较小，且占用其他土地的峰值出现时间不一致，这一方面反映了城市扩展中其他土地一般不是主要来源，另一方面也反映了不同城市扩展占用其他土地的时间差异。尽管不同时期占用其他土地速度波动大，但占用速度一般呈现增加趋势。最新一期的监测结果表明，进入"十三五"以后，城市扩展占用其他土地呈现先逐渐提高后急速下降的"倒 V 型"变化趋势，在 2019~2020 年明显下降。在其他城市、省会（首府）城市（不包括台北）、直辖市等不同类型城市的扩展中，其他土地面积比例依次降低。不同区域城市扩展中，港澳台地区与华南地区占用其他土地比例较大，其中在港澳台地区该比例与耕地、农村居民点和工交建设用地比例之和几乎持平，华北地区城市扩展占用其他土地的面积和比例均最小。

1.6 中国主要城市扩展的总体特点

近 50 年来，随着改革开放的实施与深入，中国社会经济长期处于高速发展中，工业化和城镇化过程引起了世界范围的广泛关注。十八届三中全会后，新型城镇化和城乡一体化发展成为我国整个社会发展的主导方向，系统、全面而客观地把握我国城市扩展的过程与影响，具有明确的现实意义。根据对我国土地利用的遥感监测，改革开放以来土地利用变化广泛而强烈，城市及其周边区域是我国土地利用变化最集中、最强烈和影响最大的区域，针对以城市扩展为主要内容的时空特征研究，有利于从区域土地利用整体角度分析城市用地规模变化和影响，也能够以重点解剖方式支持区域土地利用研究，支持"优化国土空间格局"这一目标的实现。

第一，中国城市扩展具有普遍性。以用地规模增大为主要特点的趋势表现在不同类型、不同规模、不同地域的城市变化中。城市用地规模增加明显，提高了建设用地在整个土地利用构成中的比例。75 个城市的建成区面积合计达到 30521.13 平方千米，较监测初期扩大了 7.46 倍，扩展总面积 26914.88 平方千米。

第二，城市扩展的阶段性和波动性特点明显。根据城市扩展起步的早晚，监测的 75 个城市可划分为无明显变化、早期起步和晚期起步 3 个系列，早期起步的城市经历了 20 世纪 80~90 年代起步期、2000~2010 年的持续扩张期以及 2010~2020 年的波动式扩展期；晚期起步城市经历了 2000~2010 年的起步期和 2010~2020 年波动式扩展期两个重要时期。依据起步后扩展速度变化趋势及末期扩展走势，早期起步和晚期起步系列可再分为 5 种扩展过程基本模式，体现了中国城镇化所处发展阶段的共性与差异。

第三，耕地是我国城市用地规模扩展的第一土地来源，这一趋势长期没有显著变化，对于区域经济的可持续发展和粮食安全战略有直接影响。近 50 年来的城市扩展面积中，耕地占总扩展面积的 55.17%。虽然"十三五"时期城市扩展占用耕地面积的速度有所下降，但耕地提供城市扩展用地面积的比例依然很高。城市扩展中不同类型土地的面积比例在城市间存在很大差异。就整体而言，城市扩展占用耕地的面积比例始终最大，"十三五"时期城市扩展占用耕地的面积是"六五"时期的 3.82 倍。因为我国城市主要分布在广大东中部区域，个体规模大，分布相对集中，扩展更为明显，加之多数城市处于农业耕作历史相对悠久的区域，它们的扩展不仅占用了更多的耕地资源，而且是质量相对更好的耕地资源。

第四，农村居民点和工交建设用地等其他建设用地是中国城市扩展的第二土地来源，在部分城市，甚至成为第一土地来源。20世纪70年代至2020年，共有7277.24平方千米其他建设用地融入建成区，占城市实际扩展面积的32.48%。城市扩展占用其他建设用地的速度存在明显的阶段性差异，与中国75个主要城市平均历年扩展面积变化趋势保持一致。直辖市在城市扩展过程中对其他建设用地的占用速度明显快于省会（首府）城市（不含台北市）和其他城市，且波动性最大；其他城市建成区扩展对其他建设用地的占用速度最慢，波动性最小。城市扩展对其他建设用地占用存在明显的区域差异，被占用的其他建设用地半数以上出现在华东地区和华北地区，华东地区、华南地区、华中地区和华北地区城市扩展占用其他建设用地的速度高于全国平均水平，西南地区、东北地区、西北地区和港澳台地区低于全国平均值。"十三五"期间，不同类型和不同地域的城市扩展占用其他建设用地的速度均呈现减弱态势。

第五，城市扩展的区域特点明显。华南地区的城市扩展高峰期出现时间明显早于其他地区，20世纪90年代初期已有比较显著的扩展；西南和西北城市扩展高峰期出现普遍较晚，快速扩展期出现在21世纪初；其他地区的城市扩展高峰期基本上出现在20世纪90年代末期。整体上，东部地区城市的扩展高峰早于中部地区，西部地区相对最晚。沿海城市进入快速扩展期的时间比内陆城市早十年左右，扩展速度是内陆城市的1.27倍，城市的扩展幅度远高于内陆城市。"十三五"末期，不同地域的城市扩展明显减弱。

第六，不同人口规模城市的扩展过程差异显著。巨大城市的扩展进程明显早于其他类型城市，在我国城市扩展过程中起到"领头羊"的作用，其后是特大城市、大城市、中等城市和小城市。城市扩展速度和平均每个城市实际扩展面积排序由大到小依次为巨大城市、特大城市、大城市、中等城市和小城市。小城市、中等城市和大城市在"八五"计划之前的扩展趋势基本保持相对平稳、缓慢的一致性，之后出现明显差异，中等城市和大城市扩展均在"八五"期间出现较为明显的增速，比小城市提前十年。特大城市和巨大城市的持续快速增长从"十一五"规划开始减缓，且巨大城市扩展速度减少幅度大于特大城市。"十三五"规划实施期间，各种人口规模的城市均出现城市扩展减速现象，且巨大城市降幅明显高于其他规模的城市。

第七，2002~2003年直辖市城市建成区扩展速度达到了历史最高值，之后虽然扩展速度有所下降，但仍比较剧烈，2013年后扩展速度快速下降；省会（首府）城市建成区扩展速度在1997年以后一路高歌猛进，2013~2014年的扩展速度最快；计划单列市建成区扩展速度在2003~2004年达到了历史最高值后一路下滑；沿海开放城市建成区扩展速度先后在2004~2005年和2008~2009年出现了峰值。总体来看，

"八五"时期中国各类城市开启扩展高潮，"十五"时期及之后城市扩展速度剧烈攀升。"十三五"期间，省会（首府）城市、计划单列市、其他城市，以及沿海开放与经济特区城市的建成区扩展速度建成区扩展速度虽有小幅反弹，但很快再次回落，总体上表现为下降趋势，而直辖市城市建成区扩展速度持续下行，没有反弹迹象。

第八，我国城市扩展与重大政策实施和国家战略部署具有时间一致性。城市扩展以经济为基础，所有城市的扩展都是在我国改革开放政策引导的社会经济快速发展中出现并加强的。城市扩展过程与经济特区建设、沿海开放城市和计划单列市的设立、西部大开发、东北振兴、中部崛起等计划的实施存在一致性，这些国家战略的实施促进了不同区域城市扩展的加速。国家的宏观调控与先后两次金融危机，也明显与城市扩展的减速相一致。

第九，人均城市用地面积增加是主要趋势，省会（首府）城市和其他城市增加幅度明显超过直辖市。与1990年相比，2018年有比较数据的67个主要城市中有53个城市的人均城市用地面积表现为增加，同时有14个城市的人均城市用地面积表现为减少。从67个城市总体来看，1990年的人均城市用地面积为0.73平方千米/万人，2018年为1.15平方千米/万人，增加了0.43平方千米/万人。直辖市1990~2018年增加了0.16平方千米/万人，省会（首府）城市和其他城市1990~2018年都分别增加了0.52平方千米/万人。与香港、澳门相比，内地城市的人均用地面积普遍较大。

进入21世纪后，我国城市扩展持续高速，总体呈现梯级加速态势，近年的减缓趋势有反弹迹象。目前，我国正处于新型城镇化建设和城乡一体化建设的新时期，城市扩展及其空间布局优化是必然趋势。结合国家重大战略部署开展研究，持续监测城市变化过程，更好地掌握我国城市发展的过程特点和空间格局变化，对于提高土地利用效率、优化土地资源的空间布局具有重要意义。

参考文献

［1］国家统计局：《中国统计年鉴2020》，中国统计出版社，2020。

［2］Carlson T, Toby J, Benjamin S, et al., "Satellite Estimation of the Surface Energy Balance, Moisture Availability and Thermal Inertia". *Journal of Applied Meteorology*, 1981, 20 (1): 67–87.

［3］Goward S., "Thermal Behavior of Urban Landscapes and Urban Heat Island". *Physical Geography*, 1981, 2 (1): 19–33.

［4］Owen T., Carlson T., Gillies R. "An Assessment of Satellite Remotely–Sensed Land Cover Parameters in Quantitatively Describing the Climatic Effect of Urbanization". *International Journal of Remote Sensing*, 1998, 19(9): 1663–1681.

［5］Mcpherson E, Nowak D, Heisler G, et al. "Quantifying Urban Forest Structure, Function, and Value: The Chicago Urban Forest Climate Project". *Urban Ecosystems*, 1997, 1(1): 49–61.

［6］Rosenfeld A, Akbari H, Bretz S, et al. "Mitigation of Urban Heat Island: Materials, Utility Program, Update". *Energy & Buildings*, 1995, 22: 255–265.

［7］刘珍环、王仰麟、彭建:《不透水表面遥感监测及其应用研究进展》,《地理科学进展》2010年第9期,第1143~1152页。

［8］顾朝林:《北京土地利用/覆盖变化机制研究》,《自然资源学报》1999年第4期,第300~312页。

［9］罗海江:《二十世纪上半叶北京和天津城市土地利用扩展的对比研究》,《人文地理》2000年第4期,第34~37页。

［10］张庭伟:《1990年代中国城市空间结构的变化及其动力机制》,《城市规划》2001年第7期,第7~14页。

［11］Jensen J, Toll D. "Detecting Residential Land–Use Development at the Urban Fringe". *Photogrammetric Engineering & Remote Sensing*, 1982, 48(4): 629–643.

［12］Goward S, Williams D. "Landsat and Earth Systems Science: Development of Terrestrial Monitoring". *Photogrammetric Engineering & Remote Sensing*, 1997, 63(7): 887–900.

［13］Masek J, Lindsay F, Goward S. "Dynamics of Urban Growth in the Washington DC Metropolitan Area, 1973–1996, from Landsat Observations". *International Journal of Remote Sensing*, 2000, 21(18): 3473–3486.

［14］López E, Bocco G, Mendoza M, et al. "Predicting Land–Cover and Land–Use Change in the Urban Fringe: A Case in Morelia City, Mexico". *Landscape & Urban Planning*, 2001, 55(4): 271–285.

［15］Yin Z, Stewart D, Bullard S, et al. "Changes in Urban Built–up Surface and Population Distribution Patterns during 1986–1999: A Case Study of Cairo, Egypt". *Computers Environment & Urban Systems*, 2005, 29(5): 595–616.

［16］Braimoh A, Onishi T. "Spatial Determinants of Urban Land Use Change in Lagos, Nigeria". *Land Use Policy*, 2007, 24(2): 502–515.

［17］Mundia C, Aniya M. "Analysis of Land Use/Cover Changes and Urban Expansion of Nairobi City Using Remote Sensing and GIS". *International Journal of Remote Sensing*, 2005, 26(13): 2831–2849.

［18］戴昌达、唐伶俐:《卫星遥感监测城市扩展与环境变化的研究》,《环境遥感》1995年第1期,第1~8页。

［19］潘卫华:《遥感监测下的城市扩展分析——以泉州市为例》,《福建地理》2005年第1期,第16~19页。

［20］盛辉、廖明生、张路:《基于卫星遥感图像的城市扩展研究——以东营市为例》,《遥感信息》2005 年第 4 期,第 28~30 页。

［21］万从容、徐兴良:《遥感影像融合技术在城市发展研究中的应用》,《测绘信息与工程》2001年第 4 期,第 6~9 页。

［22］黎夏、叶嘉安:《利用遥感监测和分析珠江三角洲的城市扩张过程——以东莞市为例》,《地理研究》1997 年第 4 期,第 57~63 页。

［23］汪小钦、徐涵秋、陈崇成:《福清市城市时空扩展的遥感监测及其动力机制》,《福州大学学报》(自然科学版)2000 年第 2 期,第 111~115 页。

［24］程效东、葛吉琦、李瑞华:《基于 GIS 的城市土地扩展研究——以安徽马鞍山市城区为例》,《国土与自然资源研究》2004 年第 3 期,第 23~24 页。

［25］李晓文、方精云、朴世龙:《上海及周边主要城镇城市用地扩展空间特征及其比较》,《地理研究》2003 年第 6 期,第 769~781 页。

［26］陈素蜜:《遥感与地理信息系统相结合的城市空间扩展研究》,《地理空间信息》2005 年第 1期,第 33~36 页。

［27］张增祥等:《中国城市扩展遥感监测》,星球地图出版社,2006。

［28］张增祥等:《中国城市扩展遥感监测图集》,星球地图出版社,2014。

［29］顾行发、李闽榕、徐东华:《中国可持续发展遥感监测报告（2017）》,社会科学文献出版社,2018。

［30］陈述彭、谢传节:《城市遥感与城市信息系统》,《测绘科学》2000 年第 1 期,第 1~8 页。

［31］黄庆旭、何春阳、史培军等:《城市扩展多尺度驱动机制分析——以北京为例》,《经济地理》2009 年第 5 期,第 714~721 页。

［32］刘曙华、沈玉芳:《上海城市扩展模式及其动力机制》,《经济地理》2006 年第 3 期,第487~491 页。

［33］孟祥林:《京津冀城市圈发展布局:差异化城市扩展进程的问题与对策探索》,《城市发展研究》2009 年第 3 期,第 6~15 页。

［34］国家质量技术监督局、中华人民共和国建设部:《中华人民共和国国家标准·城市规划基本术语标准 GB/T 50280-98》,中国建筑工业出版社,1998。

［35］刘晓勇:《华北地区县域城镇发展特征与规划对策研究——以河北省磁县为例》,《和谐城市规划——2007 中国城市规划年会论文集》,中国城市规划学会,2007。

专 题 报 告
Special Reports

G. 2
中国植被遥感监测

　　植被是地球表面植物群落的总称，是生态环境的重要组成部分。植被的种类、数量和分布是衡量区域生态环境是否安全和适宜人类居住的重要指标。我国面对资源约束趋紧、环境污染严重、生态系统退化的严峻形势，将加快生态文明建设、建立美丽中国政策写入党的十九大报告。生态文明建设以扩大森林、湖泊、湿地面积，保护生物多样性，健全耕地、草原、森林、河流、湖泊休养生息制度为主要内容，树立尊重自然、顺应自然、保护自然的生态文明理念，走可持续发展道路。报告以植被生态系统为主要研究对象，开展中国现有植被状况及自"十二五"以来十年的变化特征分析，对生态环境保护研究具有重要意义。

1. 叶面积指数

　　叶面积指数（Leaf Area Index, LAI）为单位地表面积上植物叶表面积总和的一半，是描述植被冠层功能的重要参数，也是影响植被光合作用、蒸腾以及陆表能量平衡的重要生物物理参量。本报告使用自主研发生产的 2010~2020 年 500 米分辨率每 4 天合成的 MuSyQ LAI 产品分析中国植被生长状况及其变化。报告采用年平均叶面积指数作为评价指标，取值范围为 0~8，计算方法为该年全年叶面积指数的平均值，0 表示区域内没有植被，取值越高，表明区域内植被生长状态越好。

2. 植被覆盖度

植被覆盖度（Fractional Vegetation Coverage，FVC）定义为植被冠层或叶面在地面的垂直投影面积占区域总面积的比例，是衡量地表植被状况的一个重要指标。本报告使用自主研发生产的 2010~2020 年 500 米分辨率每 4 天合成的 MuSyQ FVC 产品分析中国植被覆盖程度变化状况。报告使用年最大植被覆盖度作为评价指标，计算方法为该年中植被覆盖度的最大值，取值范围为 0~100%，0 表示地表像元内没有植被即裸地，取值越高，表明区域内植被覆盖度越大。

3. 植被净初级生产力

植被净初级生产力（Net Primary Productivity，NPP）是反映植被光合作用能力的指标之一，是评估植被固碳能力和碳收支的重要参数，指绿色植被在单位时间、单位面积上所累积的有机物质量，是由光合作用所生产的有机质总量扣除自养呼吸后的剩余部分。报告使用自主研发生产的 2010~2020 年 500 米分辨率每 4 天合成的 MuSyQ NPP 产品分析中国植被 NPP 空间分布状况。报告使用年累积 NPP 作为评价指标，当年 NPP 为 0 克碳 / 平方米时，表示植被不具有固碳能力；年 NPP 值越高，表明植被固碳能力越强。

4. 质量评价指标

生态系统质量是反映一定时间、空间范围内植被生态系统功能强弱、稳定程度和受到胁迫状况的综合指标。由于生态系统的复杂性与区域差异性，一直没有被广泛认可使用的生态系统质量指标。在本报告中，综合考虑可反映生态系统的服务能力和遥感技术的可监测性，将基于净初级生产力（NPP）和植被覆盖度（FVC）构建的生态系统质量指数（EFI）作为评估生态系统质量的指标，其具体计算公式如下（钱拴等，2020;《全国生态状况调查评估技术规范——生态系统质量评估》）：

$$EFI_i = 100 \times \left(0.5 \times FVC_i + 0.5 \times \frac{NPP_i}{NPP_{max}} \right)$$

式中，NPP_i 为第 i 年全年植被累积 NPP，NPP_{max} 为对应植被类型的 NPP 的历史最高值，即最好气候条件下的年植被 NPP，考虑到全球气候带的空间分布差异，本报告使用柯本气候带内对应植被类型的 NPP 最大值作为对应区域的 NPP_{max}；FVC_i 为第 i 年全年植被覆盖度的平均值，反映年植被覆盖度的平均状况。EFI_i 指第 i 年植被生长状况指数，取值范围为 0~100。

本报告以 EFI 作为代表生态系统质量的主要指标，采用回归分析方法监测生态系统质量长时间序列变化特征，根据最小二乘法原理，计算 EFI 与时间的回归直线，结果是一幅斜率影像。具体计算过程为：根据 2010~2020 年全球 EFI 数据，基于每一个像元，求取 11 年的变化率。

变化率的计算公式如下：

$$KEFI = \frac{n \times \sum\limits_{i=1}^{n} i \times EFI_i - \left(\sum\limits_{i=1}^{n} i\right)\left(\sum\limits_{i=1}^{n} EFI_i\right)}{n \times \sum\limits_{i=1}^{n} i^2 - \left(\sum\limits_{i=1}^{n} i\right)^2} \tag{1}$$

其中，n 表示年数，本报告中取值为 11，EFI_i 指第 i 年对应像元的生态系统质量指数，$KEFI$ 为该像元长期的变化趋势。当 $KEFI > 0$，说明该时间序列的变化趋势为上升；当 $KEFI < 0$，说明该时间序列的变化趋势为下降。根据森林、灌丛、草地、农田等主要土地覆盖类型生态系统质量变化的特点，参考钱拴等对生态系统质量变化趋势的分级标准，将生态系统质量的变化类型分为 2 级 4 类（见表 1）。

表 1　生态系统质量变化类型分级标准

生态系统质量变化类型	变化等级	11 年 EFI 平均变化率
改善	明显改善	> 1.0/a
改善	轻微改善	> 0.5/a
下降	轻微下降	< −0.5/a
下降	明显下降	< −1.0/a

$KEFI$ 反映的是 EFI 每年的绝对变化量，为更好地表征区域内 EFI 的相对变化，基于 $KEFI$ 和 EFI，对一段时间内 EFI 变化的百分比（$PEFI$）进行计算，以衡量区域内 EFI 变化的相对幅度，$PEFI$ 的计算公式如下：

$$PEFI = (n-1)\frac{KEFI}{EFI} \times 100\% \tag{2}$$

2.1　2020 年中国植被状况

中国 2020 年植被年平均叶面积指数具有明显的空间分布差异（见图 1），呈现由西北向东南地区逐渐增加的趋势。青藏高原南端、云南南部、广西和广东丘陵、海南、台湾等地区年平均叶面积指数大于 3；东南沿海、西双版纳、四川和重庆部分区域，以及大小兴安岭林区年平均叶面积指数介于 2~3；除高值和中值区外的南部广大地区、华北平原、东北平原和三江平原的农作物区，以及青藏高原东南部、内蒙古高原东部以及天山山脉等区域，年平均叶面积指数介于 0.5~2；藏北高原区、

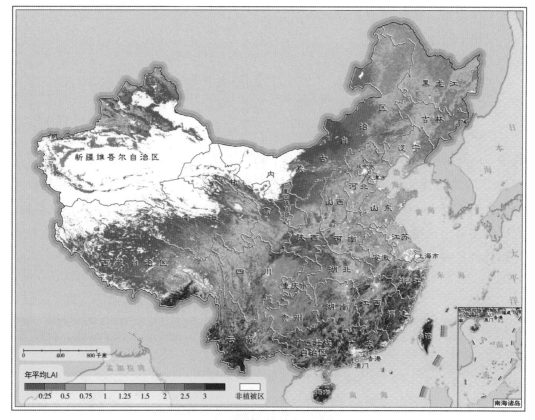

图1　2020年中国植被年平均叶面积指数分布

塔里木盆地、柴达木盆地、吐鲁番盆地和内蒙古高原中西部地区的年平均叶面积指数低于0.5。

2020年中国年最大植被覆盖度具有明显的空间分布差异（见图2），呈现由西北向东南地区逐渐增加的趋势，且与植被类型密切相关。年最大植被覆盖度超过90%的主要分布在我国东北、华北和华南的森林区域，而以草地和农田为主的区域年最大植被覆盖度在80%左右；年最大植被覆盖度在60%~85%的区域为新疆西北部和甘肃河西走廊绿洲区；年最大植被覆盖度在40%~60%的区域主要分布在青藏高原东南部、甘肃东南部和内蒙古中部的草地类型区；年最大植被覆盖度低于20%的区域在青藏高原中部海拔较高地区、内蒙古中西部地区；青藏高原西北部、新疆南部和西部及内蒙古西部的沙漠地区年最大植被覆盖度低于5%。

2020年中国植被年累积植被净初级生产力分布具有明显的空间差异（见图3），与年平均叶面积指数空间格局相似，都呈现由西北向东南地区逐渐增加的趋势。我国东南沿海、云南南部、海南、台湾等地区，年累积植被净初级生产力最高，超过1000克碳/平方米；秦岭地区年累积植被净初级生产力800~1000克碳/平方米；

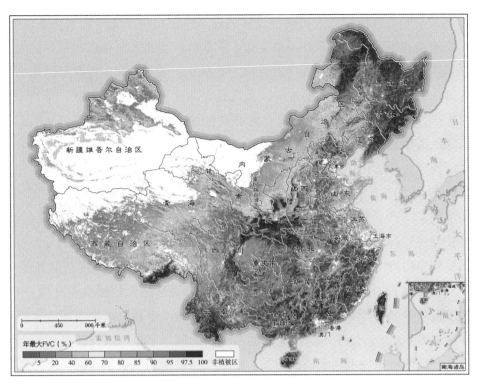

图 2 2020 年中国年最大植被覆盖度分布

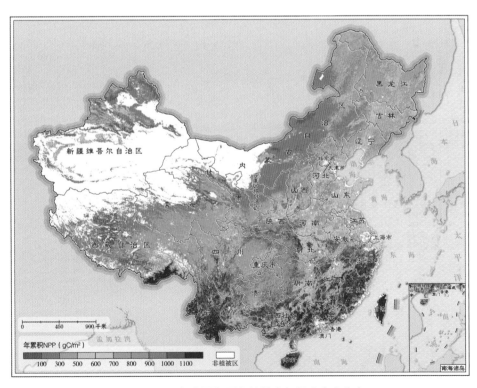

图 3 2020 年中国年累积植被净初级生产力分布

东北大小兴安岭等林区年最大植被覆盖度超过90%，但由于光照和水热条件限制，年累积植被净初级生产力仅700~900克碳/平方米；华北平原和东北平原的农作物区年累积植被净初级生产力500~700克碳/平方米；东北中部、青藏高原东部和南部、甘肃、内蒙古以及新疆北部地区，尤其是以草地分布为主的区域，年累积植被净初级生产力300~500克碳/平方米；青藏高原西部和北部、新疆南部和西部及内蒙古西部地区年累积植被净初级生产力低于100克碳/平方米。

统计我国各个省份2020年植被年平均叶面积指数、年最大植被覆盖度和年累积植被净初级生产力情况如下（见图4）。中国台湾、海南省、福建省、广东省/香港和澳门、广西壮族自治区、云南省、江西省、浙江省、湖南省森林覆盖率高，植被生长条件较好，光照和水热条件充足，植被年平均叶面积指数超过2，对应的年累积植被净初级生产力超过730克碳/平方米，年最大植被覆盖度普遍高于90%；黑龙江省和吉林省内分布的大小兴安岭及长白山森林年最大植被覆盖度超过90%，但受到植被生长条件制约，年平均叶面积指数仅1.3，年累积植被净初级生产力最高540克碳/平方米；位于中国西北部的西藏自治区、宁夏回族自治区和新疆维吾尔自治区气候环境条件不利于植被生长，年最大植被覆盖度低于50%、年平均叶面积指数低于0.6、年累积植被净初级生产力最低为75克碳/平方米。

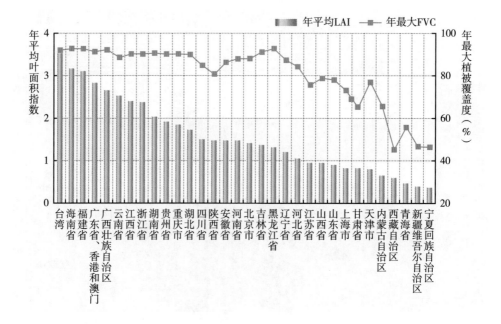

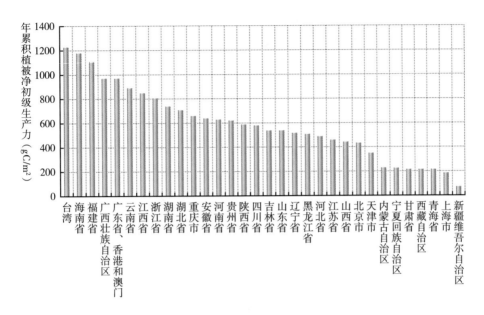

图4　2020年各省份植被年平均叶面积指数、年最大植被覆盖度和年累积植被净初级生产力统计结果

2.2　2010~2020年中国分区域植被状况及变化

2.2.1　东北地区植被状况及变化

东北地区包含黑龙江、吉林、辽宁三个省份，以农田生态系统和森林生态系统为主，两者面积占区域总面积的90%以上，此外有少量草地生态系统分布。东北地区的森林类型以北方针叶林、温带针叶落叶阔叶混交林为主，主要分布在大小兴安岭、长白山地区。东北地区是我国重要的粮食基地之一，以玉米、稻谷、大豆等粮食作物为主，主要分布在三江平原、松嫩平原、吉林中部平原及辽宁中部平原。黑龙江松嫩平原、吉林西部科尔沁草原，是中国主要畜牧业区。

2010~2020年东北地区的生态系统质量增加占27.34%、基本不变占56.53%、下降占16.13%，增加区域主要分布在吉林省和辽宁省的长白山山脉区域（平均EFI > 55）、松嫩平原西部地区（平均EFI < 35），降低区域主要分布在黑龙江省东南部（30 < 平均EFI < 50）（见图5和附表）。东北地区整体年平均FVC前五年上升趋势略高于后五年，而年累积NPP呈前五年增加、后五年降低趋势（见图6）。生态系统质量整体呈轻微改善态势（见图5和表2），平均生态系统质量指数变化率为0.025/a，十年间上升了0.53%。由于植树造林等生态保护工程的实施，森林区的生态系统质量有较为明显的改善，平均生态系统质量指数变化率为0.240/a，十年间上升了4.55%，上

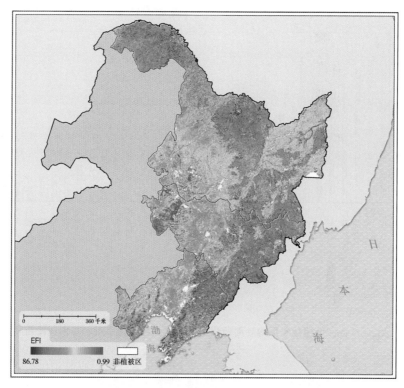

(a) 质量评价指数

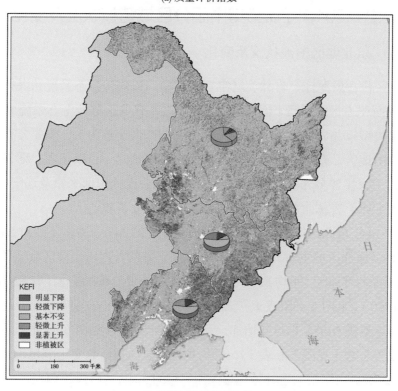

(b) 质量评价指数变化率

图5 2010~2020年东北地区质量评价指数及其变化率分布

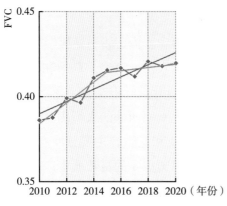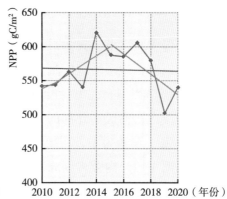

图6　2010~2020年东北地区年平均FVC和年累积NPP时间序列曲线

升区域面积约占森林面积的33.3%；农田生态系统质量有一定下降，平均生态系统质量指数变化率为–0.152/a，十年间下降了3.41%，城市周边的农田由于城市扩张的挤占，生态系统质量下降较为明显。吉林省西部白城市和松原市、辽宁省中西部地区的荒漠化区域由于荒漠化治理等生态系统修复工程的实施，生态系统质量得到了显著改善。

表2　2010~2020年东北地区不同植被类型质量评价指数统计结果

	植被总体	森林	草地	农田
EFI	47.695	52.621	44.129	44.440
KEFI	0.025	0.240	–0.016	–0.152
PEFI（%）	0.53	4.55	–0.35	–3.41

结合表3质量评价指数分省统计结果，在东北地区中，辽宁省和吉林省的生态系统质量明显改善，生态系统质量指数平均变化率分别为0.253/a和0.252/a，十年间平均上升了5.41%和5.42%；黑龙江省的生态系统质量由于三江平原和松嫩平原区农田生态系统质量下降，整体呈下降态势，生态系统质量指数平均变化率分别为–0.141/a，十年间下降了3.18%。

表3　2020年东北地区质量评价指数分省份统计结果

	黑龙江省	吉林省	辽宁省
EFI	44.31	46.43	46.67
KEFI	–0.141	0.252	0.253
PEFI（%）	–3.18	5.42	5.41

2.2.2 华北地区植被状况及变化

华北地区包含北京市、天津市、河北省、山西省、内蒙古自治区。华北地区位于秦岭、淮河以北，地形平坦广阔，区域主要包括农田、荒漠、草地和森林生态系统。华北地区森林类型有北方针叶林、温带针叶落叶阔叶混交林、落叶阔叶林等，主要分布在内蒙古自治区东北部的大兴安岭和华北平原西部的太行山脉。华北平原粮食作物以小麦、玉米为主，主要经济作物有棉花和花生，主要分布在河套平原、汾河平原和海河平原。内蒙古高原草原辽阔，是我国重要的畜牧业生产基地，东部有呼伦贝尔大草原和松嫩平原草地，中部有锡林郭勒草地和科尔沁草地，中西部有乌兰察布草地。

2010~2020 年华北地区的生态系统质量增加占 36.38%、基本不变占 51.87%、下降占 11.75%，增加区域主要分布在 400mm 降水线以南的区域（平均 EFI > 30），大兴安岭山脉区域的增加与降低并存（平均 EFI > 40）（见图 7 和附表）。华北地区整体年平均 FVC 逐年上升，而年累积 NPP 呈前五年增加、后五年降低趋势，且在 2019 年达到最低值（见图 8）。生态系统质量整体呈明显改善态势（见表 4 和图 7），平均生态系统质量指数变化率为 0.291/a，十年间上升了 8.76%。由于植树造林、退耕还林还草等生态保护工程的实施，森林区的生态系统质量有较为明显的改善，尤其在河北北部和山西西部的林区，平均生态系统质量指数变化率为 0.273/a，十年间上升了 5.84%，上升区域面积约占森林面积的 37.7%；华北地区草地的生态系统质量也有明显改善，其中内蒙古东部和西南部区域的改善最明显，平均生态系统质量指数变化率为 0.339/a，十年间上升了 11.06%，上升区域面积约占区域草地面积的 33.0%；华北区农田生态系统的质量整体呈明显上升态势，平均生态系统质量指数变化率为 0.342/a，十年间上升了 8.16%，上升区域主要位于内蒙古东部，上升区域面积约占区域农田面积的 37.4%，河北南部和天津地区的部分农田生态系统质量有一定的下降。

表 4　2010~2020 年华北地区不同植被类型质量评价指数统计结果

	植被总体	森林	草地	农田
EFI	33.215	46.624	30.673	41.965
KEFI	0.291	0.273	0.339	0.342
PEFI（%）	8.76	5.84	11.06	8.16

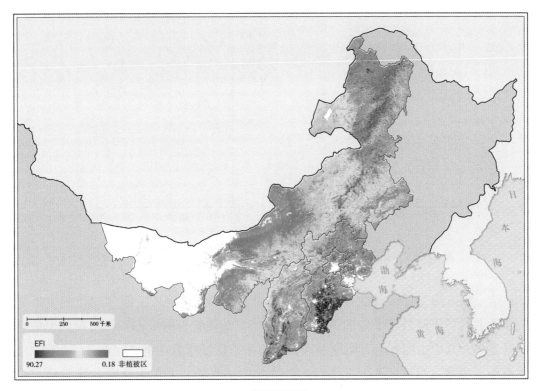

(a) 质量评价指数

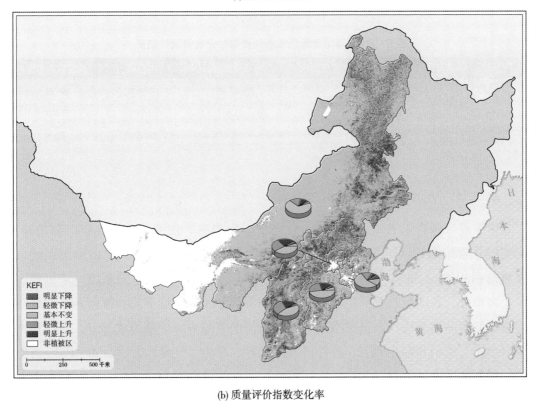

(b) 质量评价指数变化率

图7 2010~2020年华北地区质量评价指数及其变化率分布

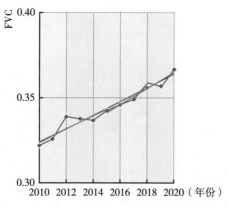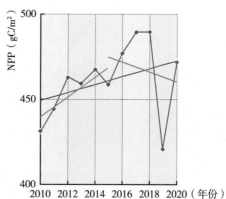

图8　2010~2020年华北地区年平均FVC和年累积NPP时间序列曲线

结合表5质量评价指数分省份统计结果,在华北地区中,除天津市的生态系统质量有轻微下降外(十年间下降了1.72%),其他省份的生态系统质量均呈明显上升态势,其中山西省上升幅度最大,生态系统质量指数在十年间上升了12.56%,北京市、内蒙古自治区和河北省也有较大幅度的改善,十年间分别上升了8.47%、8.16%和6.47%。

表5　2020年华北地区质量评价指数分省份统计结果

	北京市	天津市	河北省	山西省	内蒙古自治区
EFI	46.25	44.97	47.46	40.67	30.71
KEFI	0.392	−0.077	0.307	0.511	0.251
PEFI(%)	8.47	−1.72	6.47	12.56	8.16

2.2.3　华东地区植被状况及变化

华东地区包含上海市、山东省、江苏省、安徽省、江西省、浙江省、福建省、台湾等东部沿海地区。华东地区地形由丘陵、盆地、平原构成,农田生态系统占区域总面积的61.33%,其余依次为森林、内陆水域、城市等生态系统。华东地区除上海市外,各区域农业都比较发达,其中黄淮平原、江淮平原、鄱阳湖平原是我国重要的商品粮基地,也是黄淮海平原和长江中下游平原重要组成部分,农作物类型以小麦、水稻和棉花为主,此外还有油菜籽、花生、芝麻、甘蔗、茶叶等经济作物。华东地区森林类型以亚热带常绿阔叶林、针叶林和混交林为主,主要分布在浙江省、福建省、江西省和台湾地区境内山地和丘陵区域。此外,华东地区水资源丰富，河道湖泊密布，境内分布黄河、淮河、长江、钱塘江四大水系，中国五大淡水湖中有四个位于此区，分别是江西省的鄱阳湖、江苏省的太湖和洪泽湖，以及安徽省的巢湖。

2010~2020 年华东地区的生态系统质量增加占 25.43%、基本不变占 57.65%、下降占 16.93%，增加区域主要分布在山东省西北部、福建省和江西省内（平均 EFI > 45），降低区域主要分布在安徽省、江苏省和上海市（平均 EFI < 40）（见图 9 和附表）。华东地区整体年平均 FVC 前五年上升趋势略高于后五年，而年累积 NPP 呈前五年增加、后五年降低趋势（见图 10）。生态系统质量整体呈明显改善态势（见表 6 和图 9），平均生态系统质量指数变化率为 0.197/a，十年间上升了 3.42%。由于植树造林等生态保护工程的实施，森林区的生态系统质量有较为明显的改善，尤其在江西省南部和福建省的林区，平均生态系统质量指数变化率为 0.367/a，十年间上升了 5.68%，上升区域面积约占森林面积的 35.1%；华东地区农田生态系统的质量整体呈轻微改善态势，平均生态系统质量指数变化率为 0.066/a，十年间上升了 1.25%，上升区域主要位于山东省，上升区域面积约占区域农田面积的 27.0%，而安徽省和江苏省的农田生态系统质量则有一定下将，下降区域面积约占区域农田面积的 19.5%。

表 6　2010~2020 年华东地区不同植被类型质量评价指数统计结果

	植被总体	森林	草地	农田
EFI	57.603	64.701	51.312	52.649
KEFI	0.197	0.367	0.458	0.066
PEFI（%）	3.42	5.68	8.93	1.25

结合表 7 质量评价指数分省份统计结果，在华东地区中，福建省、江西省、山东省、浙江省和台湾省的生态系统质量呈上升态势，十年间生态系统质量指数分别上升了 6.31%、5.80%、5.61%、2.61% 和 0.99%，其中福建省的上升幅度最大；上海市、安徽省和江苏省的生态系统质量有一定下降，其中上海市的下降幅度最大，十年间下降了 9.54%。

表 7　2020 年华东地区质量评价指数分省份统计结果

	上海市	山东省	江苏省	安徽省	江西省	浙江省	福建省	台湾省
EFI	35.45	52.58	47.97	51.25	59.91	58.98	68.53	73.13
KEFI	−0.338	0.295	−0.044	−0.085	0.348	0.154	0.432	0.072
PEFI（%）	−9.54	5.61	−0.92	−1.65	5.80	2.61	6.31	0.99

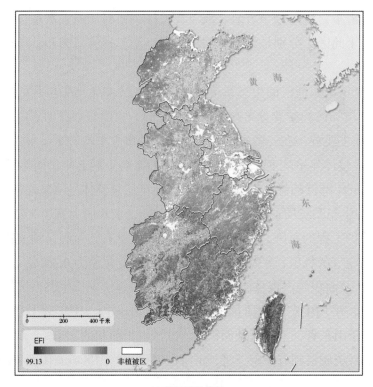

(a) 质量评价指数

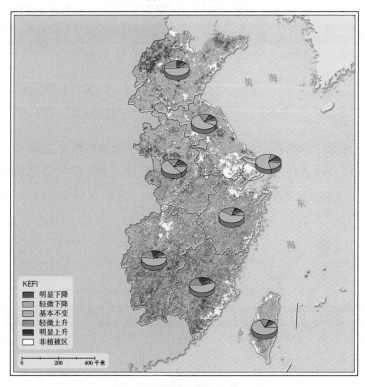

(b) 质量评价指数变化率

图9　2010~2020年华东地区质量评价指数及其变化率分布

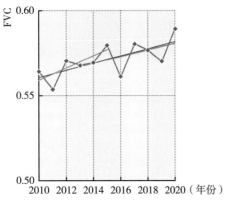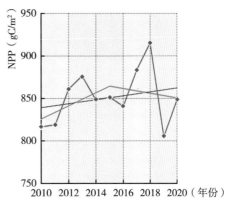

图 10　2010~2020 年华东地区年平均 FVC 和年累积 NPP 时间序列曲线

2.2.4　华中地区植被状况及变化

华中地区包含河南、湖北和湖南三个省份，以农田生态系统和森林生态系统为主，两者面积之和占区域面积的 95% 以上，其中，农田生态系统比例达区域面积的 66%，是农田生态系统占比最高的地区。华中地区地形以平原、丘陵、盆地为主，气候环境为温带季风气候和亚热带季风气候。华中暖温带地区是全国小麦、玉米等粮食作物重要的生产基地之一，主要分布在河南省中部及北部农业区，如淮北、豫中平原农业区、南阳盆地农业区、豫东北平原农林间作区、太行山及山前平原农林区等。华中亚热带湿润地区的农作物以水稻和油菜为主，主要分布在湖北江汉平原、湖南洞庭湖平原等。华中地区的森林类型以常绿阔叶林为主，主要分布在华中西部地区的山区。

2010~2020 年华中地区的生态系统质量增加占 34.51%、基本不变占 49.36%、下降占 16.12%，增加区域主要分布在区域西部和南部地区（平均 EFI > 40），降低区域主要分布在河南省东部（平均 EFI > 50）和湖北省中部（平均 EFI < 30）地区（见图 11 和附表）。华中地区整体年平均 FVC 前五年上升趋势略高于后五年，而年累积 NPP 呈前五年增加、后五年降低趋势（见图 12）。生态系统质量整体明显改善（见图 11 和表 8），平均生态系统质量指数变化率为 0.237/a，十年间上升了 4.24%。由于植树造林等生态保护工程的实施，森林区的生态系统质量有较为明显的改善，明显改善的区域主要分布在河南省西部和湖南省南部，平均生态系统质量指数变化率为 0.538/a，十年间上升了 9.41%，上升区域面积可达区域森林面积的 50.9%；华中地区农田生态系统的质量整体呈轻微下降态势，平均生态系统质

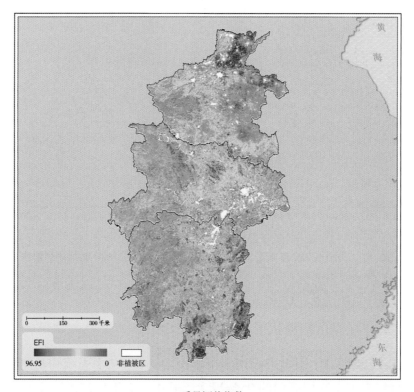

(a) 质量评价指数

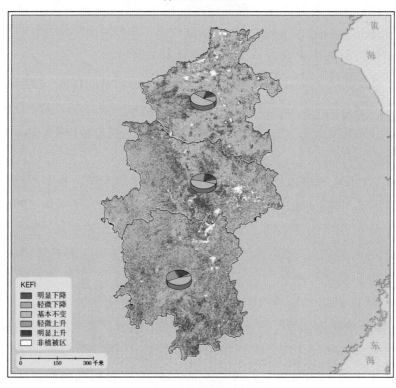

(b) 质量评价指数变化率

图 11　2010~2020 年华中地区质量评价指数及其变化率分布

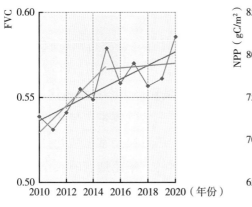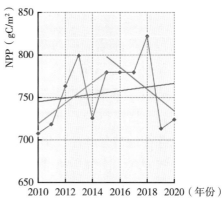

图 12　2010~2020 年华中地区年平均 FVC 和年累积 NPP 时间序列曲线

量指数变化率为 −0.026/a，十年间下降了 0.47%，生态系统质量下降区域主要分布在河南省东部、湖北省南部和湖南省北部，下降区域面积约占区域农田面积的24.9%。

表 8　2010~2020 年华中地区不同植被类型质量评价指数统计结果

	植被总体	森林	草地	农田
EFI	55.921	57.133	55.780	55.418
KEFI	0.237	0.538	0.406	−0.026
PEFI（%）	4.24	9.41	7.28	−0.47

结合表 9 质量评价指数分省份统计结果，在华中地区中，河南省、湖北省和湖南省的生态系统质量由于森林生态系统质量的改善均呈上升态势，其中森林占比最高的湖南省上升幅度最大，十年间上升了 8.38%；其次为湖北省，十年间上升了2.87%；农田占比最高的河南省生态系统质量在十年间上升了 0.72%。

表 9　2020 年华中地区质量评价指数分省份统计结果

	河南省	湖北省	湖南省
EFI	54.94	52.04	54.64
KEFI	0.040	0.150	0.458
PEFI（%）	0.72	2.87	8.38

2.2.5 华南地区植被状况及变化

华南地区包含广东省、广西壮族自治区、海南省、香港特别行政区及澳门特别行政区，以森林生态系统和农田生态系统为主，两者的面积占区域面积的比例达 90% 以上，其中，森林生态系统比例达 48%，是森林生态系统占比最高的地区。华南地区从南到北横跨热带、南亚热带和中亚热带三个气候带，与之相适应，植被类型的分布也存在地带分异性，华南地区北部为亚热带典型常绿阔叶林，中部为亚热带季风常绿阔叶林，南部为热带季雨林和热带雨林。华南地区的农作物以一年三熟制为主，除大范围生产水稻外，也盛产甘蔗等糖料作物，主要分布在海南省、广东和广西的北纬 24° 以南地区。此外，海南省降水丰沛，雨热同期，也是我国重要的热带经济作物产区，天然橡胶产量占全国的六成左右。

2010~2020 年华南地区的生态系统质量增加占 51.55%、基本不变占 41.89%、下降占 6.56%，整体增加趋势显著（见图 13 和附表）。华南地区整体年平均 FVC 和年累积 NPP 都呈逐渐增加趋势（见图 14）。生态系统质量显著改善（见表 10 和图 13），平均生态系统质量指数变化率为 0.730/a，十年间上升了 11.41%，是中国生态系统质量指数上升幅度最大的区域。由于植树造林等生态保护工程的实施，森林区的生态系统质量有较为明显的改善，平均生态系统质量指数变化率为 0.798/a，十年间上升了 12.16%，上升区域面积可达区域森林面积的 57.4%；华南地区农田生态系统的质量整体呈上升态势，平均生态系统质量指数变化率为 0.576/a，十年间上升了 9.50%，上升区域面积可达区域农田面积的 51.2%。

表 10 2010~2020 年华南地区不同植被类型质量评价指数统计结果

	植被总体	森林	草地	农田
EFI	63.966	65.636	61.175	60.588
KEFI	0.730	0.798	0.642	0.576
PEFI（%）	11.41	12.16	10.49	9.50

结合表 11 质量评价指数分省份统计结果，在华南地区，各省份的生态系统质量均呈大幅改善态势，其中广东省、香港和澳门的生态系统质量上升幅度最大，十年间上升了 11.61%；其次为广西壮族自治区和海南省，十年间分别上升了 11.19% 和 6.35%。

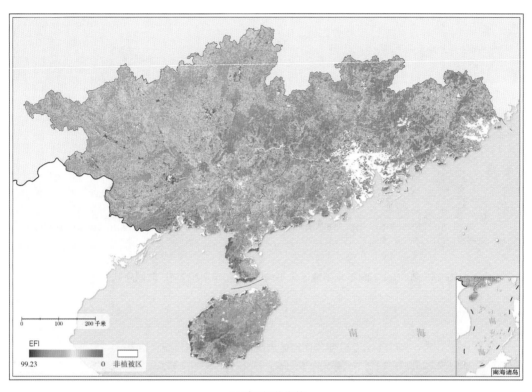

(a) 质量评价指数

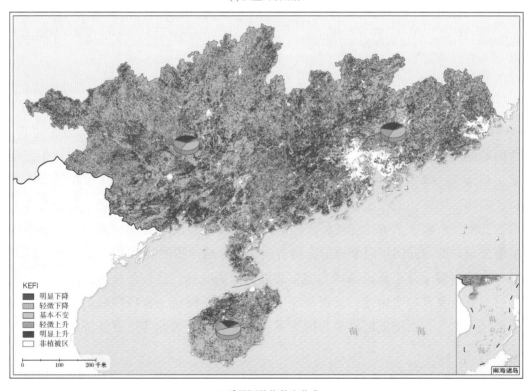

(b) 质量评价指数变化率

图 13 2010~2020 年华南地区质量评价指数及其变化率分布

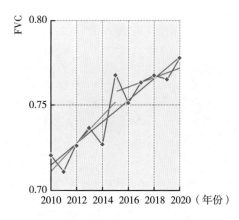
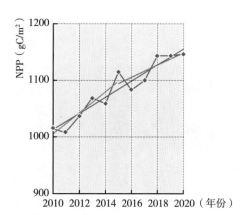

图 14　2010~2020 年华南地区年平均 FVC 和年累积 NPP 时间序列曲线

表 11　2020 年华南地区质量评价指数分省份统计结果

	广东省、香港和澳门	广西壮族自治区	海南省
EFI	67.36	64.39	70.59
KEFI	0.782	0.721	0.448
PEFI（%）	11.61	11.19	6.35

2.2.6　西南地区植被状况及变化

西南地区包含四川省、贵州省、云南省、西藏自治区、重庆市等五个省份，西南地区地形结构复杂，以高原、山地为主，主要有农田生态系统、森林生态系统、草地生态系统和荒漠生态系统；其中，农田生态系统主要分布在云南、四川、贵州三个省，三者面积占区域面积的 85% 以上，森林生态系统主要分布在四川、云南、西藏三个省，三者面积比例占区域面积的 80% 以上，而草地生态系统主要分布在西藏和四川两个省份，两者面积占区域面积的 90% 以上。西南地区森林、草地资源十分丰富，森林类型主要以常绿阔叶林、热带雨林为主，主要分布在巴蜀盆地及其周边山地、云贵高原中高山山地丘陵区、青藏高原高山山地及藏南地区。此外，西南地区也是我国发展橡胶、甘蔗、茶叶等热带经济作物的重要地区。

2010~2020 年西南地区的生态系统质量增加占 37.39%、基本不变占 54.80%、下降占 7.81%，增加区域主要分布在 800mm 降水线以南（平均 EFI > 40），降低区域主要分布在西藏自治区东南部山区（平均 EFI ＞ 60）（见图 15 和附表）。西南地区整体年平均 FVC 呈逐渐上升趋势，而年累积 NPP 呈前五年增加、后五年降低趋势（见图 16）。生态系统质量整体呈明显改善态势（见表 12 和图 15），平均生态系统质量指数变化率为 0.247/a，十年间上升了 5.66%。由于植树造林、荒漠化治理、退耕还林还草等生态保护工程的实施，森林区的生态系统质量明显改善，尤其在四川东部、贵州和云南等区域，平均生态系统质量指数变化率为 0.411/a，十年间上升了 7.54%，上升区域面积约占森林面积的 43.76%；西南地区草地生态系统质量也有轻微改善，平均生态系统质量指数变化率为 0.090/a，十年间上升了 1.82%；西南地区农田生态系统的质量整体呈明显上升态势，平均生态系统质量指数变化率为 0.389/a，十年间上升了 8.18%，上升区域主要位于四川盆地和重庆市，上升区域面积约占区域农田面积的 43.4%。

表 12　2010~2020 年西南地区不同植被类型质量评价指数统计结果

	植被总体	森林	草地	农田
EFI	43.637	54.552	49.437	47.593
KEFI	0.247	0.411	0.090	0.389
PEFI（%）	5.66	7.54	1.82	8.18

结合表 13 质量评价指数分省份统计结果，在西南地区中，贵州省、重庆市、云南省和四川省的生态系统质量呈大幅改善态势，十年间分别上升了 12.42%、9.46%、8.48% 和 5.55%；西藏自治区的生态系统质量整体变化不大，生态系统质量指数平均变化率仅为 0.001/a。

表 13　2020 年西南地区质量评价指数分省份统计结果

	四川省	贵州省	云南省	西藏自治区	重庆市
EFI	52.13	48.31	56.27	29.34	50.51
KEFI	0.289	0.591	0.477	0.001	0.478
PEFI（%）	5.55	12.24	8.48	0.03	9.46

2.2.7　西北地区植被状况及变化

西北地区指大兴安岭以西，昆仑山—阿尔泰山、祁连山以北的广大地区，包括陕西省、甘肃省、青海省、宁夏回族自治区、新疆维吾尔自治区。西北地区地形以高原、盆地为主，地表类型由东向西依次分布草原、荒漠草原、荒漠，其中荒漠占

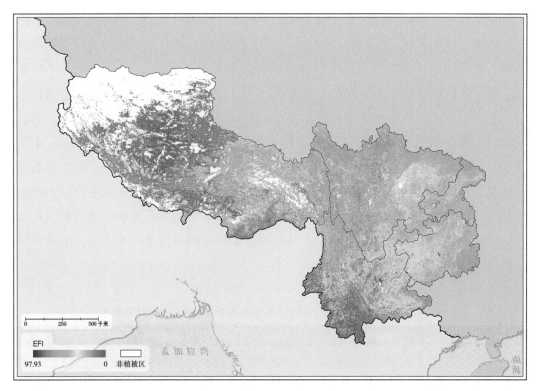

(a) 质量评价指数

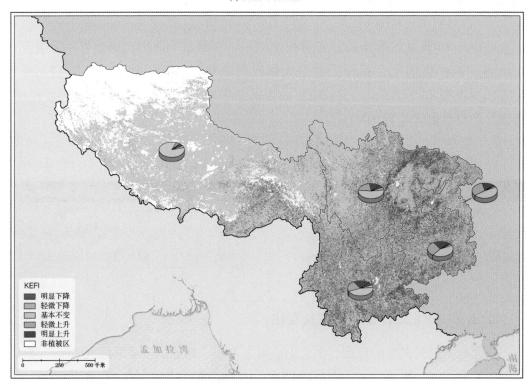

(b) 质量评价指数变化率

图15 2010~2020年西南地区质量评价指数及其变化率分布

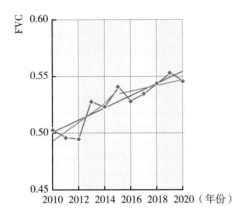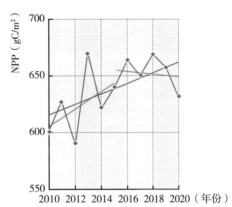

图 16　2010~2020 年西南地区年平均 FVC 和年累积 NPP 时间序列曲线

区域面积的 57.28%，其余依次为草地生态系统和农田生态系统，农田生态系统主要以宁夏平原灌溉农业和河西走廊的绿洲农业为主。森林主要分布在陕西省南部秦巴山区和甘肃陇南山地。

2010~2020 年西北地区的生态系统质量增加占 29.78%、基本不变占 66.61%、下降占 3.62%，增加区域主要分布在 400mm 降水线以南的区域（平均 EFI ＞ 40）及新疆西北部的山脉和盆地周边区域（30 ＜平均 EFI ＜ 70）（见图 17 和附表）。西北地区整体年平均 FVC 呈逐渐上升趋势，而年累积 NPP 呈前五年增加、后五年降低趋势（见图 18）。生态系统质量整体呈明显改善态势（见图 17 和表 14），平均生态系统质量指数变化率为 0.285/a，十年间上升了 8.31%。由于荒漠化治理、退耕还林还草等生态保护工程的实施，森林区的生态系统质量明显改善，尤其在陕西和甘肃南部区域，平均生态系统质量指数变化率为 0.549/a，十年间上升了 10.51%，上升区域面积约占森林面积的 54.2%；西南地区草地的生态系统质量明显改善，明显改善区域主要分布在新疆中部、青海东部和甘肃中部区域，平均生态系统质量指数变化率为 0.261/a，十年间上升了 6.47%，上升区域面积占区域草地面积的 20.9%；西北地区农田生态系统的质量整体呈明显上升态势，平均生态系统质量指数变化率为 0.449/a，十年间上升了 11.18%，上升区域主要位于新疆的农田区，上升区域面积约占区域农田面积的 43.0%。

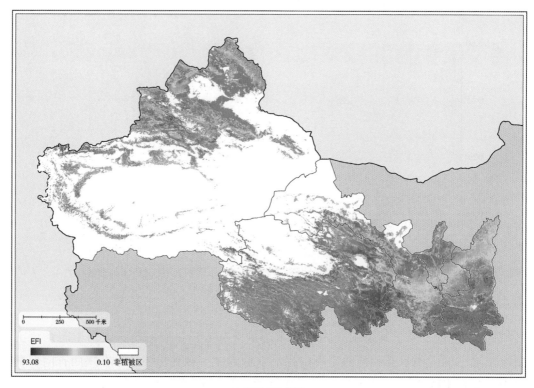

(a) 质量评价指数

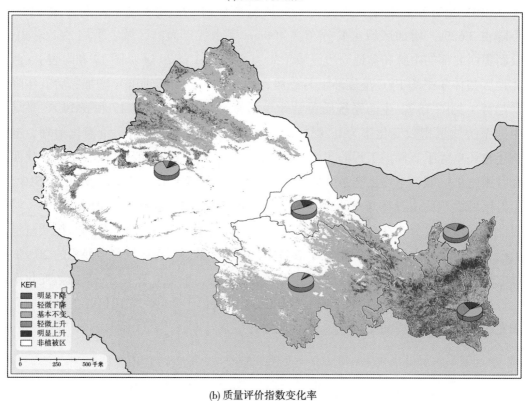

(b) 质量评价指数变化率

图 17　2010~2020 年西北地区质量评价指数及其变化率分布

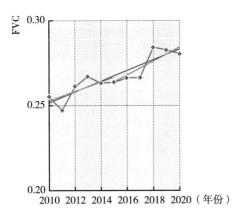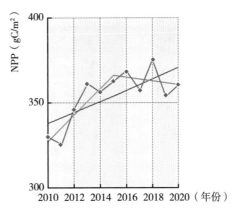

图 18　2010~2020 年西北地区年平均 FVC 和年累积 NPP 时间序列曲线

表 14　2010~2020 年西北地区不同植被类型质量评价指数统计结果

	植被总体	森林	草地	农田
EFI	34.328	52.234	40.333	40.158
KEFI	0.285	0.549	0.261	0.449
PEFI（%）	8.31	10.51	6.47	11.18

　　结合表 15 质量评价指数分省份统计结果，在西北地区中，各省份的生态系统质量均呈明显改善态势，宁夏回族自治区、甘肃省和陕西省的生态系统质量指数在十年间上升幅度均超过 10%，其中宁夏回族自治区上升幅度最大，十年间上升幅度高达 14.50%，新疆维吾尔自治区和青海省也有较大幅度上升，十年间分别上升了9.13% 和 2.55%。

表 15　2020 年西北地区质量评价指数分省份统计结果

	陕西省	甘肃省	青海省	宁夏回族自治区	新疆维吾尔自治区
EFI	46.90	36.11	39.67	22.72	27.05
KEFI	0.552	0.478	0.101	0.329	0.247
PEFI（%）	11.76	13.25	2.55	14.50	9.13

附表　分省份质量评价指数变化率占比统计

	明显下降 (%)	轻微下降 (%)	基本不变 (%)	轻微上升 (%)	显著上升 (%)
东北地区	3.68	12.46	56.53	17.57	9.77
黑龙江省	5.61	21.33	59.51	8.87	4.68
吉林省	1.89	8.36	55.28	22.73	11.74
辽宁省	3.53	7.68	54.80	21.11	12.89
华北地区	4.88	6.87	51.87	22.25	14.13
北京市	6.09	5.91	40.05	26.49	21.47
天津市	8.72	15.59	56.08	13.42	6.19
河北省	4.84	6.96	48.39	24.24	15.56
山西省	2.39	2.67	44.22	32.89	17.83
内蒙古自治区	2.34	3.23	70.62	14.23	9.58
华东地区	7.22	9.70	57.65	16.06	9.37
上海市	14.63	19.58	56.54	6.64	2.61
山东省	3.64	5.97	52.57	25.57	12.26
江苏省	9.32	11.85	60.11	13.40	5.32
安徽省	11.29	16.09	52.27	14.38	5.97
江西省	4.83	5.69	54.03	19.66	15.79
浙江省	6.25	6.27	60.05	19.17	8.26
福建省	4.42	2.88	55.56	19.13	18.00
台湾	3.39	9.30	70.05	10.50	6.75
华中地区	6.45	9.67	49.36	22.31	12.20
河南省	6.98	14.14	53.98	16.43	8.46
湖北省	8.75	9.92	47.55	23.41	10.36
湖南省	3.61	4.96	46.55	27.09	17.79
华南地区	2.69	3.87	41.89	22.25	29.30
广东省、香港和澳门	2.52	2.63	38.81	22.11	33.94
广西壮族自治区	2.47	3.78	38.50	23.98	31.28
海南省	3.09	5.19	48.37	20.66	22.68
西南地区	3.46	4.35	54.80	22.42	14.97
四川省	4.72	5.49	54.11	21.01	14.67
贵州省	1.86	3.04	42.74	31.05	21.31
云南省	5.07	6.01	44.80	22.80	21.33
西藏自治区	3.34	4.50	85.55	4.64	1.97
重庆市	2.29	2.72	46.81	32.62	15.56
西北地区	1.24	2.38	66.61	18.67	11.11
陕西省	1.71	3.22	42.28	32.89	19.90
甘肃省	1.71	2.40	52.26	26.75	16.87
青海省	0.51	1.66	90.24	5.64	1.96
宁夏回族自治区	0.74	1.94	70.07	19.05	8.20
新疆维吾尔自治区	1.51	2.69	78.18	9.01	8.61

参考文献

［1］钱栓、延昊、吴门新等:《植被综合生态质量时空变化动态监测评价模型》,《生态学报》2020 年第 18 期, 第 6573~6583 页。

［2］生态环境保护部:《全国生态状况调查评估技术规范——生态系统质量评估》(HJ·1172- 2021)。

G.3
中国水分收支遥感监测

降水、蒸散和径流是陆表水循环过程的三个主要环节，决定区域水量动态平衡和水资源总量。降水（包括降雨和降雪）和蒸散（包括土壤和水体的水分蒸发以及植物的水分蒸腾）是垂直方向上的水分收支交换过程，是水分在地表和大气之间循环、更新的基本形式。降水是水资源的根本性源泉，降水量扣除蒸散量后形成的地表水及与地表水不重复的地下水，就是通常所定义的水资源总量。水分收支（降水量与蒸散量的差值）反映了不同气候背景下大气降水的水分盈余、亏缺特征，正值表示水分盈余，负值表示水分亏缺，水分收支的时空特征对理解水资源时空变化特征有重要意义。

水是生命之源，对人类的健康和福祉至关重要，是经济社会和人类发展所必需的基础与战略性资源，为所有人提供水和环境卫生并对其进行可持续管理是联合国《2030年可持续发展议程》可持续发展目标6（SDG6）的主要内容。人多水少，水资源时空分布不均是我国的基本国情和水情。全国多年平均（1956~2000年平均）水资源总量为28412亿立方米，水资源总量居世界第6位，人均水资源量为2100立方米，不足世界人均值的三分之一，是全球人均水资源最贫乏的国家之一。目前我国正处于向实现社会主义现代化强国迈进的关键期，随着人口持续增长、经济规模不断扩张以及全球气候变化影响加剧，水资源短缺已成为制约经济社会可持续发展的瓶颈。深入理解水资源的时空变化特征，提高水资源利用效率和效益，创建节水型社会，不仅是解决我国日益复杂的水资源问题的迫切要求，也是事关经济社会可持续发展的重大任务。

2020年我国气温偏高，降水偏多，气候年景偏差；总体上涝重于旱，夏季南方地区发生1998年以来最严重汛情，暴雨洪涝灾害重；东南沿海地区旱情较重，台湾地区遭遇了几十年来最严重的干旱。与之相比的2016年，我国极端天气气候事件多，暴雨洪涝和台风灾害重，气候异常，气候年景差；受超强厄尔尼诺影响，华南、江南入汛早，暴雨洪涝灾害重，长江中下游"暴力梅"导致严重汛情，气象灾害造成经济损失大。2020年与2016年都是降水偏多的年份，但在空间上存在差异。

针对全国水资源时空分布不均的基本特征，基于遥感降水和蒸散以及两者差值构建水分盈亏指标，定量监测 2020 年中国水分收支状况，并与 2016 年水分收支状况比较。使用的降水数据来自多源卫星遥感数据与气象站点观测数据融合的 CHIRPS 降水产品（50° S~50° N）和 GPM 全球降水产品，空间分辨率分别为 5 千米和 10 千米，时间分辨率为 1 天，最终降水在我国 50° N 以南地区为两种产品数据平均，50° N 以北地区为 GPM 产品数据。使用的蒸散数据是以多源卫星遥感数据及欧洲中期天气预报中心（ECMWF）大气再分析数据 ERA5 作为驱动，利用地表蒸散遥感模型 ETMonitor 生产的全球蒸散产品，空间分辨率为 1 千米，时间分辨率为 1 天。

本部分主要是从降水量、蒸散量及水分盈亏量等方面按水资源一级区和省级行政区分别统计分析 2020 年全国水分收支状况及其相对于 2001~2020 年的距平变化，并与 2016 年的水分收支状况进行比较。水资源一级区按北方 6 区——松花江区、辽河区、海河区、黄河区、淮河区、西北诸河区，以及南方 4 区——长江区（含太湖流域）、东南诸河区、珠江区、西南诸河区等分别进行统计。行政分区按东部 13 个省级行政区北京、天津、河北、上海、江苏、浙江、福建、山东、广东、海南、香港、澳门、台湾，中部 6 个省级行政区山西、安徽、江西、河南、湖北、湖南，西部 12 个省级行政区内蒙古、广西、重庆、四川、贵州、云南、西藏、陕西、甘肃、青海、宁夏和新疆，东北 3 个省级行政区辽宁、吉林和黑龙江等分别进行统计。

3.1 2020年中国水分收支概况

2020 年，遥感监测全国降水量为 754.1 毫米（降水资源量为 71672 亿立方米），比 2001~2020 年平均值（644.4 毫米）偏多 17.0%，属于丰水年份，南北方降水都偏多，比 2016 年（735.6 毫米）偏多 2.5%。在各水资源一级区中，松花江区较常年平均（2001~2020 年）及 2016 年增幅都最大，西北诸河区较常年偏少，东南诸河区比 2016 年偏少最多。在各省级行政区中，安徽较常年平均增幅最大，台湾降水量较常年平均偏少最多，导致严重干旱。从季节看，我国陆地夏季降水最多，7 月达到峰值；2020 年 1~3 月、5~9 月的降水量都较常年同期偏多，也多于 2016 年同期。

2020 年，遥感监测全国蒸散量为 440.6 毫米（蒸散总量为 41877 亿立方米），比 2001~2020 年平均值（427.9 毫米）偏多 3.0%，与 2016 年（441.1 毫米）相当。其中，在各水资源一级区中，西北诸河区较常年平均及 2016 年增幅都最大，东南

诸河区较常年平均偏少最多，长江区较 2016 年偏少最多。在各省级行政区中，内蒙古较常年平均偏多最大，湖北偏少最多。从季节看，我国陆地蒸散量主要集中在夏季，7 月份最多；2020 年 1~3 月、12 月较常年同期偏多，2 月与 12 月多于 2016 年同期。

2020 年，全国平均水分盈余量为 312.2 毫米（水分盈余总量为 29670 亿立方米），比 2001~2020 年平均值（215.9 毫米）偏高 44.6%，比 2016 年偏多 6.3%。其中，在各水资源一级区中，长江区较常年平均水分盈余增加最多，淮河区较 2016 年增加最多，西北诸河区较常年平均偏少最多，东南诸河区较 2016 年偏少最多；在各省级行政区中，安徽较常年平均水分盈余增加最多，台湾偏少最多。从季节看，我国陆地水分盈余主要集中在夏季，7 月水分盈余最多；2020 年，1~3 月、6~9 月由于降水量增多，水分盈余量均超常年同期平均水平，12 月由于降水偏少、蒸散量偏大，出现水分亏损。

3.2 2020年中国降水分布

2020 年全国降水空间分布的总趋势是从东南沿海向西北和东北内陆递减，总体上南方多、北方少，东部多、西部少（见图 1）。长江区东部、东南诸河区、珠江区、雅鲁藏布江谷地、云南西南部等大部分降水量在 1500 毫米以上，其中长江中下游及珠江区北部地区降水量在 2500 毫米以上，这些地区也是 2020 年发生严重洪涝灾害的区域。与 2016 年发生强降水区域不同，2016 年降水量在 2500 毫米以上的地区主要分布在东南沿海，特别是台湾大部分降水量超过 3000 毫米。2020 年，松花江区东部、辽东半岛、淮河区、秦岭一带、长江区中部和西南诸河区东南部降水量为 800~1500 毫米；松花江区西部、海河区、黄河区、西南诸河区北部降水量为 400~800 毫米；西北诸河区降水量小于 400 毫米，内陆干旱区降水量通常小于 200 毫米。

2020 年，除东南沿海外我国东部及南部大部分降水量比 2001~2020 年平均值都偏多，西部大部分降水量偏少。其中，东北、长江中下游的部分地区降水量超 2001~2020 年平均 40% 以上，西北中部内陆腹地降水量偏少 20% 以上。2020 年比 2016 年降水量偏多较大的区域主要分布在我国的东北以及中部大部分地区，而在东南以及西北地区，2020 年降水量较 2016 年偏少，在东南沿海、黄土高原部分地区以及西北的北部与南部地区，偏少较常年平均达 50% 以上。

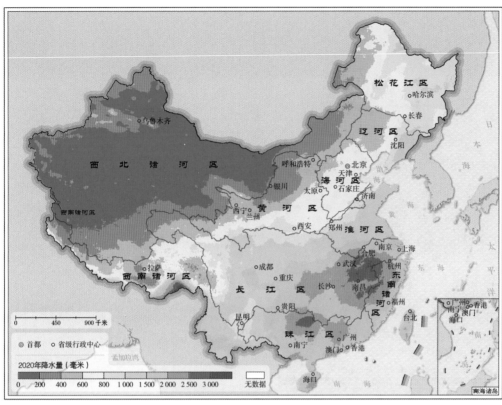

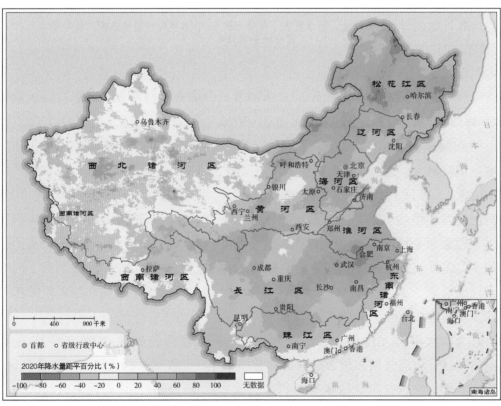

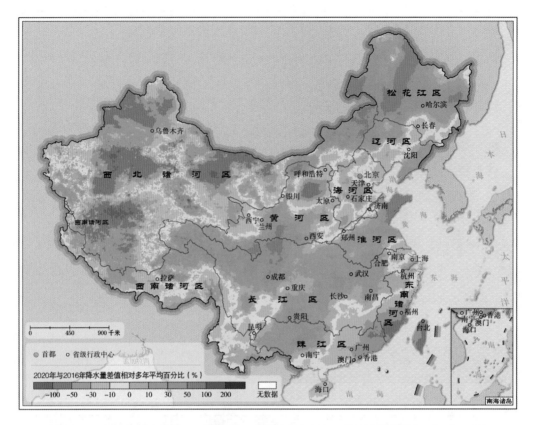

图1 2020年全国降水量、降水量距平百分比及与2016年降水量差值相对多年平均百分比空间分布

从水资源分区统计看（见图2），2020年，北方6区与南方4区平均降水量分别为435.7毫米和1395.8毫米，比2001~2020年平均值（368.5毫米和1200.2毫米）分别偏多18.2%和16.3%，为降水丰水年。在各水资源一级区中，松花江区降水量增幅最大，比2001~2020年平均值偏多34.5%；其次为淮河区，超常年平均值34.2%，长江区、海河区、辽河区都比常年平均偏多超20%，属于异常丰水年份；黄河区超常年平均10%以上，属于丰水年份；珠江区、东南诸河区、西南诸河区降水量较常年平均偏多在10%以内，为平水年份；仅西北诸河区降水量较常年平均偏少，偏少6.3%。与中国气象局发布的《中国气候公报（2020年）》稍有不同的是，气象监测2020年珠江区降水量较常年平均偏少，而遥感监测珠江区较常年平均偏多，变化在10%以内。

同为丰水年的2016年，各水资源一级区降水量都较2001~2020年平均偏多；东南诸河区、海河区偏多超20%，为异常丰水年；长江区、西北诸河区、珠江区、辽河区、淮河区、黄河区偏多10%以上，为丰水年；松花江区与西南诸河区偏多

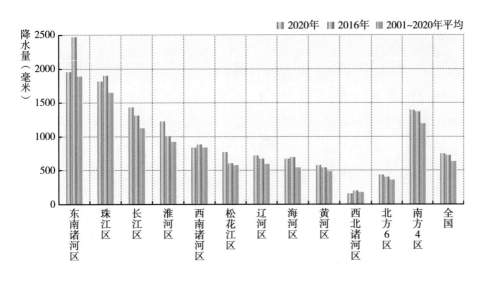

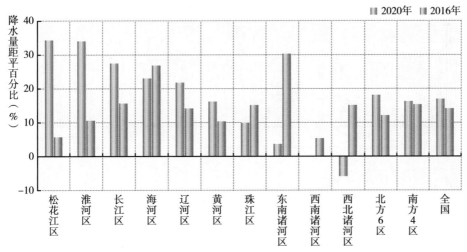

图2　2020年中国各水资源一级区降水量、降水量距平百分比及与2016年的比较

在10%以内，为平水年。2020年比2016年降水量偏多幅度最大的是松花江区，偏少幅度最大的是东南诸河区。2020年与2016年由于降水偏多，都为暴雨洪涝灾害发生频繁严重的年份。2020年长江中下游等地梅雨期及梅雨量均为历史之最；8月下旬与9月上旬，半个月内东北遭遇了罕见的台风三连击，给当地带来大量降水，部分河流和水库超警戒水位，受台风影响，多地航班和火车取消、海上客运停航，市内道路积水严重，群众生产生活受到一定影响。2016年华北地区的"7·20"超强暴雨、长江中下游地区的"暴力梅"等都是当年重大的天气气候事件。

从行政分区统计看（见图3），2020年，东部地区降水量为1404.4毫米，比2001~2020年平均值（1276.5毫米）偏多10.0%，属于丰水年份；中部地区降水量

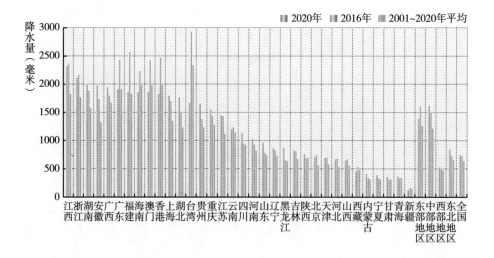

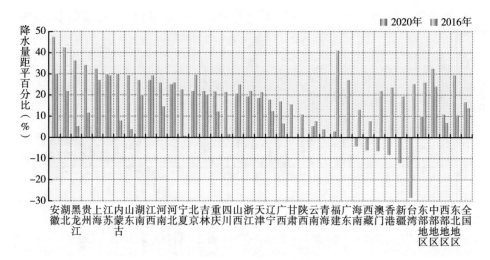

图3 2020年中国各省级行政区降水量、降水量距平百分比及与2016年的比较

为1631.2毫米，比2001~2020年平均值（1229.4毫米）偏多32.7%，属于异常丰水年份；西部地区降水量为528.1毫米，比2001~2020年平均值（474.1毫米）偏多11.4%，属于丰水年份；东北地区降水量854.0毫米，比2001~2020年平均值（659.7毫米）偏多29.5%，为异常丰水年份。2020年我国中部、西部、东北地区降水量都较2016年偏多，而东部地区较2016年偏少。

在各省级行政区中，全国共有28个省份降水量比2001~2020年平均值偏多，其中安徽偏多幅度最大（47.9%）；6个省份降水量偏少，其中台湾偏少最多（28.6%）。根据各省级行政区年降水资源量丰枯评估指标，安徽、湖北、黑龙江、贵州、上海、江苏、内蒙古、山东、湖南、江西、河南、河北、宁夏、北京、吉林、重庆、四川、山西等18个省级行政区，降水量偏多超过20%，属于异常丰水年份；浙江、天津、辽宁、广西、甘肃、陕西等6个省级行政区降水量偏多超10%，属丰水年份；台湾较常年平均偏少20%以上，为异常枯水年份，新疆偏少10%以上，为枯水年份；云南、青海、福建、广东较常年平均偏多，海南、西藏、澳门、香港较常年平均偏少，变化在10%以内，均属正常年份。2016年，无省级行政区为枯水年份，福建、安徽、北京、江西、江苏、上海、广东、河北、台湾、山西、香港、浙江、澳门、湖北、天津、吉林、湖南等17个省级行政区为异常丰水年份。安徽、湖北、上海、江苏、湖南、江西、河北、北京、吉林、山西等10个省级行政区在2016年与2020年都为异常丰水年份。

从降水季节分布看（见图4），由于受季风气候影响，我国降水量主要集中在夏季，2001~2020年6~8月的降水量占全年降水量的50%左右，5~9月降水量占全年的70%左右，最大降水量在7月，平均值为122.2毫米。2020年，6~8月的降

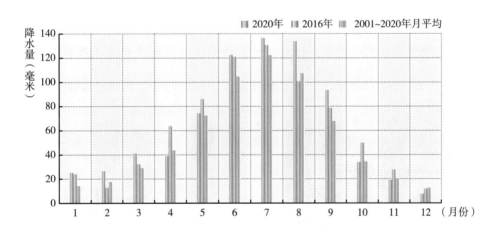

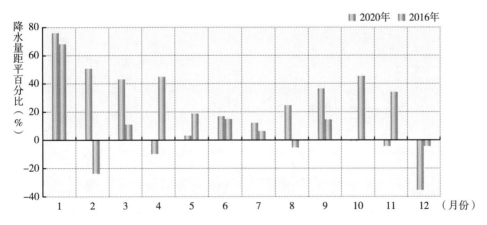

图4　2020年全国月降水量、月降水量距平百分比及与2016年的比较

水量占全年降水量的 52.0%，5~9 月的降水量为全年的 74.3%，较常年平均偏多。2020 年的 1~3 月、6~9 月的降水量均较常年同月份偏多 10% 以上，1 月与 2 月偏多 50% 以上；4 月、10~12 月较常年偏少，12 月偏少 36.4%。2016 年的 1 月、3~7 月、9~11 月的降水偏多，其中 1 月偏多 68%，2 月较常年偏少最多（24.7%）。2020 年与 2016 年相比，偏多最大的是 2 月，偏少最多的是 4 月。遥感监测降水季节分布结果与《中国气候公报》一致。

3.3 2020年中国蒸散分布

地表蒸散的空间分布格局主要由不同气候条件下的区域热量条件（太阳辐射、气温）和水分条件（降水、土壤水）决定。受水热条件差异影响，2020 年，我国东南沿海气候湿润地区以及云南的南部地区蒸散量高达 1000 毫米以上，而西北内陆干旱区的蒸散量则低于 100 毫米，呈现由低纬至高纬、沿海至内陆逐渐递减的趋势（见图 5）。东南诸河区、珠江区、西南诸河区东南部以及长江区东南部的大部分区域蒸散量在 800 毫米以上，淮河区、长江区、海河区、黄河区中下游等大部分区域的蒸散量在 600~800 毫米，松花江区、辽河区、黄河区上游、西南诸河区上游

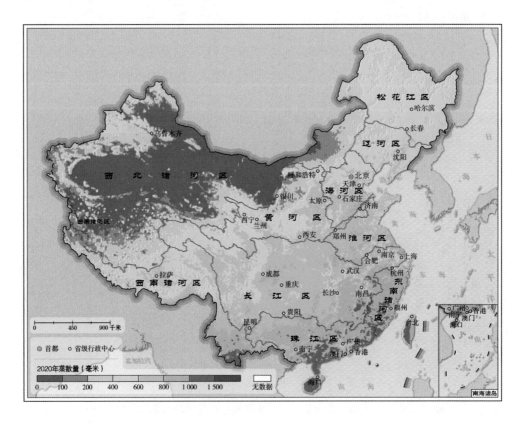

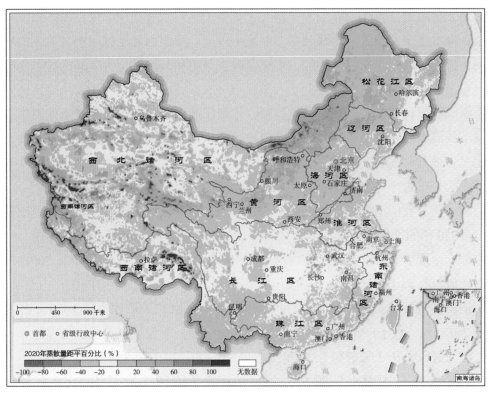

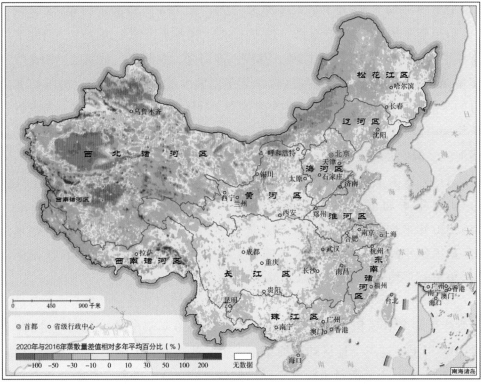

图 5　2020 年全国蒸散量、蒸散量距平百分比及与 2016 年蒸散量差值相对多年平均
百分比空间分布

等大部分蒸散量在 400~600 毫米。西北干旱半干旱地区地处中纬度地带的亚欧大陆腹地，降水量少，蒸散量大部分在 200 毫米以下。我国西北地区以山、盆相间地貌格局为特点，河流均发源于山区，水资源时空分布和补给转化等方面的特点十分鲜明；在山麓及山前平原地带，由于人类活动对水资源的开发和利用，依靠河流及地下水灌溉而发育有较大面积的耕地类型，土壤肥沃，灌溉条件便利，形成温带荒漠背景下的灌溉绿洲景观；这些地区在植被生长季节水热资源充足，有利于植物光合作用及蒸腾作用的进行，年蒸散量达到 400 毫米以上。全国总体来看，2020 年蒸散量空间分布趋势与 2016 年基本一致，从东南向西北减少。

2020 年，我国南方长江中下游地区以及西北诸河区的干旱半干旱区域蒸散量比 2001~2020 年的平均值偏少，其余大部分区域蒸散量高于常年平均值；其中，内蒙古东部、西藏东南部以及西北的绿洲和山前平原地区，2020 年蒸散量超 2001~2020 年平均值 40% 以上，较 2016 年偏高。松花江区西部、辽河区、海河区、山东半岛、东南诸河区等大部分 2020 年蒸散量大于 2016 年；西北干旱沙漠区 2020 年蒸散量小于 2016 年，是由于 2016 年西北地区降水量偏多，增加了蒸散量；长江区、珠江区、黄河区、松花江区东部 2020 年蒸散量大部分比 2016 年偏少 10% 以内。

从水资源分区看（见图 6），2020 年，北方 6 区蒸散量为 316.0 毫米，比 2001~2020 年平均值（292.1 毫米）偏多 8.2%；南方 4 区蒸散量为 694.8 毫米，比 2001~2020 年平均值（704.2 毫米）偏少 1.3%。在各水资源一级区中，西北诸河区较常年平均偏多最大，偏多 11.7%；其次，辽河区、海河区、黄河区、松花江区较常年偏多在 8% 以上；东南诸河区较常年平均偏少最多，为 4.4%。2016 年北方与南方的蒸散量都较 2001~2020 年平均值偏高，分别偏高 5.1% 与 1.4%，黄河区较常年平均偏多最大，东南诸河区偏少最多。2020 年比 2016 年蒸散量偏多最大的是西北诸河区，偏少最多的是长江区。

从行政分区看（见图 7），2020 年，东部地区蒸散量为 736.0 毫米，与 2001~2020 年平均值（737.2 毫米）相当；中部地区蒸散量为 732.3 毫米，比 2001~2020 年平均值（760.8 毫米）偏少 3.7%；西部地区蒸散量为 356.2 毫米，比 2001~2020 年平均值（337.1 毫米）偏多 5.7%；东北地区蒸散量为 460.7 毫米，比 2001~2020 年平均值（438.2 毫米）偏多 5.1%。

在各省级行政区中，内蒙古蒸散量较常年平均增幅最大，内蒙古、宁夏的蒸散量比常年平均多 10% 以上。香港、澳门、上海 2020 年蒸散量比 2001~2020 年平均偏少 10% 以上，这三个地区陆地面积小，主要地表覆盖为城市，相邻省级行政区广东与江苏 2020 年蒸散量也较常年平均偏少，城市地表的复杂性需要更高分辨率数据才能更好地刻画城市地表的蒸散状态；除此之外，湖北的蒸散量较常年平均偏

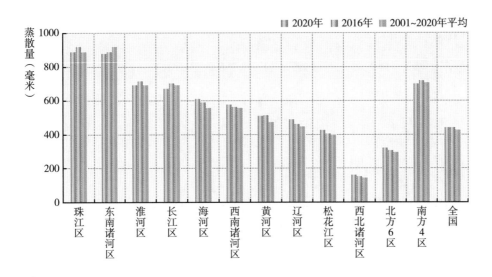

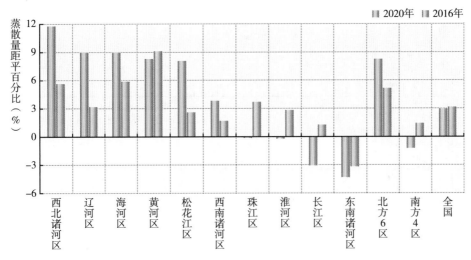

图6 2020年中国各水资源一级区蒸散量、蒸散量距平百分比及与2016年的比较

少最多，位于江南、江淮以及长江中下游地区的浙江、安徽、湖南、江苏、江西等地蒸散量也较常年平均偏少，可能与这些地区2020年持续较长的梅雨期抑制蒸散有关。而2016年，除澳门、宁夏、新疆的蒸散量较2001~2020年平均值偏高超过10%外，其余省级行政区的蒸散量变化不超过10%。

从蒸散量季节分布看（见图8），由于受热量与水分条件影响，我国蒸散主要集中在夏季，2001~2020年6~8月蒸散量占全年蒸散量的50%左右，5~9月蒸散量占全年的70%左右，7月蒸散量最大（平均为78.2毫米）。2020年，6~8月的蒸散量占全年蒸散量的49.3%，5~9月的蒸散量为全年的72.4%，与常年平均相当。2020年1~3月由于降水量偏多，蒸散量也较常年同期平均偏多；12月蒸散量较常

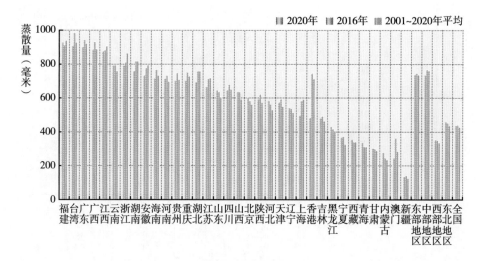

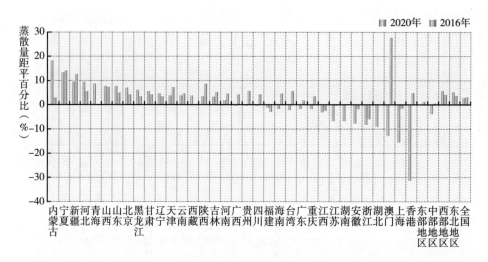

图 7　2020 年中国各省级行政区蒸散量、蒸散量距平百分比及与 2016 年的比较

年同期偏多最大，12 月我国华南、江南东南部及云南中南部等地气象干旱维持或发展，后期降水使气象干旱明显缓解，气象干旱高温会加速蒸散。2016 年，除 2 月与 12 月较常年同期偏多 10% 以上外，其他月份与常年同期平均变化在 10% 以内。

3.4　2020年中国水分盈亏分布

降水大于蒸散说明降水有盈余，降水盈余会部分转换成地表径流，为水分盈余；降水小于蒸散说明降水不能满足蒸散耗水需求，需要水平方向上的径流补给，为水分亏缺。利用遥感降水与蒸散差值可以分析中国水分盈亏空间分布格局，2020

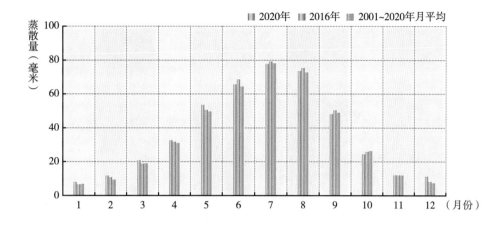

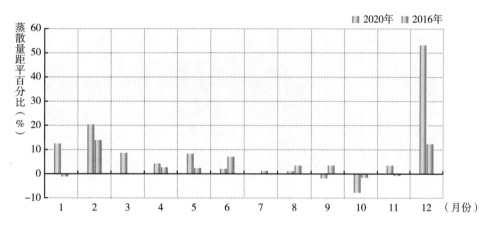

图 8　2020 年全国月蒸散量、月蒸散量距平百分比及与 2016 年比较

年我国大部分区域水分盈余量空间分布特征与降水一致，长江中下游地区、珠江区北部等水分盈余量超过 1000 毫米，南方大部地区水分盈余在 500 毫米以上，东北大部地区水分盈余超 300 毫米，沿东北大兴安岭至西南青藏高原东部走向的条带上，水分盈余主要在 100~300 毫米，西北大部分区域的水分盈余在 100 毫米以下。水分亏缺区主要分布在华北平原以及成斑块状散布于西北干旱地区山麓和山前平原的灌溉绿洲区，大气降水无法满足农田蒸散耗水需求，水分亏缺量达到 300~500 毫米（见图 9）。2020 年全国水分盈亏的空间分布趋势与 2016 年基本一致，水分盈余量从东南向西北逐渐减少。

水分盈亏直接关联水资源量，对于水分盈余丰富的地区，其水资源总量较丰沛，河网水系发达，水利资源和水能资源丰富，通过建立水电站开发利用水能资源，促进清洁、可再生能源的有效利用。此外，水资源丰富的地区可以作为跨流域水资源配置的重要水源地。例如，长江区是中国水资源配置的重要水源地，通过南

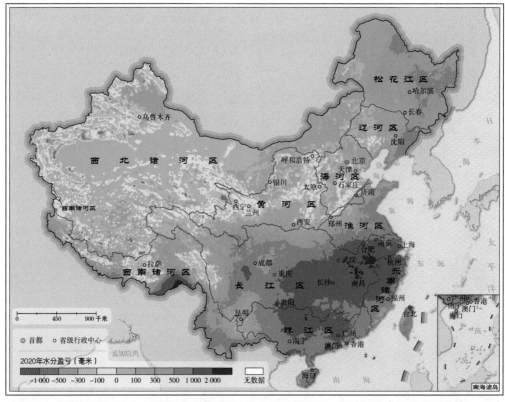

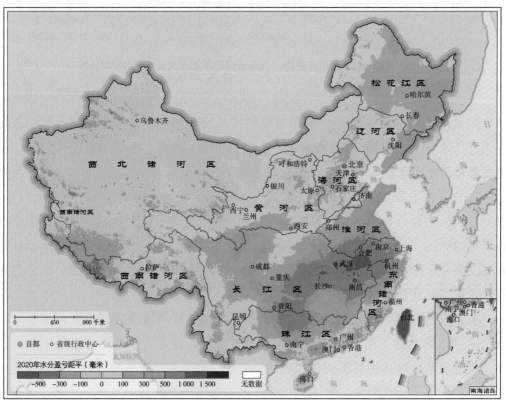

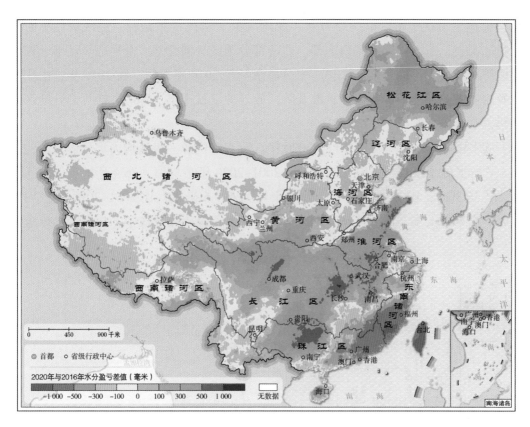

图 9　2020 年全国水分盈亏、水分盈亏距平及与 2016 年水分盈亏差值空间分布

水北调工程的实施，实现水资源南北调配、东西互济的合理配置格局，改善黄淮海地区的生态环境状况，缓解水资源短缺对中国北方地区可持续发展的制约。对于水分亏缺区，处于西部丝绸之路沿线的河西走廊（石羊河、黑河、疏勒河）、塔里木河流域等绿洲区，农田蒸散耗水主要来自盆地周边高寒山区降水和冰雪融水灌溉，沿黄河分布的河套平原等农业生产所需要的灌溉用水主要依靠河流和水库的灌渠引水，华北平原的耕地除了依赖引黄灌溉以及太行山、燕山的出山径流之外，地下水也是重要的水资源开发利用来源之一。

2020 年，我国东部除东南沿海与台湾地区外大部分水分盈余量与 2001~2020 年平均值基本持平或偏多，大部分偏多在 100 毫米以上，在长江区、淮河区、珠江区部分水分盈余量较常年平均多 500 毫米以上；西部大部分水分盈余量接近常年或偏少，偏少在 100 毫米以内。东南沿海地区的水分盈余量较常年平均偏少 100 毫米以上，台湾地区由于严重干旱，水分盈余量较常年偏少 500 毫米以上。2020 年水分亏缺区域如西部绿洲地区、华北地区等，水分亏缺量较常年平均偏多，大部分在 100 毫米以内。西藏的西南部 2020 年由于蒸散量增加，水分盈余比 2001~2020 年平均值偏少 100 毫米以上。2020 年，我国气象干旱比常年偏轻，但区域性和阶段性特征明显，东北南部、华南南部、西南部分地区、河套地区及周边、江淮、西北地区等都发生了不同程度的干旱，水分盈余量较 2016 年偏低。而 2016 年，由于东北及内蒙古东部地区的夏旱、黄淮及陕西等地的夏秋连旱、鄂湘黔桂等部分地区的秋旱，水分盈余量低于 2020 年。

从水资源分区看（见图 10），2020 年，所有水资源一级区均为水分盈余，北方6 区平均水分盈余量为 119.4 毫米，比 2001~2020 年平均值（76.4 毫米）偏多 43.0毫米（56.3%）；南方 4 区平均水分盈余量为 699.6 毫米，比 2001~2020 年平均值（496.0 毫米）偏多 203.6 毫米（41.1%）。在各水资源一级分区中，长江区水分盈余

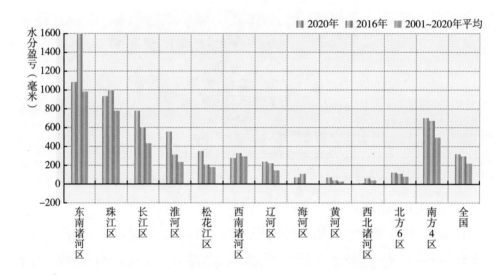

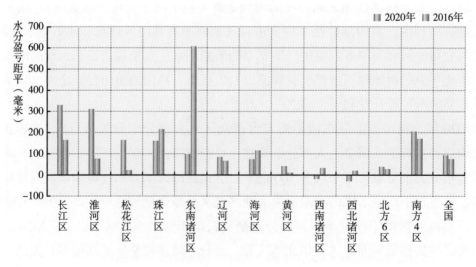

图 10　2020 年各水资源一级区水分盈亏、水分盈亏距平及与 2016 年的比较

量较常年平均增幅最大，偏多 335.0 毫米（76.0%）；其次为淮河区，水分盈余超常年平均 300 毫米以上；西南诸河区与西北诸河区的水分盈余较常年平均偏少，分别偏少 19.5 毫米与 28.3 毫米；其余水资源分区的水分盈余均较常年平均偏多，海河区平均水分处于盈余与亏缺持平状态，2020 年水分盈余 72.4 毫米。2016 年，水资源一级分区的水分盈余都较 2001~2020 年的平均值偏多，其中，东南诸河区增幅最大。淮河区 2020 年水分盈余量比 2016 年偏多最大，为 237.5 毫米，东南诸河区比 2016 年偏少最多，偏少 511 毫米。

从行政分区看（见图 11），2020 年，我国东、中、西部及东北地区平均水分盈余量分别为 650.8 毫米、898.8 毫米、171.9 毫米和 392.5 毫米，比 2001~2020 年平均值（528.0 毫米、468.7 毫米、137.0 毫米和 221.5 毫米）都偏多，分别偏多 122.8

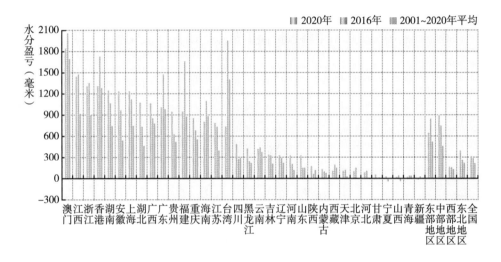

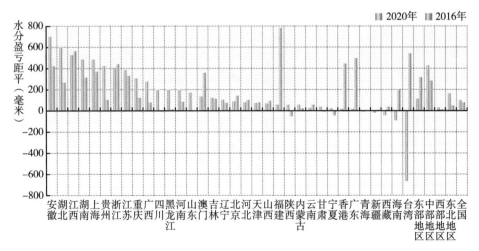

图 11　2020 年各省级行政区水分盈亏、水分盈亏距平及与 2016 年的比较

毫米（23.3%）、430.1毫米（91.8%）、34.9毫米（25.5%）和171.1毫米（77.2%）。
同降水一样，我国东部地区2020年水分盈余小于2016年，中部、西部及东北地区
2020年水分盈余量都大于2016年。

在各省级行政区中，2020年仅新疆的水分亏损，比常年平均值（18.7毫米）偏
少29.9毫米；安徽水分盈余量偏多最大，比2001~2020年平均值（546.9毫米）偏
多702.9毫米；由于严重干旱降水偏少，台湾水分盈余量偏少最大，比2001~2020
年平均值（1414.7毫米）偏少673.7毫米。2016年，仅宁夏水分亏缺，水分盈余较
常年平均偏多最大的是福建，偏少最多的是陕西。2020年比2016年水分盈余量偏
多最大的是湖北，偏少最大的是台湾。

从水分盈亏季节分布看（见图12），我国水分盈余主要集中在夏季，2001~2020
年6~8月的水分盈余量占全年的54%，5~9月水分盈余量占全年的73%，7月水分
盈余最多，平均值为44.0毫米。2020年，6~9月的水分盈余量均超常年同期15毫
米以上（30%以上）；12月由于降水量偏少蒸散量偏大，出现水分亏缺，较常年同

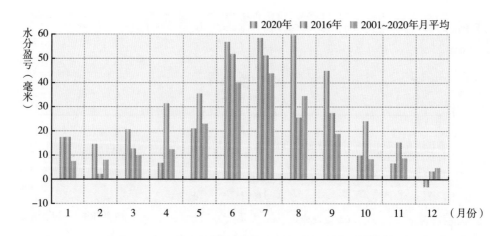

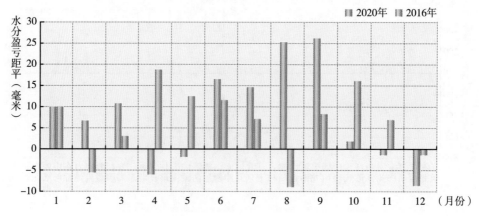

图12　2020年全国月水分盈亏、月水分盈亏距平及与2016年比较

期偏少最多。2016年各月水分都为盈余，但2月、8月、12月较常年同期盈余量偏少。

参考文献

［1］水利部：《全国水资源综合规划》，2010年10月国务院批复。

［2］中国气象局国家气候委员会：《中国气候公报（2020年）》，2021年。

［3］中国气象局国家气候委员会：《中国气候公报（2016年）》，2017年。

［4］https://data.chc.ucsb.edu/products/CHIRPS–2.0/.

［5］https://disc.gsfc.nasa.gov/datasets/GPM_3IMERGM_06/summary.

［6］Zheng, C.; Jia, L.; Hu, G. Global Land Surface Actual Evapotranspiration (2013－2014). National Tibetan Plateau Data Center, Beijing, China; 2019, doi:10.11888/Hydro.tpdc.270298.

［7］http://www.stats.gov.cn/ztjc/zthd/sjtjr/dejtjkfr/tjkp/201106/t20110613_71947.htm.

G.4
中国主要粮食作物遥感监测

中国作为人口大国、农业大国，粮食安全始终是关系我国经济发展、社会稳定、国家安全的重大战略问题。粮食作物种植面积提取、长势状况监测、主要病虫害发生发展状况监测、产量估算对于国家粮食生产宏观调控，保障粮食安全具有重要意义。本报告融合国内高分 GF 系列、美国 Landsat 系列、欧盟 Sentinel 系列等卫星遥感数据、气象数据、区划数据、地面调查数据等多源数据，综合考虑作物形态及营养状况信息、病虫害发生发展特点、地面菌源/虫源信息及历年发生情况统计资料等，建立作物长势监测模型和主要病虫害发生发展状况遥感监测模型及估产模型，完成了中国小麦、水稻、玉米的作物种植面积提取，长势状况监测，小麦条锈病、赤霉病、纹枯病、蚜虫，以及水稻稻飞虱、稻纵卷叶螟、纹枯病、稻瘟病等主要病虫害发生发展状况遥感监测，以及作物产量估算，相关研究结果为指导农业生产与管理提供科学依据及数据支撑。

4.1 中国主要粮食作物长势对比分析

综合考虑影响作物长势的形态和营养两方面的信息，结合时序遥感数据、气象数据、作物长势状况地面调查数据及历年长势统计资料等，计算并优选在作物不同生育期与作物叶面积指数和冠层叶绿素密度密切相关的遥感指标，将其与作物生长模型相结合进行作物长势状况监测。结果显示，2020年华北、华东、华中及西南麦区小麦生长状况良好，西北麦区生长状况略差，但与2019年相比整体长势状况偏好；2020年全国水稻整体生长状况良好，与2019年相比总体长势状况持平；2020年全国玉米生长状况良好，与2019年相比总体长势持平。

4.1.1 小麦长势对比分析

2020年小麦越冬期，我国北方麦区气温高，大范围雨雪天气多，水热条件适宜，有利于小麦的顺利越冬。越冬期后，春季北方麦区光照充足，温湿度适宜，总体气象条件对小麦的返青、起身及拔节生长十分有利。此外，早春江淮、江汉等地麦区受大风及降温、雨雪天气影响，不利于小麦生长；晚春黄淮中西部麦区出现的干热风天气不利于小麦灌浆。小麦长势监测结果显示，2020 年全国小麦种植面积约 3.6 亿亩，华北、华东及华中小麦主产区总体生长状况良好，西北地区小麦生长状况略差（见图 1）；与 2019 年相比总体长势偏好，其中山东东部、河南东南部、安徽北部、江苏西北部、河北南部等地小麦长势与上年持平或略差于上年（见图 2）。

4.1.2 水稻长势对比分析

2020 年夏季，东北及黄淮稻区光照充足、水热条件适宜，有利于水稻生长。早秋东北、江淮、江汉及华南大部稻区气象条件总体有利于水稻灌浆乳熟。此外，7 月长江流域频繁强降雨及江南中南部和华南等地持续高温不利于水稻生长；8 月江淮、江汉及华南大部水热条件利于水稻生长，但江南大部持续高温会影响水稻生长。水稻长势监测结果显示，2020 年全国水稻种植面积约 4.5 亿亩，总体生长状况

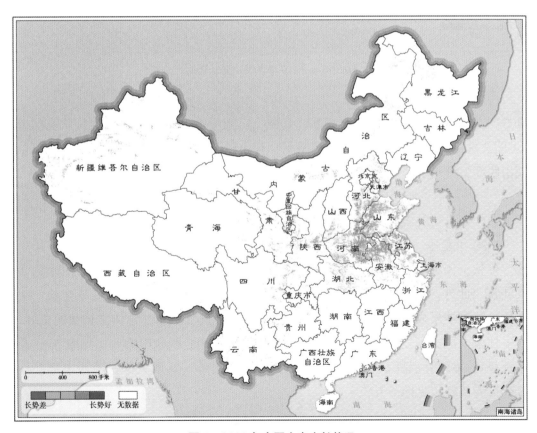

图 1　2020 年全国小麦生长状况

图2 2020年与2019年全国小麦长势对比分析

良好，其中甘肃、宁夏南部及江苏、安徽、广东等地部分地区水稻生长状况略差（见图3）；与2019年相比总体长势持平，其中江苏南部、安徽中部、湖北中南部、湖南西部、贵州东部等地水稻长势略差于上年（见图4）。

4.1.3 玉米长势对比分析

2020年夏季，东北、华北、西北等地玉米产区气象条件总体有利于玉米生长。早秋全国大部分玉米产区光照、温度适宜，土壤墒情较好，有利于玉米的灌浆乳熟。此外，8月西南玉米产区受多雨、光照天气影响，不利于玉米生长。玉米长势监测结果显示，2020年全国玉米种植面积约6.2亿亩，总体生长状况良好，其中甘肃中部、宁夏东部、陕西北部及广东中部玉米生长状况略差（见图5）；总体长势与2019年持平，其中山东东部、河北西南部、江西大部、陕西中部等地玉米长势偏好（见图6）。

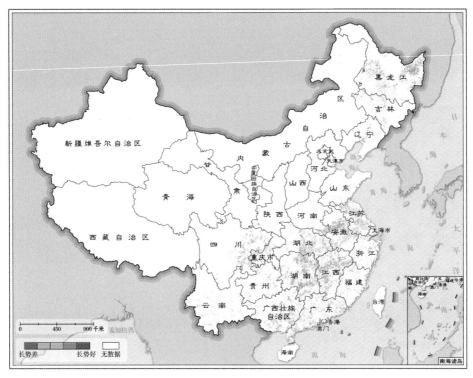

图3　2020年全国水稻生长状况

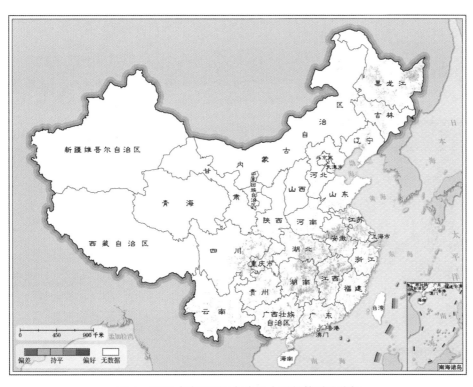

图4　2020年与2019年全国水稻长势对比分析

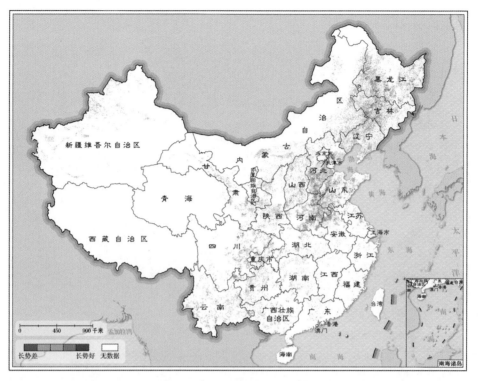

图5　2020年全国玉米生长状况

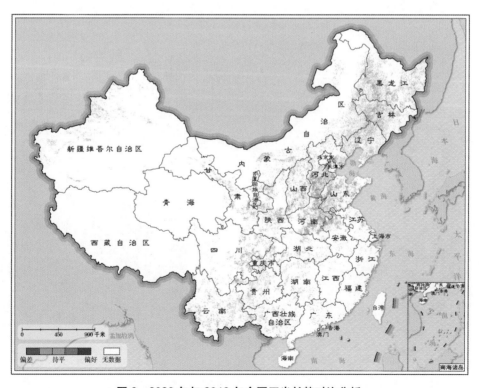

图6　2020年与2019年全国玉米长势对比分析

4.2 中国主要粮食作物病虫害对比分析

以中国高分 GF 系列、美国 Landsat 系列、欧盟 Sentinel 系列等卫星遥感数据为主要数据源，结合中国气象局的全国气象数据和地面调查的菌源 / 虫源基数等植保数据，病虫害发生发展过程模型，以及作物病虫害历年发生情况统计资料等，针对病虫害的发生发展特点，开展 2019 年全国小麦和水稻的主要病虫害发生发展状况遥感监测，并定量提取了小麦条锈病、赤霉病、纹枯病、蚜虫，以及水稻稻飞虱、稻纵卷叶螟、纹枯病、稻瘟病的发生发展状况空间分布及危害面积。

4.2.1 小麦病虫害对比分析

2019 年春季我国大部麦区气温偏高，降水偏多，对病害发生及蚜虫繁殖有利。2019 年小麦条锈病全国累计发生面积约 989 万亩，总体较往年偏轻，4 月上旬在江汉、江淮、黄淮南部、西南及西北大部麦区显病，4 月中下旬至 5 月中旬达病害盛期，在西北、江淮及黄淮麦区扩散流行；小麦赤霉病全国累计发生面积约 520 万亩，总体较往年偏轻，4 月下旬在长江中下游及江淮麦区陆续开始显病，5 月中旬达病害盛期，在长江中下游、江淮及黄淮南部麦区扩散流行；小麦纹枯病全国累计发生面积约 9070 万亩，4 月上旬在江汉平原、江淮及黄淮麦区显病，4 月中下旬在黄淮、华北及西南麦区扩散流行，5 月中旬达病害盛期，其中西南、江淮及黄淮麦区偏重发生，西北及西南麦区偏轻发生；小麦蚜虫全国累计发生面积约 9714 万亩，4 月上旬在华中北部、华北南部、西北东部及黄淮麦区局部发生，5 月中旬达虫害盛期，其中黄淮麦区和西北东部偏重发生。

1. 小麦条锈病

2019 年 4 月上旬小麦条锈病在全国累计发生面积约 231 万亩，其中在甘肃东南部、陕西中部、河南中部、山东西南部、安徽北部及江苏北部零星发生（见图 7、表 1）；4 月下旬小麦条锈病在全国累计发生面积约 457 万亩，其中在甘肃东部、安徽北部、河南南部及山东南部重度发生，江苏北部及湖北南部中度发生，甘肃南部、河南东部及陕西南部轻度发生（见图 8、表 2）；5 月中旬小麦条锈病在全国累计发生面积约 989 万亩，其中在四川东部，重庆、安徽北部及甘肃南部重度发生，陕西南部、河北南部、山东西部、重庆及四川中度发生，江苏北部及河南南部轻度发生（见图 9、表 3）。

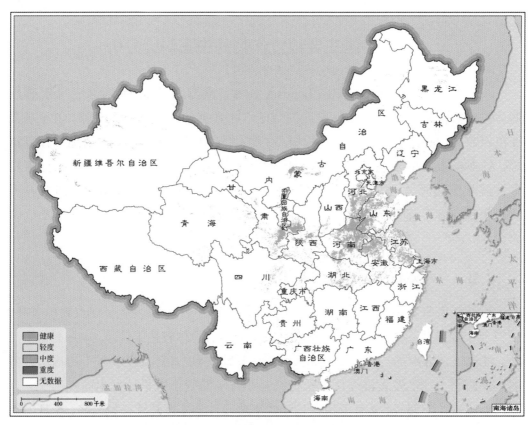

图7　2019年4月上旬全国小麦条锈病发生发展状况空间分布

表1　2019年4月上旬全国小麦条锈病发生情况统计

单位：%

地理分区	健康	轻度	中度	重度
东北区	100.0	0.0	0.0	0.0
华北区	99.5	0.3	0.1	0.1
华东区	99.3	0.3	0.2	0.2
华南区	100.0	0.0	0.0	0.0
华中区	99.4	0.3	0.2	0.1
西北区	99.3	0.4	0.2	0.1
西南区	99.3	0.5	0.1	0.1
全国合计	99.4	0.3	0.2	0.1

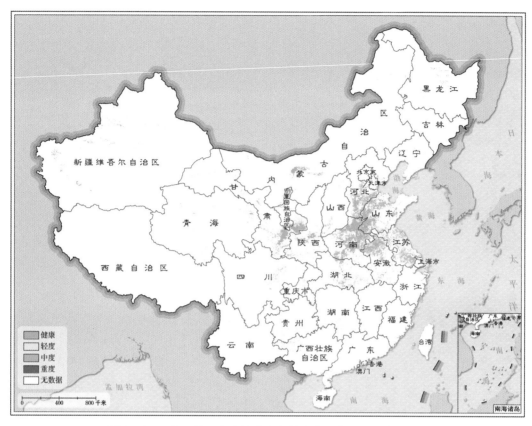

图8　2019年4月下旬全国小麦条锈病发生发展状况空间分布

表2　2019年4月下旬全国小麦条锈病发生情况统计

单位：%

地理分区	健康	轻度	中度	重度
东北区	100.0	0.0	0.0	0.0
华北区	99.0	0.5	0.3	0.2
华东区	98.7	0.5	0.5	0.3
华南区	100.0	0.0	0.0	0.0
华中区	98.7	0.7	0.4	0.2
西北区	98.7	0.7	0.4	0.2
西南区	98.7	0.9	0.3	0.1
全国合计	98.7	0.6	0.4	0.3

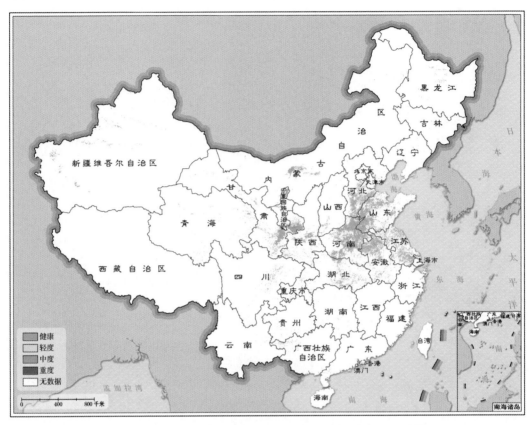

图9 2019年5月中旬全国小麦条锈病发生发展状况空间分布

表3 2019年5月中旬全国小麦条锈病发生情况统计

单位：%

地理分区	健康	轻度	中度	重度
东北区	100.0	0.0	0.0	0.0
华北区	97.7	0.9	0.8	0.6
华东区	97.2	1.8	0.7	0.3
华南区	100.0	0.0	0.0	0.0
华中区	97.2	1.8	0.6	0.4
西北区	97.1	1.0	1.1	0.8
西南区	97.3	0.8	1.1	0.8
全国合计	97.3	1.4	0.8	0.5

2. 小麦赤霉病

2019 年 5 月上旬小麦赤霉病在全国累计发生面积约 475 万亩，其中在江苏南部重度发生，河南南部、湖北南部及安徽中部中度发生，陕西南部、山西南部、河南北部、山东南部及河北南部轻度发生（见图 10、表 4）；5 月中旬小麦赤霉病在全国累计发生面积约 520 万亩，其中在江苏南部重度发生，河南南部、湖北中部及安徽南部中度发生，陕西南部、河南中部、山东西部及河北南部轻度发生（见图 11、表 5）。

3. 小麦纹枯病

2019 年 4 月上旬小麦纹枯病在全国累计发生面积约 5436 万亩，其中在甘肃东南部及陕西中部重度发生，河北中部及山东南部中度发生，河南中部及北部、山东北部、安徽北部及江苏北部轻度发生（见图 12、表 6）；4 月下旬小麦纹枯病在全国累计发生面积约 6247 万亩，其中在江苏北部及甘肃东部重度发生，四川东部、河北南部、河南北部及安徽北部中度发生，山东南部、甘肃南部、河南中部及南部轻度发生（见图 13、表 7）；5 月上旬小麦纹枯病在全国累计发生面积约 8164 万亩，其中在江苏北部、安徽北部、甘肃东部、陕西中部及山东西南部重度发生，四川东部及河北南部中度发生，山东北部、河南北部及安徽中部轻度发生（见图 14、表 8）；5 月中旬小麦纹枯病在全国累计发生面积约 9070 万亩，其中在江苏北部、安徽北部、陕西中部、山东西部重度发生，四川东部及河北南部中度发生，甘肃东部及河南中部轻度发生（见图 15、表 9）。

4. 小麦蚜虫

2019 年 4 月上旬小麦蚜虫在全国累计发生面积约 2092 万亩，其中在陕西中部、河南南部及安徽北部重度发生，甘肃东部、山东西部及河南北部中度发生，河北南部、山东北部及安徽中部轻度发生（见图 16、表 10）；4 月下旬小麦蚜虫在全国累计发生面积约 2668 万亩，其中在河南、江苏北部及陕西中部重度发生，安徽中部、甘肃东部及四川东部中度发生，河北南部及山东北部轻度发生（见图 17、表 11）；5 月上旬小麦蚜虫在全国累计发生面积约 8775 万亩，其中在河南南部、安徽北部及江苏北部重度发生，甘肃东部、河南北部、山东南部、四川东部及陕西中部中度发生，河北南部、山东北部及安徽中部轻度发生（见图 18、表 12）；5 月中旬小麦蚜虫在全国累计发生面积约 9714 万亩，其中在河南南部、安徽北部及江苏北部重度发生，甘肃东部、河南北部、山东西部、四川东部及陕西中部中度发生，河北南部及山东北部轻度发生（见图 19、表 13）。

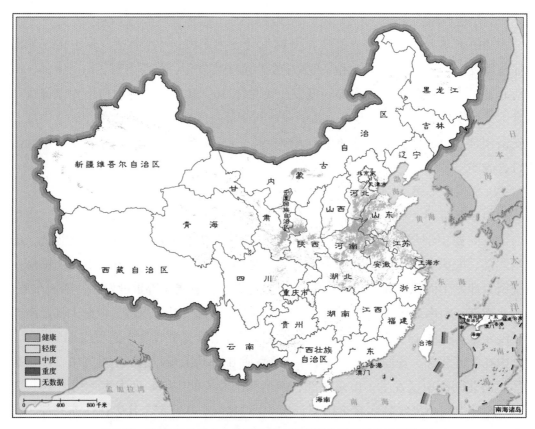

图 10 2019 年 5 月上旬全国小麦赤霉病发生发展状况空间分布

表 4 2019 年 5 月上旬全国小麦赤霉病发生情况统计

单位：%

地理分区	健康	轻度	中度	重度
东北区	100.0	0.0	0.0	0.0
华北区	99.4	0.3	0.2	0.1
华东区	98.1	1.1	0.5	0.3
华南区	100.0	0.0	0.0	0.0
华中区	98.4	1.0	0.5	0.1
西北区	99.2	0.5	0.2	0.1
西南区	100.0	0.0	0.0	0.0
全国合计	98.7	0.8	0.4	0.1

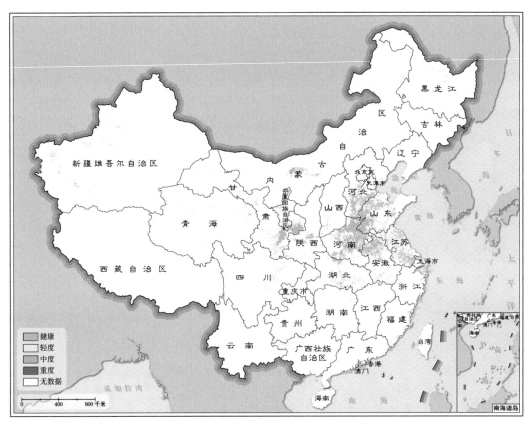

图 11 2019 年 5 月中旬全国小麦赤霉病发生发展状况空间分布

表 5 2019 年 5 月中旬全国小麦赤霉病发生情况统计

单位：%

地理分区	健康	轻度	中度	重度
东北区	100.0	0.0	0.0	0.0
华北区	99.1	0.4	0.3	0.2
华东区	98.0	0.9	0.7	0.4
华南区	100.0	0.0	0.0	0.0
华中区	98.3	0.8	0.5	0.4
西北区	99.2	0.3	0.3	0.2
西南区	100.0	0.0	0.0	0.0
全国合计	98.6	0.6	0.5	0.3

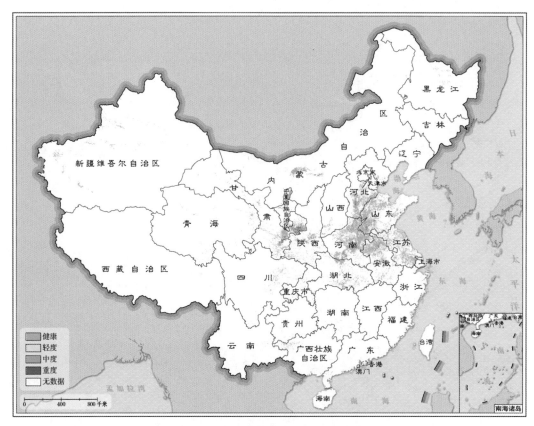

图12 2019 年 4 月上旬全国小麦纹枯病发生发展状况空间分布

表6 2019 年 4 月上旬全国小麦纹枯病发生情况统计

单位：%

地理分区	健康	轻度	中度	重度
东北区	94.5	2.3	1.6	1.6
华北区	87.1	6.5	3.9	2.5
华东区	84.5	10.3	3.3	1.9
华南区	84.0	8.0	4.0	4.0
华中区	84.7	10.5	3.2	1.6
西北区	84.3	7.9	4.7	3.1
西南区	85.0	7.5	4.5	3.0
全国合计	85.0	9.2	3.6	2.2

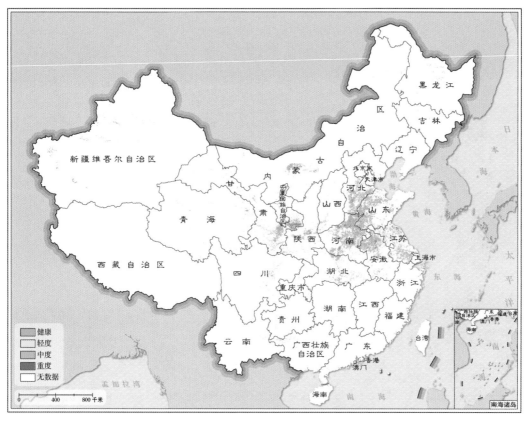

图 13　2019 年 4 月下旬全国小麦纹枯病发生发展状况空间分布

表 7　2019 年 4 月下旬全国小麦纹枯病发生情况统计

单位：%

地理分区	健康	轻度	中度	重度
东北区	93.0	3.1	2.3	1.6
华北区	85.1	7.4	4.5	3.0
华东区	82.2	11.8	3.9	2.1
华南区	84.0	8.0	4.0	4.0
华中区	82.3	12.1	3.7	1.9
西北区	82.0	9.0	5.4	3.6
西南区	83.0	8.5	5.1	3.4
全国合计	82.8	10.6	4.2	2.4

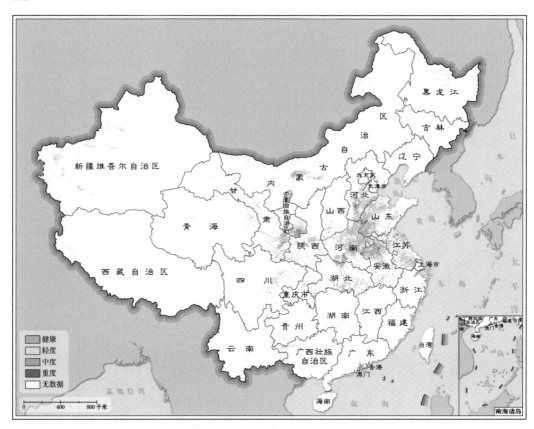

图 14　2019 年 5 月上旬全国小麦纹枯病发生发展状况空间分布

表 8　2019 年 5 月上旬全国小麦纹枯病发生情况统计

单位：%

地理分区	健康	轻度	中度	重度
东北区	93.0	3.1	2.3	1.6
华北区	78.7	10.7	6.4	4.2
华东区	76.9	15.4	5.0	2.7
华南区	76.0	12.0	8.0	4.0
华中区	76.9	15.9	4.8	2.4
西北区	76.4	11.8	7.1	4.7
西南区	81.2	9.4	5.6	3.8
全国合计	77.5	13.8	5.5	3.2

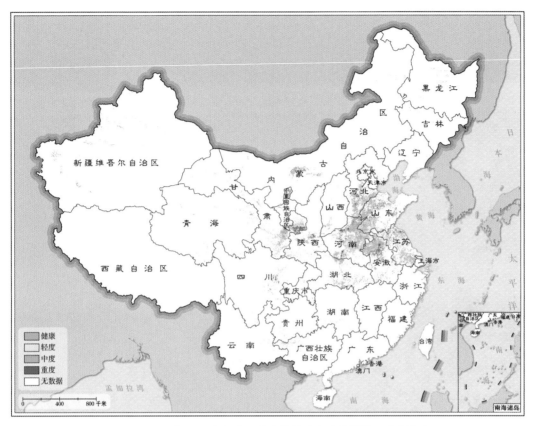

图 15　2019 年 5 月中旬全国小麦纹枯病发生发展状况空间分布

表 9　2019 年 5 月中旬全国小麦纹枯病发生情况统计

单位：%

地理分区	健康	轻度	中度	重度
东北区	89.1	5.5	3.1	2.3
华北区	77.8	11.1	6.7	4.4
华东区	74.4	17.0	5.6	3.0
华南区	76.0	12.0	8.0	4.0
华中区	74.2	17.7	5.3	2.8
西北区	73.9	13.1	7.9	5.1
西南区	76.0	12.0	7.2	4.8
全国合计	75.0	15.3	6.1	3.6

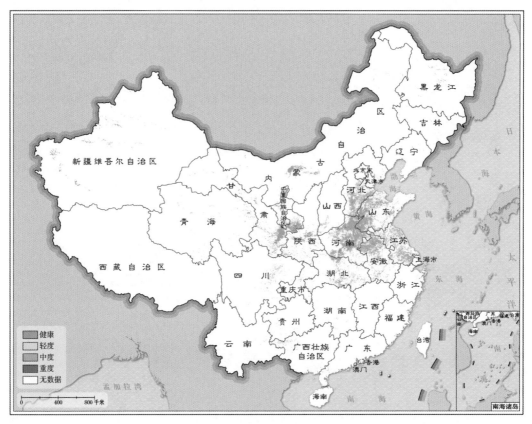

图 16　2019 年 4 月上旬全国小麦蚜虫发生发展状况空间分布

表 10　2019 年 4 月上旬全国小麦蚜虫发生情况统计

单位：%

地理分区	健康	轻度	中度	重度
东北区	97.7	0.8	0.8	0.7
华北区	94.6	3.1	1.4	0.9
华东区	94.0	3.8	1.4	0.8
华南区	92.0	4.0	4.0	0.0
华中区	94.1	1.8	2.3	1.8
西北区	94.0	2.8	1.9	1.3
西南区	94.9	1.6	2.0	1.5
全国合计	94.2	2.8	1.8	1.2

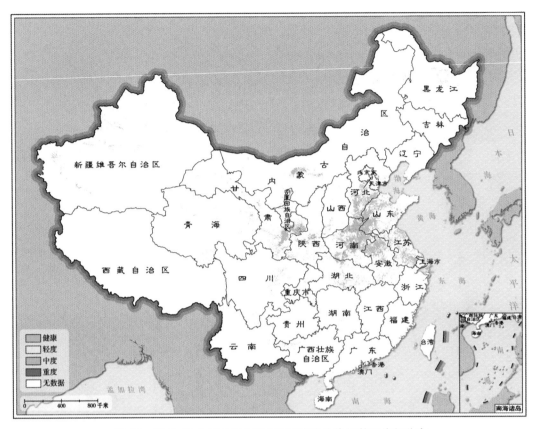

图 17　2019 年 4 月下旬全国小麦蚜虫发生发展状况空间分布

表 11　2019 年 4 月下旬全国小麦蚜虫发生情况统计

单位：%

地理分区	健康	轻度	中度	重度
东北区	96.9	1.5	0.8	0.8
华北区	93.1	4.0	1.8	1.1
华东区	92.5	4.8	1.7	1.0
华南区	92.0	4.0	4.0	0.0
华中区	92.5	2.3	3.0	2.2
西北区	92.3	3.6	2.4	1.7
西南区	93.6	2.0	2.5	1.9
全国合计	92.6	3.6	2.3	1.5

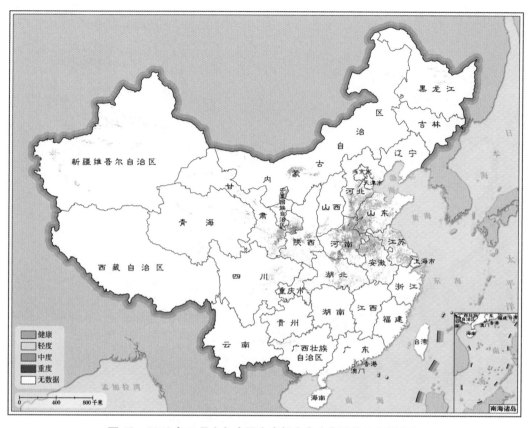

图 18　2019 年 5 月上旬全国小麦蚜虫发生发展状况空间分布

表 12　2019 年 5 月上旬全国小麦蚜虫发生情况统计

单位：%

地理分区	健康	轻度	中度	重度
东北区	93.0	3.1	2.3	1.6
华北区	77.1	13.2	6.0	3.7
华东区	75.1	16.0	5.7	3.2
华南区	76.0	12.0	8.0	4.0
华中区	75.1	7.6	9.9	7.4
西北区	74.7	11.7	8.1	5.5
西南区	79.9	6.3	7.9	5.9
全国合计	75.8	11.8	7.4	5.0

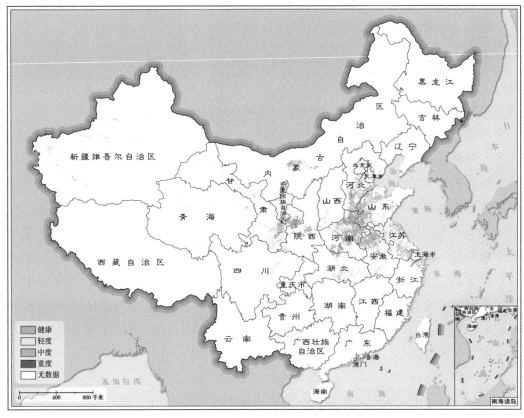

图 19　2019 年 5 月中旬全国小麦蚜虫发生发展状况空间分布

表 13　2019 年 5 月中旬全国小麦蚜虫发生情况统计

单位：%

地理分区	健康	轻度	中度	重度
东北区	90.6	4.7	2.4	2.3
华北区	74.7	14.6	6.6	4.1
华东区	72.5	17.6	6.3	3.6
华南区	72.0	16.0	8.0	4.0
华中区	72.4	8.4	11.0	8.2
西北区	72.0	12.9	9.0	6.1
西南区	77.6	7.0	8.8	6.6
全国合计	73.2	13.1	8.2	5.5

4.2.2 水稻病虫害对比分析

受台风天气影响，2019 年中国大部稻区降水偏多，田间湿度大，且气温相对偏高，对水稻"两迁"害虫的繁殖及水稻病害的蔓延有利。2019 年水稻稻飞虱全国累计发生面积约 9121 万亩，与往年相比减少 24.6%，稻飞虱自 8 月中旬在东北、华中及华东等稻区局部发生，9 月上旬持续扩散流行，到 9 月中下旬达到虫害盛期，在东北及华中稻区偏重发生，西南及华南稻区轻度发生；水稻稻纵卷叶螟全国累计发生面积约 7726 万亩，与往年相比减少 17.6%，稻纵卷叶螟自 8 月中旬在东北、华东及华中等稻区局部发生，9 月上旬至中下旬持续扩散发生，其中在东北北部、华东及华中南部等稻区偏重发生，西南及华南稻区轻度发生；水稻纹枯病全国累计发生面积约 5915 万亩，与往年相比减少 56.7%，纹枯病自 8 月中旬在东北、华东及华中等稻区点片发生，9 月上旬在东北、西南及华中等地持续扩散，至 9 月中下旬达到发病盛期，在东北、西南、江汉及江淮等稻区偏重发生；水稻稻瘟病全国累计发生面积约 1624 万亩，主要在黑龙江、湖北、浙江、四川中部、湖南东部、安徽中部、江苏西南部、江西等稻区点片发生。

1. 水稻稻飞虱

2019 年 8 月中旬水稻稻飞虱在全国累计发生面积约 8440 万亩，其中在安徽、浙江北部、湖南及广西重度发生，黑龙江、浙江西部及湖北南部中度发生，江苏、江西、湖南南部及湖北中部轻度发生（见图 20、表 14）；9 月上旬水稻稻飞虱在全国累计发生面积约 8957 万亩，其中在黑龙江西南部、浙江北部、安徽中部及湖南北部重度发生，黑龙江东北部、安徽南部、湖北南部、浙江中部及广西北部中度发生，湖北中部、江西中部、江苏中部、贵州中部及河南南部轻度发生（见图 21、表 15）；9 月中下旬水稻稻飞虱在全国累计发生面积约 9121 万亩，其中在黑龙江、浙江北部、安徽中部、湖南北部及贵州中部重度发生，江苏东部、安徽南部、湖北南部、湖南中部及广西北部中度发生，江西中部、湖北中部、辽宁西南部及河南东南部轻度发生（见图 22、表 16）。

2. 水稻稻纵卷叶螟

2019 年 8 月中旬水稻稻纵卷叶螟在全国累计发生面积约 6593 万亩，其中在黑龙江西南部、安徽中部、浙江北部及湖南东北部重度发生，黑龙江东南部、浙江中部及江苏南部中度发生，吉林、辽宁、江西及贵州中部轻度发生（见图 23、表 17）；9 月上旬水稻稻纵卷叶螟在全国累计发生面积约 7596 万亩，其中在黑龙江西南部、安徽中部及浙江北部重度发生，黑龙江东北部、湖南东北部、湖北南部、广西北部及浙江中部中度发生，江苏西南部、湖北东部、江西中部及贵州中部轻度发生（见图 24、表 18）；9 月中下旬水稻稻纵卷叶螟在全国累计发生面积约 7726 万亩，其中在黑龙江西南部、

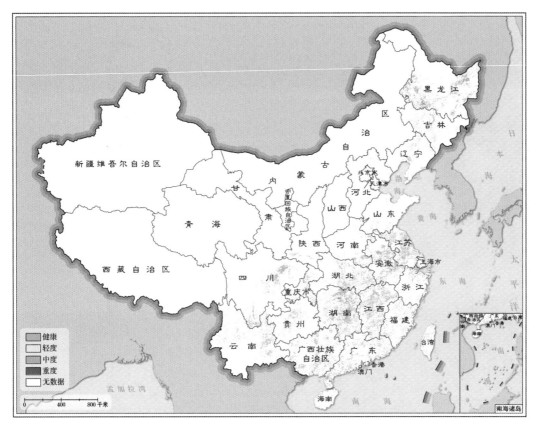

图 20 2019 年 8 月中旬全国水稻稻飞虱发生发展状况空间分布

湖南北部、安徽中部及浙江北部重度发生，黑龙江东北部、江苏中部、贵州中部及广西北部中度发生，湖南南部、湖北中部、江西中部及河南南部轻度发生（见图 25、表 19）。

表 14 2019 年 8 月中旬全国水稻稻飞虱发生情况统计

单位：%

地理分区	健康	轻度	中度	重度
东北区	78.8	11.4	6.0	3.8
华北区	63.1	26.2	7.4	3.3
华东区	79.0	11.4	5.8	3.8
华南区	90.8	4.6	2.8	1.8
华中区	79.4	11.5	5.6	3.5
西北区	81.8	12.8	3.6	1.8
西南区	83.2	10.5	4.0	2.3
全国合计	81.3	10.4	5.1	3.2

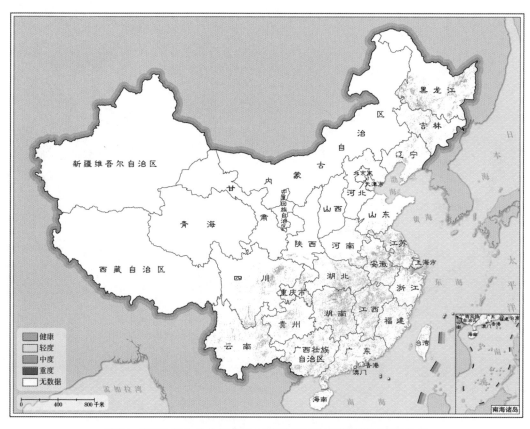

图 21　2019 年 9 月上旬全国水稻稻飞虱发生发展状况空间分布

表 15　2019 年 9 月上旬全国水稻稻飞虱发生情况统计

单位：%

地理分区	健康	轻度	中度	重度
东北区	77.6	12.1	6.3	4.0
华北区	60.4	27.5	8.1	4.0
华东区	77.7	12.1	6.2	4.0
华南区	90.2	4.9	2.9	2.0
华中区	78.2	12.2	5.9	3.7
西北区	80.6	13.6	3.8	2.0
西南区	82.1	11.2	4.2	2.5
全国合计	80.1	11.1	5.4	3.4

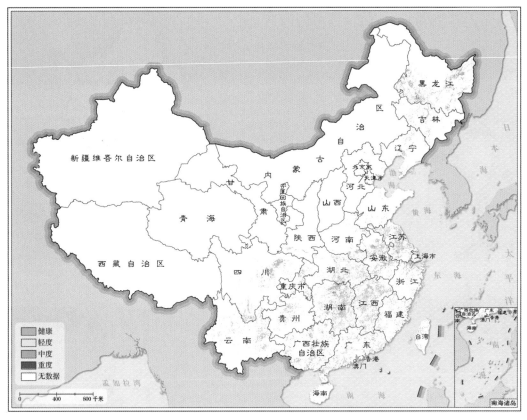

图 22　2019 年 9 月中下旬全国水稻稻飞虱发生发展状况空间分布

表 16　2019 年 9 月中下旬全国水稻稻飞虱发生情况统计

单位：%

地理分区	健康	轻度	中度	重度
东北区	77.2	12.3	6.4	4.1
华北区	59.7	28.2	8.1	4.0
华东区	77.3	12.3	6.3	4.1
华南区	90.0	5.0	3.0	2.0
华中区	77.8	12.4	6.0	3.8
西北区	80.3	13.8	3.8	2.1
西南区	81.8	11.4	4.3	2.5
全国合计	79.8	11.2	5.5	3.5

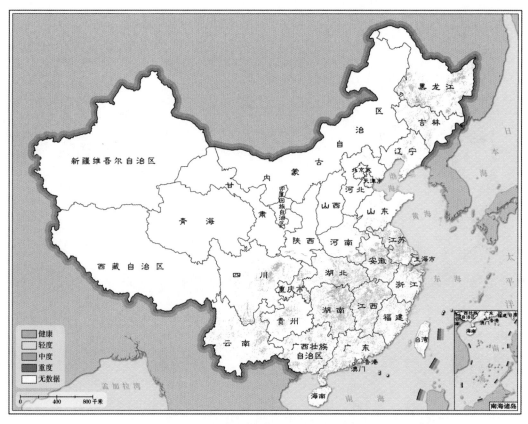

图 23 2019 年 8 月中旬全国水稻稻纵卷叶螟发生发展状况空间分布

表 17 2019 年 8 月中旬全国水稻稻纵卷叶螟发生情况统计

单位：%

地理分区	健康	轻度	中度	重度
东北区	83.4	8.9	4.7	3.0
华北区	71.2	20.1	6.0	2.7
华东区	83.6	8.9	4.6	2.9
华南区	92.8	3.6	2.2	1.4
华中区	84.0	8.9	4.4	2.7
西北区	85.7	10.0	2.8	1.5
西南区	86.9	8.2	3.1	1.8
全国合计	85.4	8.1	4.0	2.5

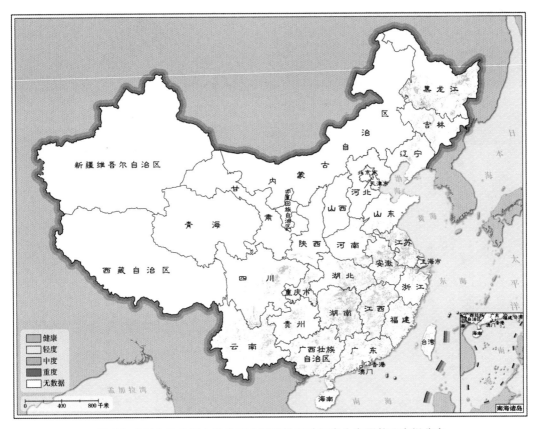

图 24　2019 年 9 月上旬全国水稻稻纵卷叶螟发生发展状况空间分布

表 18　2019 年 9 月上旬全国水稻稻纵卷叶螟发生情况统计

单位：%

地理分区	健康	轻度	中度	重度
东北区	81.1	10.2	5.3	3.4
华北区	66.4	23.5	6.7	3.4
华东区	81.1	10.2	5.3	3.4
华南区	91.6	4.2	2.5	1.7
华中区	81.5	10.3	5.0	3.2
西北区	83.6	11.5	3.3	1.6
西南区	84.9	9.4	3.6	2.1
全国合计	83.2	9.3	4.6	2.9

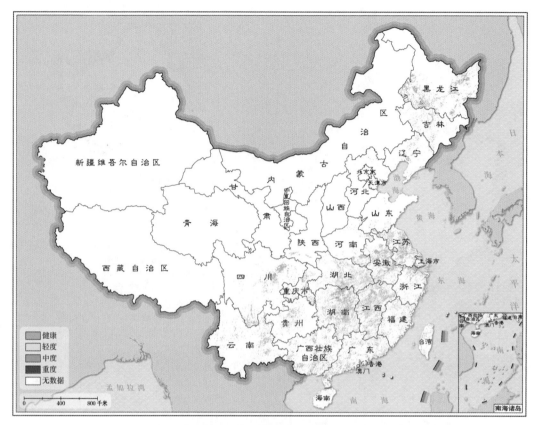

图 25　2019 年 9 月中下旬全国水稻稻纵卷叶螟发生发展状况空间分布

表 19　2019 年 9 月中下旬全国水稻稻纵卷叶螟发生情况统计

单位：%

地理分区	健康	轻度	中度	重度
东北区	80.7	10.4	5.4	3.5
华北区	66.4	23.5	6.7	3.4
华东区	80.8	10.4	5.4	3.4
华南区	91.6	4.2	2.5	1.7
华中区	81.2	10.5	5.1	3.2
西北区	83.1	11.8	3.3	1.8
西南区	84.6	9.6	3.7	2.1
全国合计	82.9	9.5	4.7	2.9

3. 水稻病害

2019 年 8 月中旬水稻纹枯病在全国累计发生面积约 5145 万亩，其中在黑龙江西南部、安徽中部、浙江及湖南北部重度发生，福建、湖北南部、黑龙江东北部及安徽北部中度发生，江苏、江西北部、贵州中部及云南北部轻度发生（见图 26、表 20）；9 月上旬水稻纹枯病在全国累计发生面积约 5523 万亩，其中在黑龙江西南部、安徽中部、江苏中部及湖南北部重度发生，黑龙江东北部、河南南部、广西北部及湖北北部中度发生，江苏东南部、江西北部、贵州中部及福建中部轻度发生（见图 27、表 21）；9 月中下旬水稻纹枯病在全国累计发生面积约 5915 万亩，其中在黑龙江西南部、河南南部、浙江东北部、湖南北部、湖北中部及江西北部重度发生，黑龙江东北部、安徽中部、江苏中部、贵州中部及重庆西北部中度发生，湖南西部、福建北部、江苏中部、安徽南部、湖北中部及重庆中部轻度发生（见图 28、表 22）。2019 年水稻稻瘟病全国累计发生面积约 1624 万亩，其中在黑龙江、湖北重度发生，浙江、湖南东部、江西中度发生，四川中部、安徽中部、江苏西南部轻度发生（见图 29、表 23）。

4.3　中国主要粮食作物产量对比分析

综合作物长势状况及病虫害发生发展状况数据以及历年作物产量数据，结合作物生长模型进行估产建模。研究结果表明，2020 年全国小麦总产量约 1.4 亿吨，较上年增加 366 万吨，占比 2.7%，其中河南、山东、安徽、河北、江苏 5 个小麦主产省小麦产量合计占全国小麦总产量的 79.9%；此外，河北、新疆、陕西、山西、内蒙古等省区小麦产量相比上年增长 5.5%，河南、安徽、甘肃等省小麦产量与上年持平或略有减少（见表 24）；2020 年全国水稻总产量约 2.2 亿吨，较上年增加 790 万吨，占比 3.8%，其中黑龙江、湖南、江西、湖北、安徽、四川、江苏 7 个水稻主产省水稻产量合计占全国水稻总产量的 68.7%；此外，全国水稻主产省水稻产量相比上年均表现为增加，且其中湖北、广西两省区水稻产量相比上年增长 7.7%（见表 25）；2020 年全国玉米总产量约 2.6 亿吨，较上年减少 193 万吨，占比 0.7%，黑龙江、吉林、辽宁、内蒙古、山东、河南、河北 7 个玉米主产省区玉米产量合计占全国玉米总产的 70.7%；此外，吉林、内蒙古、辽宁、四川、新疆、安徽、陕西等省区玉米产量略低于上年，黑龙江、山东、河南、河北、山西等省玉米产量略高于上年，云南、甘肃两省玉米产量与上年持平（见表 26）。

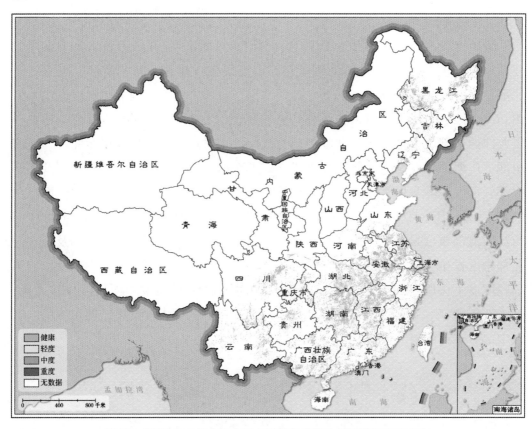

图 26　2019 年 8 月中旬全国水稻纹枯病发生发展状况空间分布

表 20　2019 年 8 月中旬全国水稻纹枯病发生情况统计

单位：%

地理分区	健康	轻度	中度	重度
东北区	87.4	6.8	3.5	2.3
华北区	77.2	16.1	4.7	2.0
华东区	87.3	6.9	3.6	2.2
华南区	93.4	3.3	2.0	1.3
华中区	87.6	6.9	3.3	2.2
西北区	90.8	6.4	2.0	0.8
西南区	89.8	6.4	2.4	1.4
全国合计	88.6	6.3	3.1	2.0

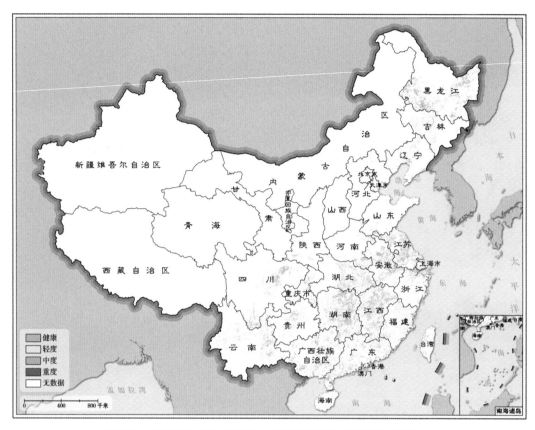

图 27　2019 年 9 月上旬全国水稻纹枯病发生发展状况空间分布

表 21　2019 年 9 月上旬全国水稻纹枯病发生情况统计

单位：%

地理分区	健康	轻度	中度	重度
东北区	86.5	7.3	3.8	2.4
华北区	75.8	16.8	5.4	2.0
华东区	86.4	7.4	3.8	2.4
华南区	93.0	3.5	2.1	1.4
华中区	86.7	7.4	3.6	2.3
西北区	90.3	6.9	2.0	0.8
西南区	89.0	6.9	2.6	1.5
全国合计	87.8	6.8	3.3	2.1

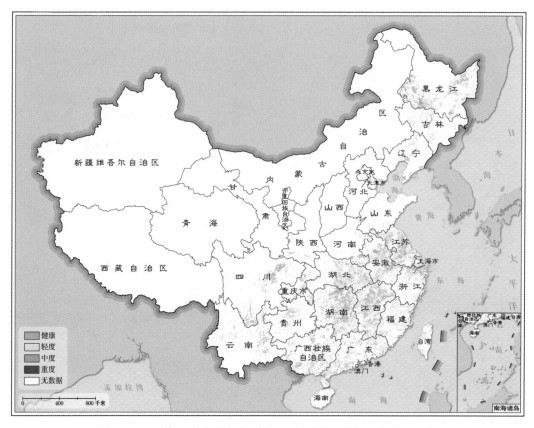

图 28　2019 年 9 月中下旬全国水稻纹枯病发生发展状况空间分布

表 22　2019 年 9 月中下旬全国水稻纹枯病发生情况统计

单位：%

地理分区	健康	轻度	中度	重度
东北区	85.6	7.7	4.1	2.6
华北区	74.5	18.1	5.4	2.0
华东区	85.4	7.9	4.1	2.6
华南区	92.4	3.8	2.3	1.5
华中区	85.7	8.0	3.9	2.4
西北区	89.3	7.4	2.3	1.0
西南区	88.3	7.3	2.8	1.6
全国合计	86.9	7.3	3.6	2.2

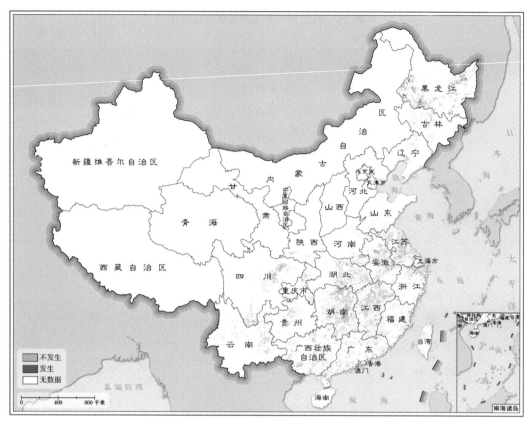

图 29　2019 年全国水稻稻瘟病发生发展状况空间分布

表 23　2019 年全国水稻稻瘟病发生情况统计

单位：%

地理分区	不发生	发生
东北区	89.6	10.4
华北区	98.7	1.3
华东区	97.5	2.5
华南区	99.0	1.0
华中区	96.5	3.5
西北区	96.9	3.1
西南区	98.2	1.8
全国合计	96.4	3.6

表 24　2020 年小麦主产省区产量统计

单位：万吨，%

省/自治区	产量	增幅
河南省	3746	0.1
山东省	2647	3.7
安徽省	1635	−1.3
河北省	1600	9.4
江苏省	1333	1.1
新疆维吾尔自治区	608	5.6
陕西省	409	7.1
湖北省	407	4.1
甘肃省	278	−1.1
四川省	253	2.8
山西省	247	9.3
内蒙古自治区	193	5.5

表 25　2020 年全国水稻主产省区产量统计

单位：万吨，%

省/自治区	产量	增幅
黑龙江省	2787	4.6
湖南省	2677	2.5
江西省	2129	3.9
湖北省	2021	7.7
江苏省	1993	1.7
安徽省	1707	4.7
四川省	1504	2.3
广东省	1090	1.4
广西壮族自治区	993	7.7
吉林省	674	2.6
贵州省	434	2.4

表 26　2020 年全国玉米主产省区产量统计

单位：万吨，%

省 / 自治区	产量	增幅
黑龙江省	3957	0.4
吉林省	2909	−4.5
内蒙古自治区	2709	−0.5
山东省	2639	4.0
河南省	2333	3.8
河北省	1997	0.5
辽宁省	1760	−6.6
四川省	1049	−1.2
山西省	990	5.4
云南省	920	0.0
新疆维吾尔自治区	816	−4.9
安徽省	618	−3.9
陕西省	601	−1.5
甘肃省	594	0.0

G. 5
中国重大自然灾害遥感监测

近年来，随着高速工业化、城镇化、全球化的发展，人类生活的自然环境与条件已发生较大改变，极端气象事件导致重大洪涝、森林草原火灾、干旱、风暴潮等灾害风险突出，重特大地震和地质灾害多发频发，各类灾害隐患和安全风险交织叠加、易发多发，形成复杂多样的灾害链、事故链，影响公共安全的因素日益增多。

5.1　中国自然灾害2020年发生总体情况

根据应急管理部、国家减灾委办公室会同其他部门对 2020 年全国自然灾害情况会商核定：2020 年，我国自然灾害以洪涝、地质灾害、风雹、台风灾害为主，地震、干旱、低温冷冻、雪灾、森林草原火灾等灾害也有不同程度发生。各种自然灾害共造成全国 1.38 亿人次受灾，591 人死亡失踪，589.1 万人次紧急转移安置；10 万间房屋倒塌，30.3 万间严重损坏，145.7 万间一般损坏；农作物受灾面积 19957.7 千公顷，其中绝收 2706.1 千公顷；直接经济损失 3701.5 亿元。与近 5 年均值相比，2020 年全国因灾死亡失踪人数下降 43%，其中因洪涝灾害死亡失踪 279 人、下降 53%，均为历史新低。

《国家综合防灾减灾规划（2016~2020 年）》实施五年来，我国总体防灾减灾救灾能力得到全面提升，整体灾情呈现下降趋势，特别是在年均因灾直接经济损失占国内生产总值的比例、年均每百万人口因灾死亡率等指标控制方面取得了显著效果（见表 1），为全面建成小康社会提供了安全保障。

表 1　国家综合防灾减灾规划目标实施情况

规划指标	规划目标	2016 年实施情况	2017 年实施情况	2018 年实施情况	2019 年实施情况	2020 年实施情况	总体实施情况
年均因灾直接经济损失占国内生产总值的比例	控制在 1.3% 以内	0.7%	0.4%	0.3%	0.3%	0.4%	0.4%
年均每百万人口因灾死亡率	控制在 1.3 以内	1.0	0.6	0.4	0.6	0.4	0.7

5.2　2020年度遥感监测重大自然灾害典型案例

目前，全球空间基础设施已进入体系化发展和全球化服务的新阶段，卫星遥感正向全球观测和多星组网观测发展，形成立体、多维、高中低分辨率结合的全球综合观测能力。借助无人机、云计算、大数据、人工智能等新技术应用，遥感已成为世界各国开展灾害监测预警、提升减轻灾害风险能力的重要手段，为全面提高全社会自然灾害防治能力带来新的机遇。

针对2020年我国发生的重大自然灾害，利用国产高分系列、哨兵系列、北京二号等卫星遥感数据，辅助无人机等航空遥感数据，开展了典型监测和评估工作，取得了系列成果。

5.2.1　2020年3月30日四川省凉山州西昌市森林火灾应急遥感监测

2020年3月30日15时，四川凉山州西昌市突发森林火灾。当地政府紧急疏散火场五公里内全部居民，涉及3个乡镇（街道）、10个村（社区），2000余户，7000余人。火场周边涉及凉山奴隶社会博物馆、电池厂、二滩实业有限公司、西昌学院南校区等36家单位。

受火情影响，中石油四公里半加油站、中石油海南加油站、中石油马道加油站、西昌市燃气公司马道液化气储配站等八家危险化学品企业安全面临威胁。尤其是马道液化气储配站是整个凉山州最大的液化气储配站，站内有11个大储气罐以及200多个气罐山，两辆槽车。山火发生时，站内液化气储存量达260余吨，负责整个西昌市的供气。最危急时刻，火线离站点不足百米。

灾害发生后，利用高分一号、高分二号、北京二号遥感影像，迅速开展遥感数据获取、灾情应急监测与评估（见图1~3）。

5.2.2　2020年6月17日四川省甘孜州丹巴县山洪泥石流灾害应急遥感监测

6月16日至17日，四川遭遇强降雨过程。6月17日凌晨3点20分许，丹巴县半扇门镇梅龙沟发生泥石流，阻断小金川河，形成堰塞湖。

灾害发生后，利用高分二号遥感影像，迅速开展遥感数据获取、灾情应急监测与评估（见图4~5）。

监测结果表明：6月16日至17日强降雨过程导致半扇门镇梅龙沟发生洪水泥石流。

小金川河左岸受到冲出梅龙沟口洪水的巨大冲击，引发烂水湾阿娘寨村山体大

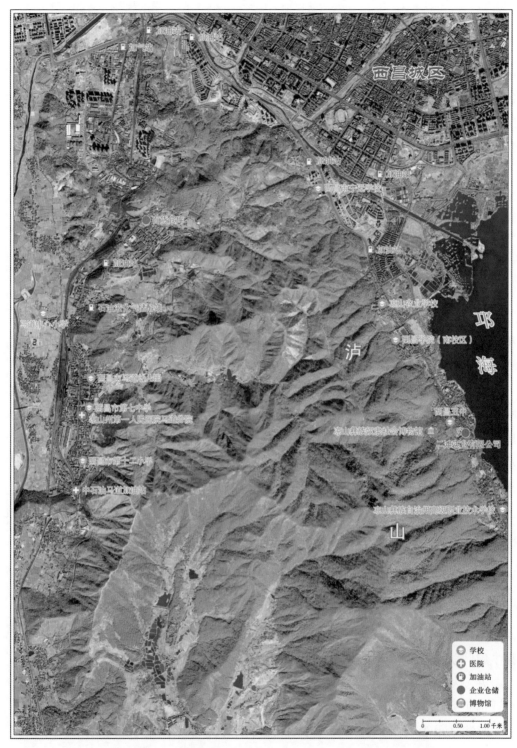

图 1 西昌市森林火灾遥感监测（灾前 2020 年 1 月 23 日高分二号遥感影像）

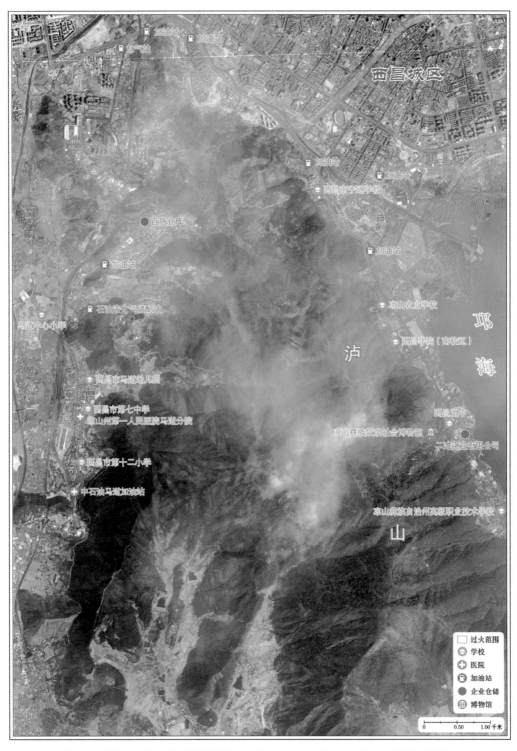

图 2 西昌市森林火灾遥感监测（灾后 2020 年 3 月 31 日北京二号遥感影像）
截至 2020 年 3 月 31 日 11 时 30 分，西昌市森林火灾过火面积为 2044 公顷

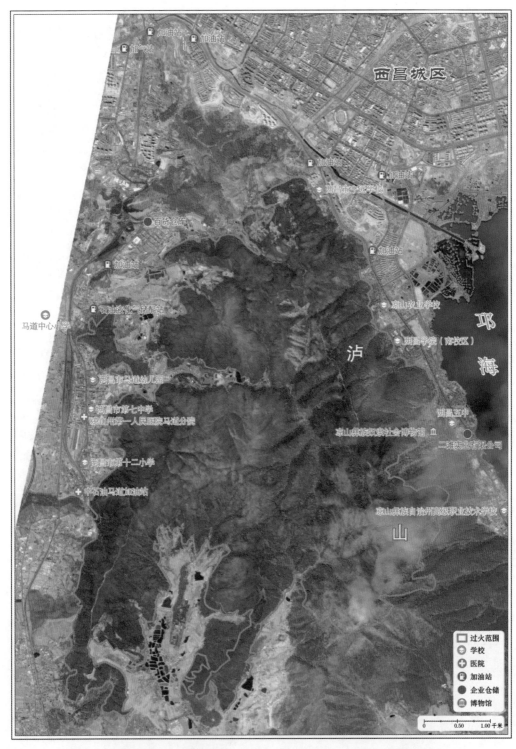

图3 西昌市森林火灾遥感监测（灾后2020年4月1日北京一号遥感影像）

截至2020年4月1日12时，西昌市森林火灾过火面积为2480公顷

图 4　甘孜州丹巴县山洪泥石流灾害遥感监测（灾后 2020 年 6 月 19 日高分二号遥感影像）

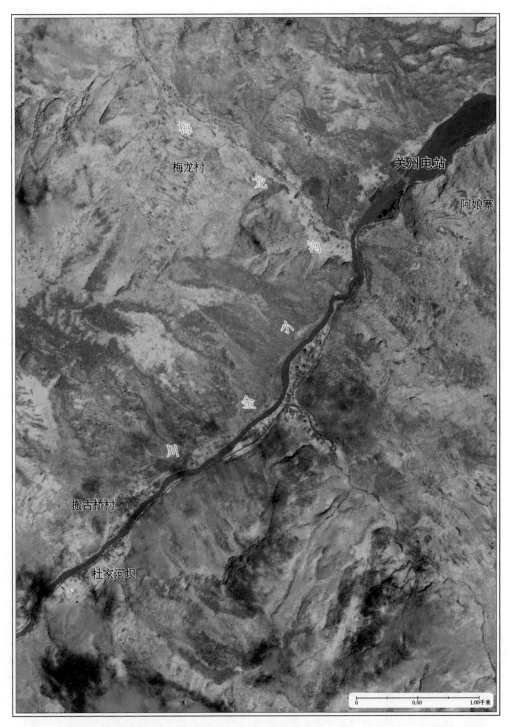

图 5　甘孜州丹巴县山洪泥石流灾害遥感监测（灾前 2020 年 6 月 14 日高分二号遥感影像）

范围塌方、滑坡，造成 G350 烂水湾段道路中断。

泥石流及塌方、滑坡堆积物在杜家河坝河道较窄处堆积形成堰塞坝，并导致堰塞坝上游水位迅速升高，形成堰塞湖。

小金川河堰塞湖长 4.2 千米，回水至关州电站坝下。堰塞湖面积 64.2 公顷，淹没小金川河两岸约 38.4 公顷土地，淹没建筑物占地面积约 7 万平方米、阻断道路约 6.5 千米。

5.2.3 2020年7月8日江西上饶鄱阳县昌江溃堤应急遥感监测

7 月以来，江西全省平均降雨量 214 毫米，列 1950 年以来历史第 1 位。7 月 6 日来，赣北普降暴雨、大暴雨，多站点水位超 1998 年、超历史。受昌江发生超标准水位洪水影响，鄱阳县问桂道圩 7 月 8 日晚出现溃堤，近万名村民被紧急转移。

灾害发生后，利用高分一号、高分三号、哨兵 1 号遥感影像，迅速开展遥感数据获取、灾情应急监测与评估（见图 6~12）。

5.2.4 2020年7月8~14日江西省鄱阳湖地区洪水灾害应急遥感监测

7 月以来，江西省遭遇持续强降雨，再加上上游洪水过境和长江水倒灌，鄱阳

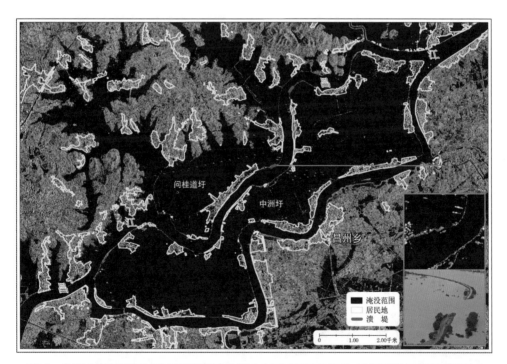

图 6 上饶市鄱阳县问桂道圩溃堤遥感监测（灾后 2020 年 7 月 11 日高分三号遥感影像）
（问桂道圩堤溃口长 127 米）

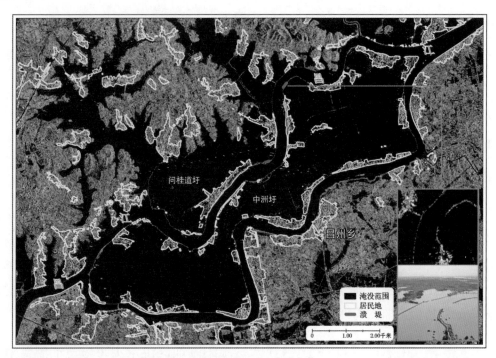

图 7　上饶市鄱阳县中洲圩溃堤遥感监测（灾后 2020 年 7 月 11 日高分三号遥感影像）
（中洲圩溃口长 180 米）

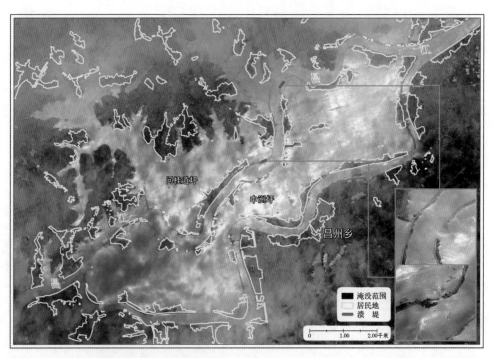

图 8　上饶市鄱阳县问桂道圩、中洲圩溃堤遥感监测（灾后 2020 年 7 月 13 日高分一号遥感影像）
（截至 2020 年 7 月 13 日，问桂道圩溃口收窄为 36 米，中洲圩溃口收窄为 165 米）

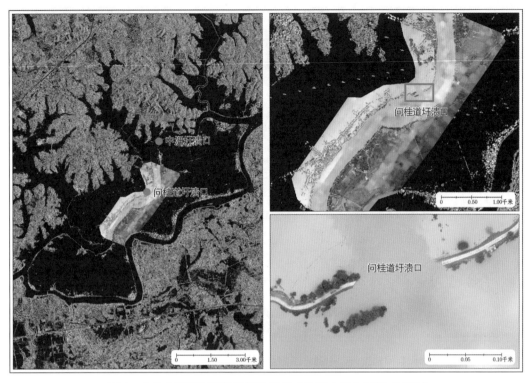

图 9　上饶市鄱阳县问桂道圩溃堤遥感监测（无人机遥感影像）

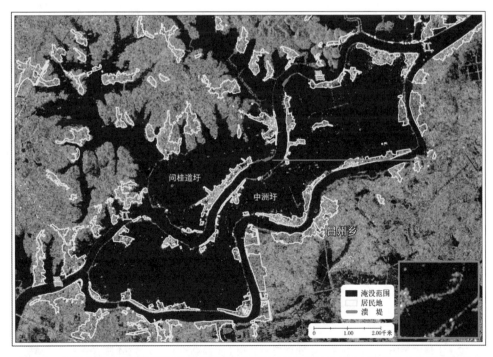

图 10　上饶市鄱阳县问桂道圩溃堤遥感监测（灾后 2020 年 7 月 14 日哨兵 1 号遥感影像）
（截至 2020 年 7 月 14 日，问桂道圩溃口已合龙）

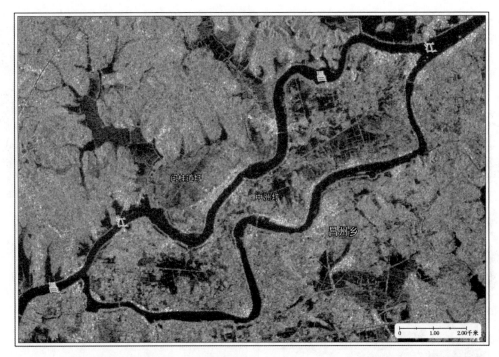

图 11　上饶市鄱阳县问桂道圩、中洲圩遥感监测（灾前 2020 年 7 月 8 日哨兵 1 号遥感影像）

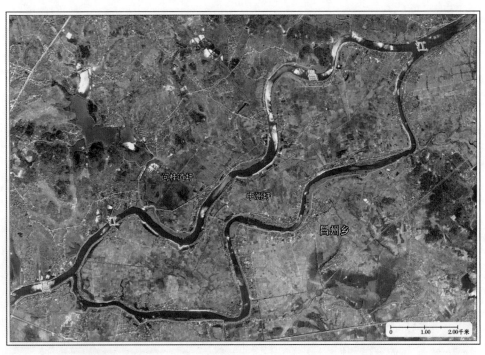

图 12　上饶市鄱阳县问桂道圩、中洲圩遥感监测（灾前 2020 年 4 月 24 日高分一号遥感影像）

湖地区水位迅速上涨。7月6日开始的洪涝灾害已造成上饶、南昌、景德镇、九江等10个设区市和赣江新区共99个县（市、区，含功能区）受灾。

灾害发生后，利用高分一号、高分三号、哨兵1号遥感影像，迅速开展遥感数据获取、灾情应急监测与评估工作（见图13）。

经统计分析，监测范围内洪水淹没面积约2712.01平方千米。其中，城乡、工矿、居民用地淹没面积84.01平方千米，耕地淹没面积1890.03平方千米，林地淹没面积156.36平方千米，草地淹没面积68.19平方千米。各县（区、市）具体受淹面积统计见表2。

表2 灾情统计

单位：平方千米

区县	淹没范围	耕地	林地	草地	城乡、工矿、居民用地	未利用土地
东湖区	0.50				0.50	
西湖区	0.82	0.02		0.43	0.37	
青云谱区	0.41	0.12			0.29	
青山湖区	11.16	7.51	0.53		3.11	
南昌县	435.87	366.51	1.64	0.36	15.75	51.61
新建县	494.20	254.24	7.56	5.13	5.56	221.71
进贤县	176.08	112.41	14.29	2.63	3.30	43.45
庐山区	22.41	16.44	1.29	0.18	2.22	2.29
九江县	30.87	22.43	2.64	2.77	2.89	0.14
永修县	243.35	154.20	24.02	9.21	4.72	51.19
德安县	6.03	2.80	3.00	0.03	0.20	
星子县	28.01	20.81	3.62	1.39	1.57	0.63
都昌县	199.48	104.33	19.01	10.30	6.11	59.72
湖口县	38.45	30.43	4.17	0.69	2.92	0.23
彭泽县	114.49	67.28	11.01	7.51	4.18	24.50
共青城市	30.85	17.82	3.32	1.63	1.35	6.73
余干县	276.06	203.36	14.46	8.52	6.85	42.88
鄱阳县	527.14	450.71	32.73	16.10	19.25	8.34
万年县	75.85	58.59	13.07	1.31	2.88	
合计	2712.01	1890.03	156.36	68.19	84.01	513.41

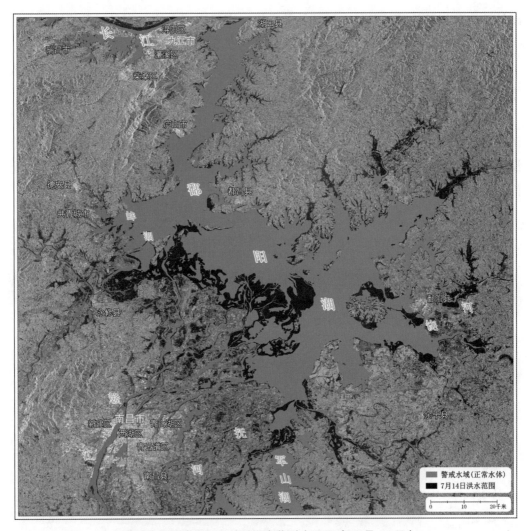

图 13　江西省鄱阳湖地区洪水监测（2020 年 7 月 14 日）

5.2.5　2020年8月17日甘肃陇南文县石鸡坝镇泥石流灾害应急遥感监测

2020 年 8 月 17 日，甘肃省白龙江支流白水江发生洪水，8 月 17 日 17 时白水江尚德水文站实测洪峰流量为 2250 立方米每秒。

2020 年 8 月 17 日 15 时至 16 时，陇南市文县石鸡坝镇上坝村水磨沟发生泥石流，形成堰塞湖，白水江水位快速上涨，周边村庄 300 余户房屋被淹，40000 余人紧急转移疏散。

灾害发生后，利用高分一号遥感影像，迅速开展遥感数据获取、灾情应急监测与评估（见图 14~15）。

图 14　甘肃陇南文县石鸡坝镇上坝村水磨沟泥石流灾害遥感监测（灾后 2020 年 8 月 19 日高分一号遥感影像）

图 15　甘肃陇南文县石鸡坝镇上坝村水磨沟泥石流灾害遥感监测（灾前 2020 年 7 月 17 日高分一号遥感影像）

233

监测结果表明:

持续多日强降雨导致石鸡坝镇上坝村水磨沟发生泥石流。泥石土方冲入白水江中淤积,形成堰塞湖,导致白水江水位快速上涨,淹没周边村庄、农田及工矿设施,境内多处道路阻断、房屋倒塌。

参考文献

[1] 应急管理部、国家减灾委办公室发布《2020 年全国自然灾害基本情况》。

[2] 应急管理部、国家减灾委办公室发布《2019 年全国自然灾害基本情况》。

[3] 应急管理部、国家减灾委办公室发布《2018 年全国自然灾害基本情况》。

[4] 民政部、国家减灾办发布的《2016 年全国自然灾害基本情况》。

[5] 民政部、国家减灾办发布的《2017 年全国自然灾害基本情况》。

[6] 《国家民用空间基础设施中长期发展规划(2015~2025 年)》(发改高技〔2015〕2429 号)。

G. 6
中国细颗粒物浓度卫星遥感监测

6.1 2019年中国细颗粒物浓度卫星遥感监测

6.1.1 2019年全国陆地上空细颗粒物浓度分布

本报告结论的数据支撑来自 MODIS 气溶胶光学厚度产品以及生态环境部地面 PM2.5 浓度观测站点的实测数据。通过计算气溶胶光学厚度产品与 PM2.5 实测数据的相关性，并结合相对湿度、大气边界层高度等气象数据，本报告实现了对 2019 年中国区域 PM2.5 年平均浓度的估算。同时，本报告结合该数据完成了对 2019 年中国空气污染空间分布特性的定量化分析。

由图 1、图 2 可知，2019 年中国的整体空气质量等级为优，PM2.5 年平均浓度为 29.55 μg/m³。我国国土覆盖面积 71.96% 的区域空气质量等级为优，其中我国的西部、南部与内蒙古地区的多数区域空气质量等级为优，其空气质量情况整体较好。此外，我国国土覆盖面积 4.05% 的区域遭受了空气污染，其中华北平原地区和新疆塔克拉玛干沙漠地区为我国空气污染较为严重的区域。华北平原地区特殊的地理条件使得大气扩散能力不足，外部污染物堆积，本地污染又不易扩散，易发生空气污染事件。同时，新疆塔克拉玛干沙漠严重的粉尘污染也大大提高了当地的 PM2.5 年平均浓度。

6.1.2 2019年重点城市群细颗粒物浓度分布

6.1.2.1 中原城市群

2019 年中原城市群有近 99.98% 的区域空气质量等级达到良及以上，其 PM2.5 年平均浓度为 55.49 μg/m³（见图 3、图 4）。中原城市群的空气污染情况整体呈现"北高南低、中心高东西低"态势，高密集人口压力带来的燃煤排放、机动车尾气、工业排放和扬尘是造成该地区空气污染问题的主要原因。

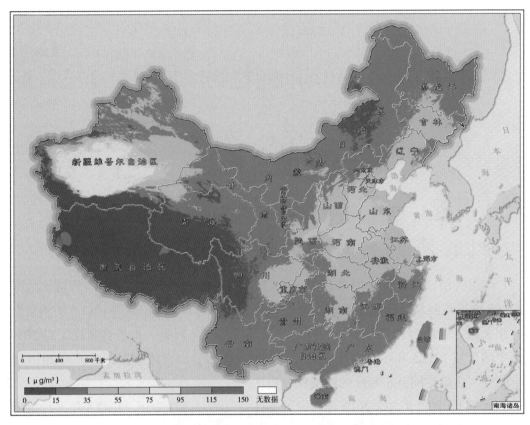

图1　2019年遥感监测中国PM2.5年平均浓度分布

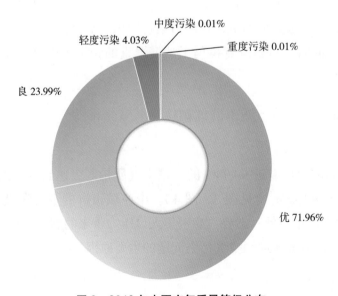

图2　2019年中国空气质量等级分布

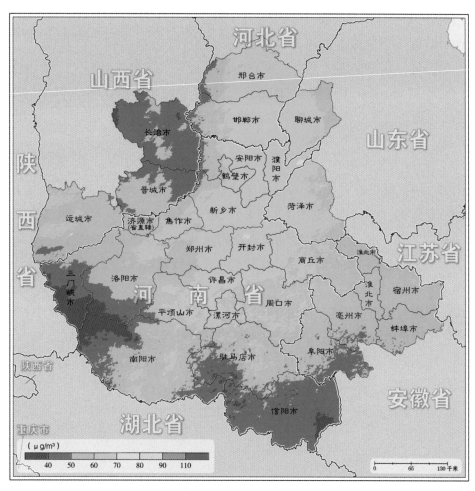

图3 2019年遥感监测中原城市群 PM2.5 年平均浓度分布

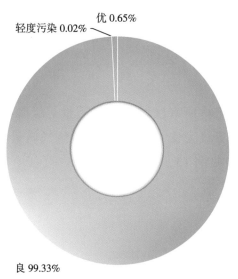

图4 2019年中原城市群空气质量等级分布

6.1.2.2　长江中游城市群

2019 年长江中游城市群所有区域的空气质量等级都达到了良及以上，其中 61.85% 的区域空气质量等级为良，38.15% 的区域空气质量等级为优，其 PM2.5 年平均浓度为 37.96 μg/m³（见图 5、图 6）。长江中游城市群的北部污染浓度高于南部，西部污染浓度高于东部，其空气污染主要受到工业生产、机动车、燃煤和扬尘的影响。

6.1.2.3　哈长城市群

2019 年哈长城市群有近 99.99% 的区域空气质量等级达到良及以上，其 PM2.5 年平均浓度为 32.37 μg/m³（见图 7、图 8）。哈长城市群的空气污染情况整体呈现"南高北低"态势，由于冬季供暖的高强度需求及重工业产业的密集，冬季采暖燃煤燃烧生物质燃烧、以及石油开采产生的废气是导致该地区空气污染的重要因素。

6.1.2.4　成渝城市群

2019 年成渝城市群所有区域的空气质量等级都能达到良及以上，其中 63.47% 的区域空气质量等级为良，36.53% 的区域空气质量等级为优，其 PM2.5 年平均浓度为 34.37 μg/m³（见图 9、图 10）。成渝城市群的空气污染主要受移动源与地形因素的影响：一方面，该地区降水较多、相对湿度较高，污染物因细颗粒物吸湿膨胀的特点而大量聚集；另一方面，四川盆地的地形不利于污染物的扩散，导致 PM2.5 多集中在盆地区域。

6.1.2.5　关中城市群

2019 年关中城市群所有区域的空气质量等级都达到了良及以上，其中 58.13% 的区域空气质量等级为良，41.87% 的区域空气质量等级为优，其 PM2.5 年平均浓度为 40.24 μg/m³（见图 11、图 12）。关中城市群也聚集有大量工业企业，所以其空气污染源主要包括：化石燃料燃烧、汽车尾气、工地和马路扬尘以及其他工业企业的排放。

6.1.2.6　山东半岛城市群

2019 年山东半岛城市群所有区域的空气质量等级都能达到良及以上，其中 97.93% 的区域空气质量等级为良，2.07% 的区域空气质量等级为优，其 PM2.5 年平均浓度为 48.95 μg/m³（见图 13、图 14）。

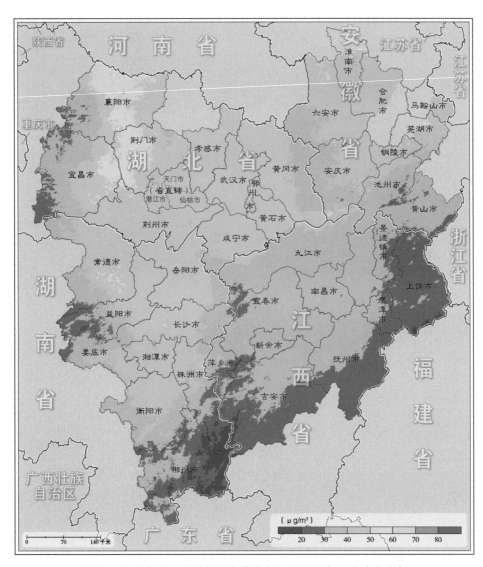

图 5　2019 年遥感监测长江中游城市群 PM2.5 年平均浓度分布

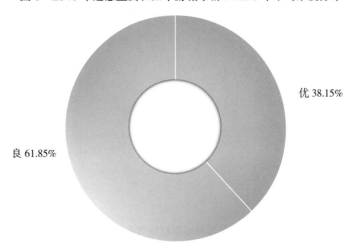

优 38.15%

良 61.85%

图 6　2019 年长江中游城市群空气质量等级分布

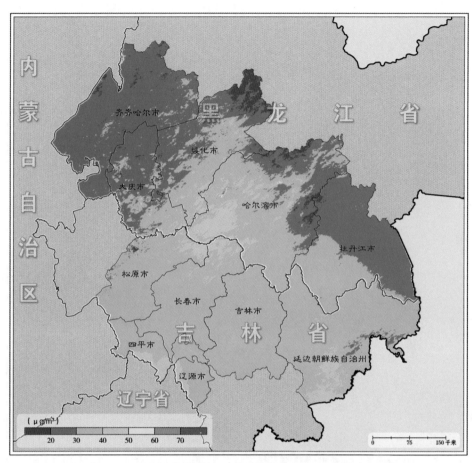

图7　2019年遥感监测哈长城市群PM2.5年平均浓度分布

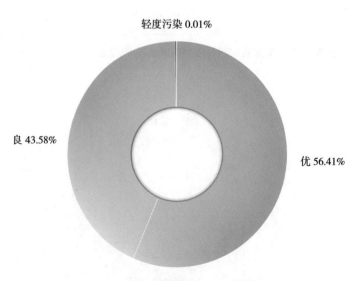

图8　2019年哈长城市群空气质量等级分布

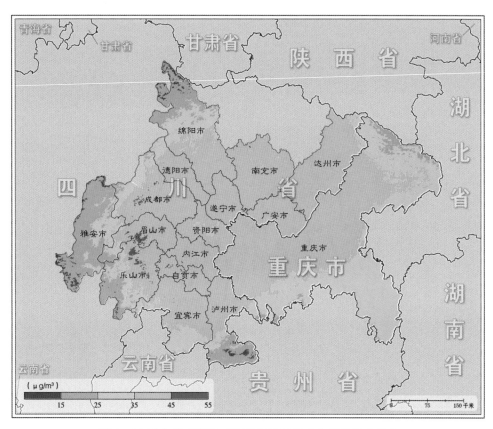

图9　2019年遥感监测成渝城市群PM2.5年平均浓度分布

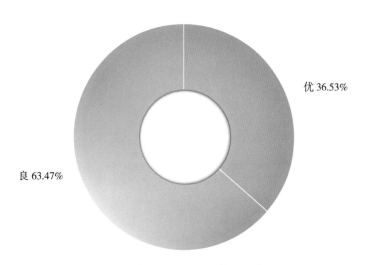

优 36.53%

良 63.47%

图10　2019年成渝城市群空气质量等级分布

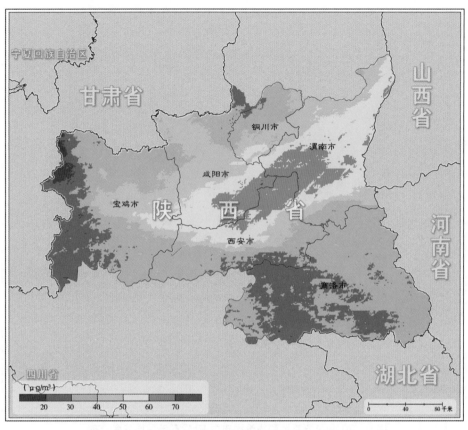

图 11　2019 年遥感监测关中城市群 PM2.5 年平均浓度分布

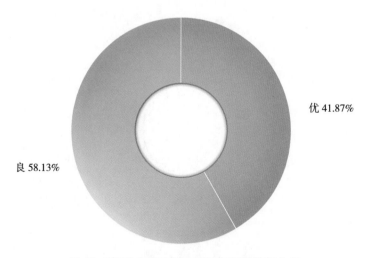

优 41.87%

良 58.13%

图 12　2019 年关中城市群空气质量等级分布

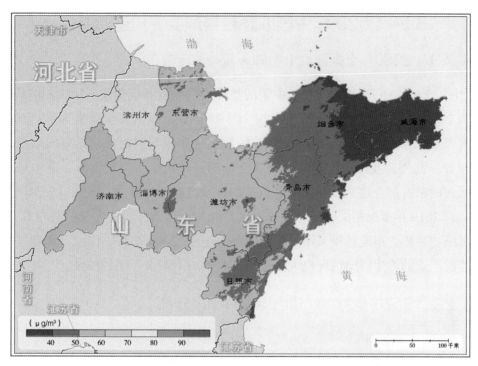

图 13　2019 年遥感监测山东半岛城市群 PM2.5 年平均浓度分布

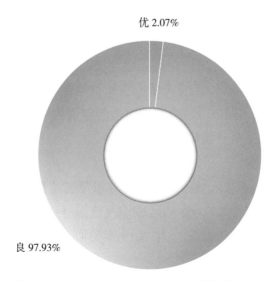

图 14　2019 年山东半岛城市群空气质量等级分布

243

6.2　2020年中国细颗粒物浓度卫星遥感监测

6.2.1　2020年全国陆地上空细颗粒物浓度分布

由图15、图16可知，2020年中国的整体空气质量等级为优，PM2.5年平均浓度约为28.66 μg/m³。我国国土覆盖面积71.45%的区域空气质量等级为优，其中我国的西部、南部与东南沿海地区的多数区域空气质量等级为优，其空气质量情况整体较好。此外，我国国土覆盖面积3.65%的区域遭受了空气污染，其中华北平原地区、内蒙古部分地区以及新疆塔克拉玛干沙漠地区为我国空气污染较为严重的区域。与2019年情况相同，华北平原地区特殊的地理条件使得大气扩散能力不足，外部污染物堆积，本地污染又不易扩散，易发生空气污染事件。同时，新疆塔克拉玛干沙漠严重的粉尘污染情况也大大提高了当地的PM2.5年平均浓度。

6.2.2　2020年重点城市群细颗粒物浓度分布

6.2.2.1　中原城市群

2020年中原城市群有99.72%的区域空气质量等级达到良及以上，其PM2.5年平均浓度为50.07 μg/m³（见图17、图18）。中原城市群的空气污染情况整体呈现"北高南低、东高西低"态势，主要的空气污染原因见2019年。

6.2.2.2　长江中游城市群

2020年长江中游城市群所有区域的空气质量等级都达到了良及以上，其中61.10%的区域空气质量等级为优，38.90%的区域空气质量等级为良，其PM2.5年平均浓度为32.80 μg/m³（见图19、图20）。长江中游城市群的空气污染情况整体呈现"西北高、东南低"态势，主要的空气污染原因与2019年类似。

6.2.2.3　哈长城市群

2020年哈长城市群所有区域的空气质量等级都达到良及以上，其中52.48%的区域空气质量等级为优，47.52%的区域空气质量等级为良，其PM2.5年平均浓度为33.68 μg/m³（见图21、图22）。哈长城市群的空气污染情况整体呈现"中部高、东西低"态势，主要的空气污染原因见2019年。

6.2.2.4　成渝城市群

2020年成渝城市群所有区域的空气质量等级都能达到良及以上，其中72.91%的区域空气质量等级为良，27.09%的区域空气质量等级为优，其PM2.5年平均浓度为31.00 μg/m³（见图23、图24）。与2019年类似，成渝城市群的空气污染主要受移动源与地形因素的影响。

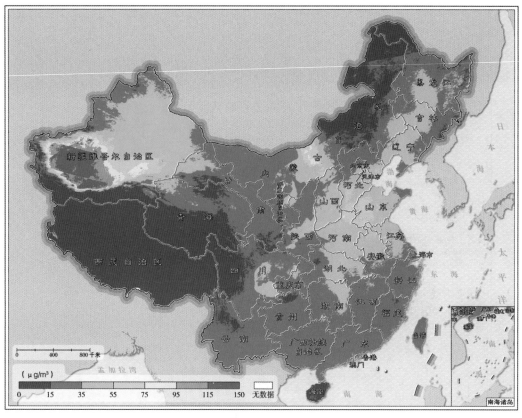

图 15　2020 年遥感监测中国 PM2.5 年平均浓度分布

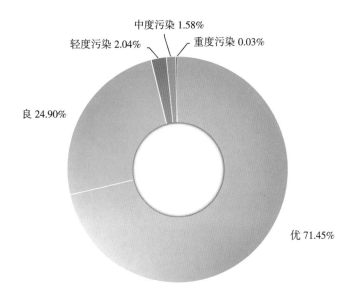

图 16　2020 年中国空气质量等级分布

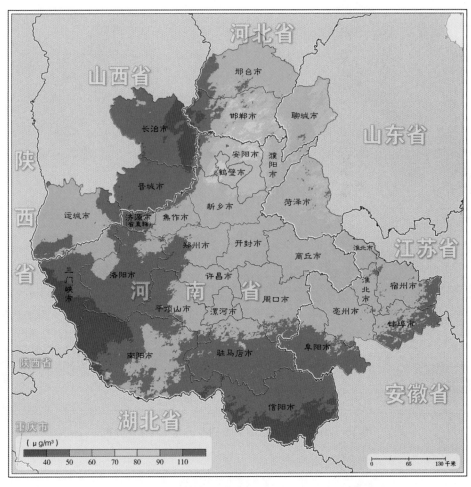

图 17　2020 年遥感监测中原城市群 PM2.5 年平均浓度分布

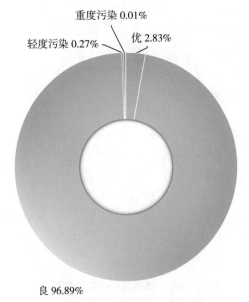

图 18　2020 年中原城市群空气质量等级分布

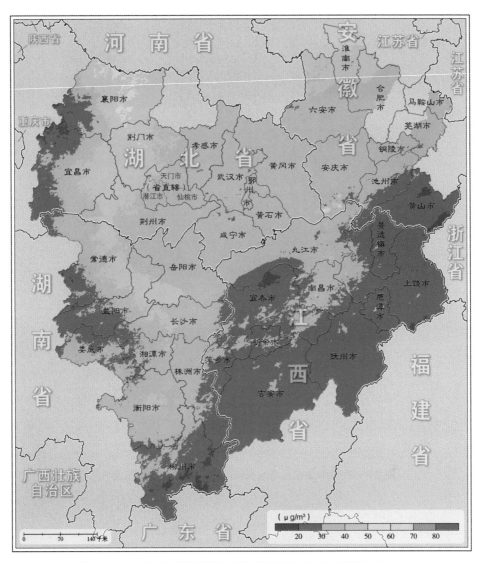

图 19　2020 年遥感监测长江中游城市群 PM2.5 年平均浓度分布

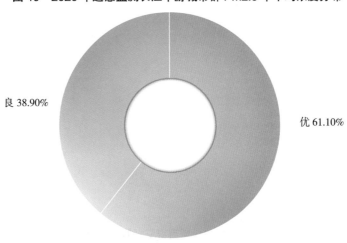

良 38.90%　　　　　　　　　　优 61.10%

图 20　2020 年长江中游城市群空气质量等级分布

247

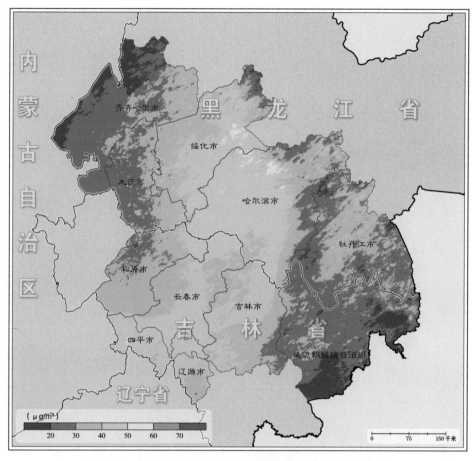

图21　2020年遥感监测哈长城市群PM2.5年平均浓度分布

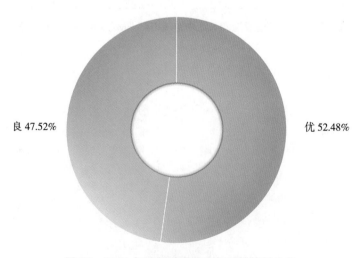

图22　2020年哈长城市群空气质量等级分布

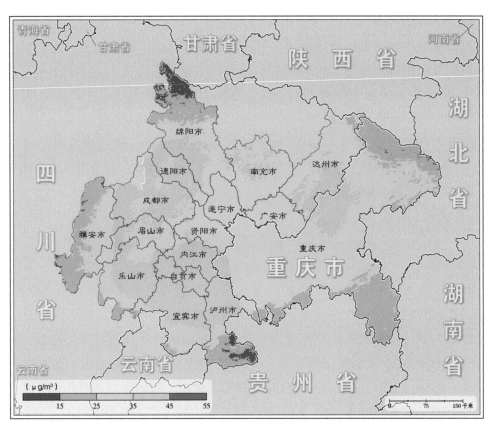

图 23　2020 年遥感监测成渝城市群 PM2.5 年平均浓度分布

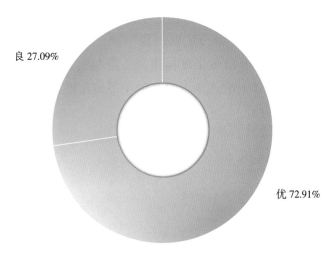

图 24　2020 年成渝城市群空气质量等级分布

6.2.2.5 关中城市群

2020年关中城市群所有区域的空气质量等级都达到了良及以上，其中50.01%的区域空气质量等级为良，49.99%的区域空气质量等级为优，其PM2.5年平均浓度为35.96 μg/m³（见图25、图26），空气污染原因见2019年。

6.2.2.6 山东半岛城市群

2020年山东半岛城市群有99.82%的区域空气质量等级达到良及以上，其PM2.5年平均浓度为43.11 μg/m³（见图27、图28）。威海市、烟台市、青岛市等沿海区域的空气质量等级达到优。

6.3 2016~2020年中国细颗粒物浓度变化分析

我国治理大气污染的步伐自2012年底全国灰霾污染事件频发以来逐渐加快，《大气污染防治行动计划》《生态环境监测网络建设方案》《打赢蓝天保卫战三年行动计划》等一系列政策法规相继出台，此后我国的空气质量状况不断改善。与2016年相比，2020年全国细颗粒物年平均浓度下降了15.24 μg/m³，变化率达到34.73%。此外，相较于2016年，2020年PM2.5浓度下降的区域占我国国土覆盖面积的86.61%。在重点城市群中，成渝城市群及关中城市群下降幅度最大，分别下降了41.81%及41.77%。所有城市群中2016年PM2.5浓度最高的中原城市群，2020年相比2016年下降了29.92%（见图29、图30）。

6.4 2019~2020年中国细颗粒物浓度变化分析

与2019年相比，2020年全国细颗粒物年平均浓度下降了0.89 μg/m³。相较于2019年，2020年PM2.5浓度下降的区域占我国国土覆盖面积的65.99%。在重点城市群中，长江中游城市群及山东半岛城市群下降幅度最大，分别下降了14%及12%。所有城市群中2019年PM2.5浓度最高的中原城市群，2020年相比2019年下降了10%（见图31、图32）。

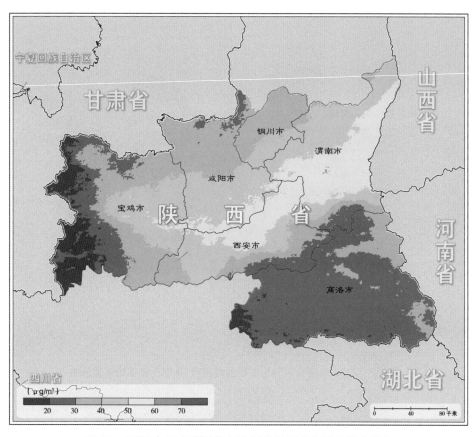

图 25 2020 年遥感监测关中城市群 PM2.5 年平均浓度分布

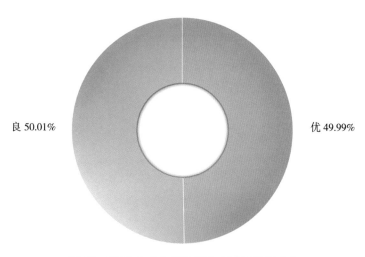

良 50.01%   优 49.99%

图 26 2020 年关中城市群空气质量等级分布

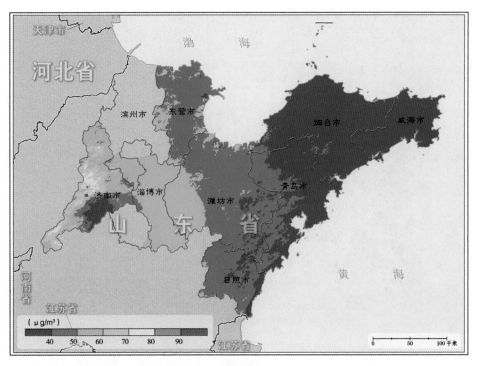

图 27　2020 年遥感监测山东半岛城市群 PM2.5 年平均浓度分布

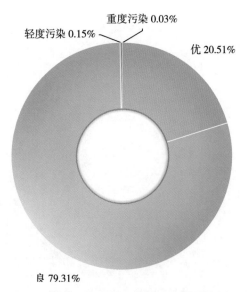

图 28　2020 年山东半岛城市群空气质量等级分布

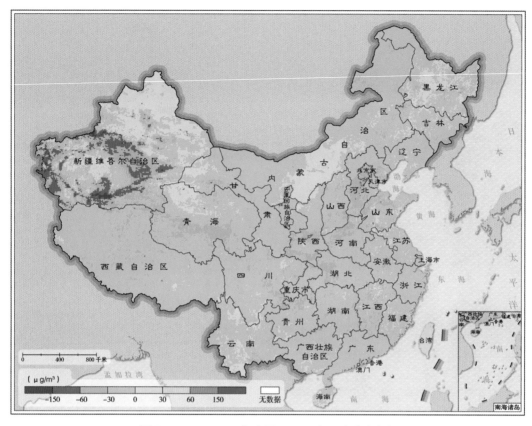

图29 2016~2020年中国PM2.5年平均浓度变化

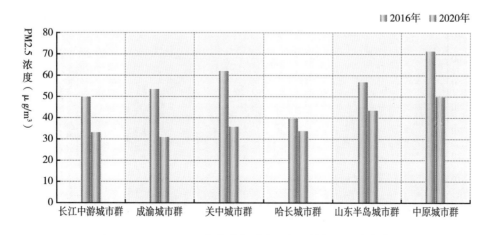

图30 2016~2020年中国各城市群细颗粒物平均浓度变化

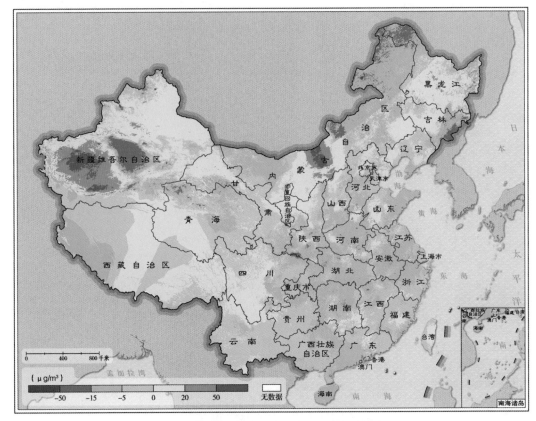

图31　2019~2020年中国PM2.5年平均浓度变化

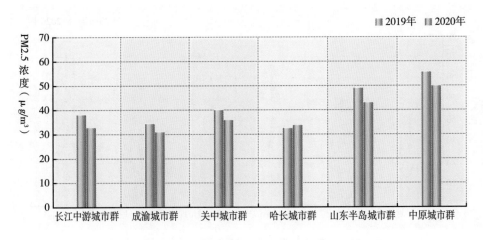

图32　2019~2020年中国各城市群细颗粒物平均浓度变化

中国主要污染气体和秸秆焚烧遥感监测

7.1 大气NO$_2$遥感监测

NO$_2$是影响人类健康和生态系统的重要大气污染物，在污染热点地区，工业生产、发电、运输、生物质燃烧等过程都会在边界层中产生大量NO$_2$。在对流层中，NO$_2$是挥发性有机化合物存在区臭氧的前体物，同时也是通过气粒转化形成二次气溶胶的前体物。在平流层中，NO$_2$与卤素化合物反应和臭氧破坏密切相关。利用卫星遥感技术监测大气NO$_2$，一方面可以研究和分析它们的生消规律、分布特征、扩散和传输特点，另一方面可以为污染物排放政策的制定和污染治理方案的制订提供决策依据。

7.1.1 2016年和2020年中国NO$_2$柱浓度监测

NO$_2$卫星监测的主要窗口是405~465 nm的大气吸收窗口。在晴朗大气条件下，NO$_2$的卫星遥感反演利用差分光学吸收光谱反演算法（DOAS），可以比较好地获得大气NO$_2$的对流层柱浓度。臭氧监测仪（Ozone Monitoring Instrument，OMI）由荷兰、芬兰和美国国家航空航天局（National Aeronautics and Space Administration，NASA）联合制造，可以获得污染气体如NO$_2$、SO$_2$分布的监测结果。OMI穿越赤道的当地时间为13：40到13：50，观测周期为每日全球覆盖。由于OMI具有较高的光谱分辨率、空间分辨率、时间分辨率和信噪比等优点，被广泛应用于污染气体的动态实时监测及空气质量预报等方面。基于AURA/OMI卫星数据，对中国地区大气中的NO$_2$进行监测，2016年和2020年，中国大气NO$_2$柱浓度遥感监测详细情况见图1和图2。

中国大气NO$_2$柱浓度的高值区主要集中在京津冀地区、长江三角洲地区和珠江三角洲地区，其次是河南北部、山东西部、新疆乌鲁木齐和陕西西安等地也存在不同程度的NO$_2$柱浓度高值区（见图1）。NO$_2$柱浓度的高低，与当地的机动车数量、煤炭消耗等工业活动强度、气象条件、本地地形等因素密切相关，在一定程

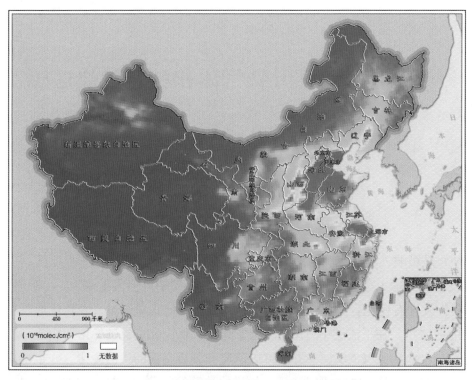

图1　2016年卫星遥感监测中国大气 NO₂ 柱浓度分布

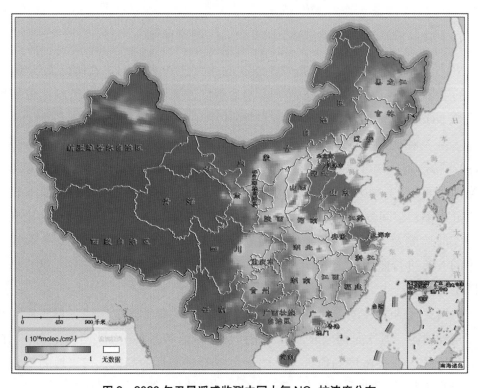

图2　2020年卫星遥感监测中国大气 NO₂ 柱浓度分布

度上可以反映当地的工业排放量。2016 年和 2020 年全国 NO_2 柱浓度年均值分别为 2.20×10^{15} molec./cm^2 和 2.15×10^{15} molec./cm^2，无显著变化。

7.1.2 2016年和2020年重点地区NO$_2$柱浓度监测

2019 年 12 月起，全球开始爆发新型冠状病毒（COVID–19）疫情。为切断病毒传播途径，中国政府在 2020 年 2 月采取了包括居家办公、严禁大规模集会、延长春节假期、停工停产、关停所有跨省巴士服务等最严厉的防控措施。图 3~7 分别为 "2+26 城市"、长三角、珠三角、汾渭地区和成渝地区 2020 年 2 月和 2016 年同期大气 NO_2 柱浓度分布情况。虽然中国地区 2020 年年均大气 NO_2 柱浓度结果与 2016 年基本持平，但受各地区严格的防疫政策影响，交通和工业排放得到极大控制，除珠三角地区 2020 年 2 月 NO_2 柱浓度较 2016 年同期有所增加外，"2+26 城市"、长三角、汾渭地区和成渝地区 2020 年 2 月 NO_2 柱浓度分别较 2016 年同期降低 36.69%、44.64%、26.98% 和 22.04%。其中，在 "2+26" 城市地区，石家庄、邢台、邯郸、淄博、滨州、济南等市 2020 年 2 月 NO_2 柱浓度较 2016 年 2 月显著较低，唐山市则出现一定程度的上升；在长三角地区，NO_2 柱浓度降低区域主要位于江苏北部和沿长三角经济带周边地区；在汾渭地区，2020 年 2 月临汾、晋中和洛阳等地的高值区得到了有效控制；在成渝地区，成都和重庆两个高值中心也出现了不同程度的减少。

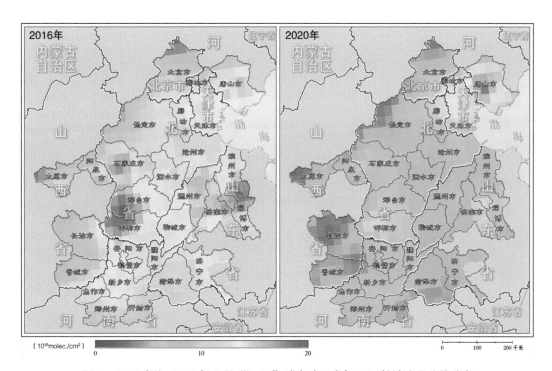

图 3　2016 年和 2020 年 2 月 "2+26" 城市地区大气 NO$_2$ 柱浓度月均值分布

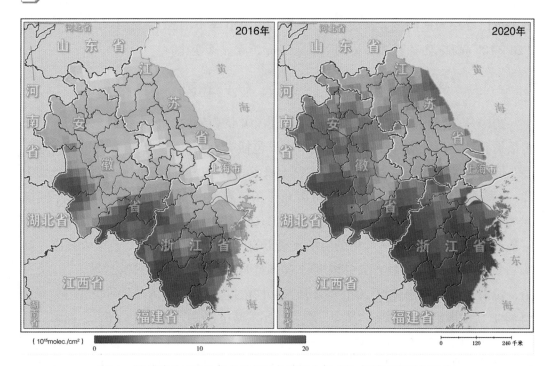

图4　2016年和2020年2月长三角地区大气NO₂柱浓度月均值分布

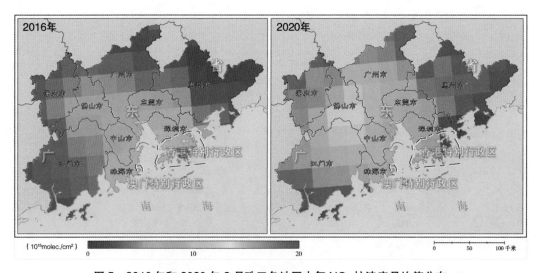

图5　2016年和2020年2月珠三角地区大气NO₂柱浓度月均值分布

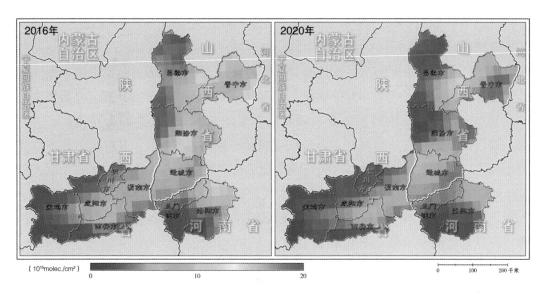

图 6 2016 年和 2020 年 2 月汾渭地区大气 NO_2 柱浓度月均值分布

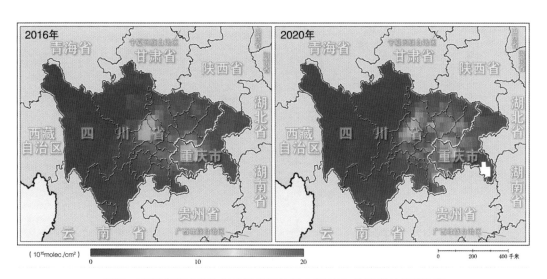

图 7 2016 年和 2020 年 2 月成渝地区大气 NO_2 柱浓度月均值分布

7.2 大气SO₂遥感监测

大气 SO_2 是最常见的硫氧化物，是一种对城市区域大气污染具有重要影响的污染物。大气中 SO_2 浓度的时空变化及其气粒转换过程对全球辐射能量平衡和人体健康产生重大影响。大气中 SO_2 排放源主要有自然源（含硫矿石的分解、浮游植物产生的硫酸二甲酯、火山喷发以及非喷发期岩浆挥发等）和人为源（含硫矿石的冶炼，煤、油、天然气的燃烧，工业废气和机动车辆的排气等）。卫星遥感技术以其覆盖面广、周期观测能力强、空间连续等优势被广泛应用于城市群与区域尺度大气 SO_2 污染气体的监测，可同时获得区域大气污染分布情况，弥补地面站点监测在空间尺度上的不足，被广泛应用于城市群与区域尺度污染气体的监测，便于对大气污染进行动态监测和预报（见图 8）。

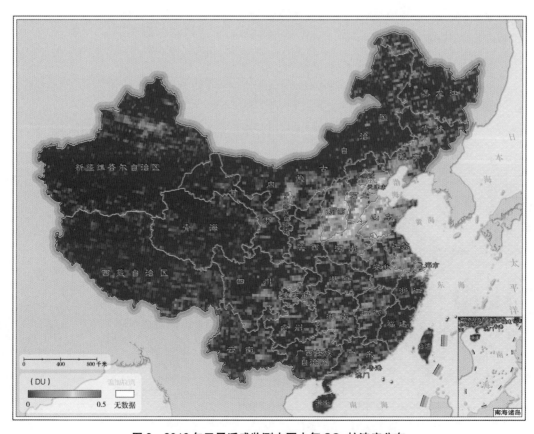

图 8　2016 年卫星遥感监测中国大气 SO₂ 柱浓度分布

7.2.1　2016年和2020年中国SO₂柱浓度监测

基于卫星反射光谱，SO_2 污染气体的 DOAS 算法主要利用紫外 312~327nm 窗口或以其为中心的扩展窗口的高光谱探测量。基于 AURA/OMI 卫星数据，对中国地区大气中的 SO_2 进行监测，2016 年和 2020 年，中国地区大气 SO_2 柱浓度遥感监测详细情况见图 8 和图 9。中国地区 2016 年我国大气 SO_2 柱浓度高值区主要位于山西省中部和南部、河北省西南部、河南省北部和山东省北部等地区。虽然 2016 年和 2020 年大气 SO_2 柱浓度年均值基本持平，但 2020 年 SO_2 柱浓度高值区基本已经消除，重点地区 SO_2 排放得到了非常有效的控制。

7.2.2　2016年和2020年重点地区SO₂柱浓度监测

2020 年 "2+26" 城市、长三角、珠三角、汾渭地区和成渝地区 2020 年 SO_2 柱浓度年均值分别为 0.098、0.063、0.081、0.069 和 0.046DU（见图 10~14）。由于

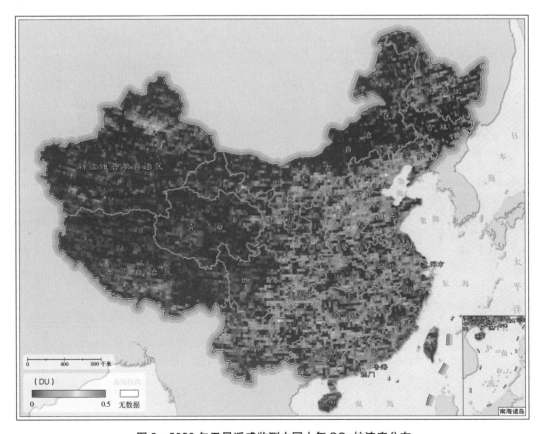

图9　2020年卫星遥感监测中国大气 SO₂ 柱浓度分布

"十二五"期间，我国将大气 SO_2 作为主要污染物减排总量控制的约束性指标，并在 SO_2 减排方面取得了显著成效。因此，"十三五"期间，我国大部分地区大气 SO_2 柱浓度水平普遍较低，且无明显波动，如长三角、珠三角和成渝地区。同时，随着"十三五"期间进一步的污染防控措施实施，作为我国煤炭能源消耗占比较高、SO_2 污染问题突出的汾渭地区和"2+26"城市地区，2020 年大气 SO_2 柱浓度分别较 2016 年降低 56.75% 和 53.93%。其中，大气 SO_2 大幅降低区域在"2+26"城市地区主要集中在"石家庄—邢台—邯郸—安阳—新乡—焦作"一带以及淄博、济南、滨州和唐山地区，汾渭地区则主要集中在临汾、吕梁和渭南市。

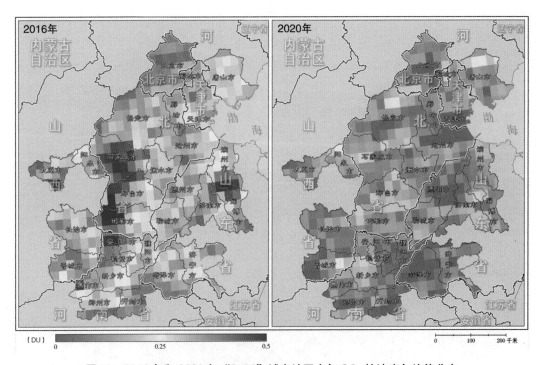

图 10　2016 年和 2020 年"2+26"城市地区大气 SO_2 柱浓度年均值分布

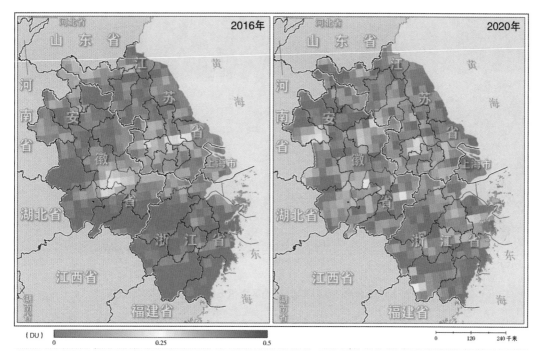

图 11 2016 年和 2020 年长三角地区大气 SO$_2$ 柱浓度年均值分布

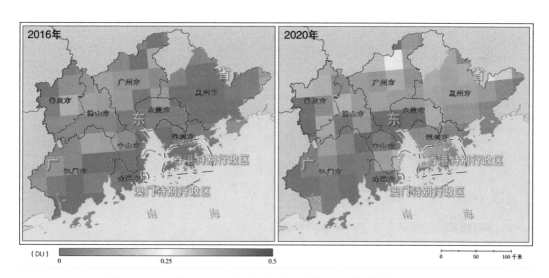

图 12 2016 年和 2020 年珠三角地区大气 SO$_2$ 柱浓度年均值分布

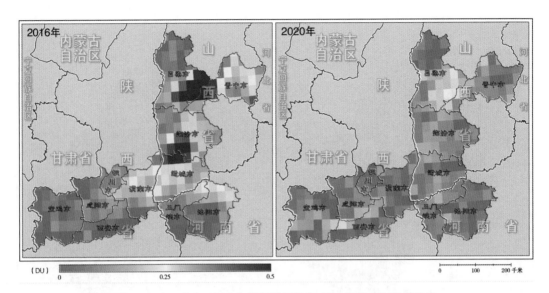

图 13　2016 年和 2020 年汾渭地区大气 SO₂ 柱浓度年均值分布

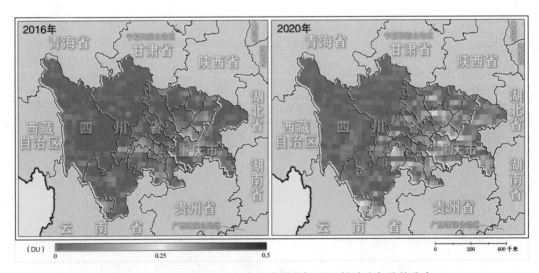

图 14　2016 年和 2020 年成渝地区大气 SO₂ 柱浓度年均值分布

7.3 秸秆焚烧遥感监测

秸秆焚烧活动作为我国露天生物质燃烧的主要形式之一，会产生大量颗粒物和气态污染物（如 PM2.5、NO_x、CO 等），从而影响空气质量和大气化学过程。我国农村秸秆每年产生量约 10 亿吨以上，其中以作物秸秆（包括稻草、玉米秸秆、豆类和杂粮作物秸秆等）产生数量最大。虽然国家出台了一系列农作物秸秆综合利用和禁烧政策，但由于种种原因，很多地区仍然存在秸秆就地焚烧情况。近年来，秸秆焚烧导致的空气污染事件也时有发生，收获季节秸秆集中焚烧已成为区域性空气污染事件的重要原因。

7.3.1　2016年和2020年中国秸秆焚烧年度监测

基于 Terra/MODIS 和 Aqua/MODIS 数据，对 2016 年和 2020 年中国地区秸秆焚烧点进行监测，获取的 2016 年和 2020 年全国秸秆焚烧点密度分布情况见图 15 和图 16，各省份所监测到的秸秆焚烧点总量情况见表 1。2016 年和 2020 年中国地区

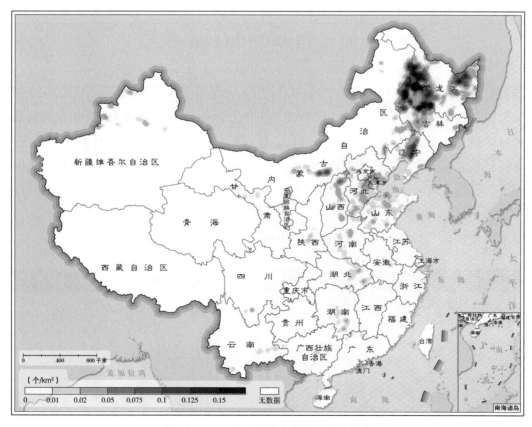

图 15　2016 年中国秸秆焚烧点密度分布

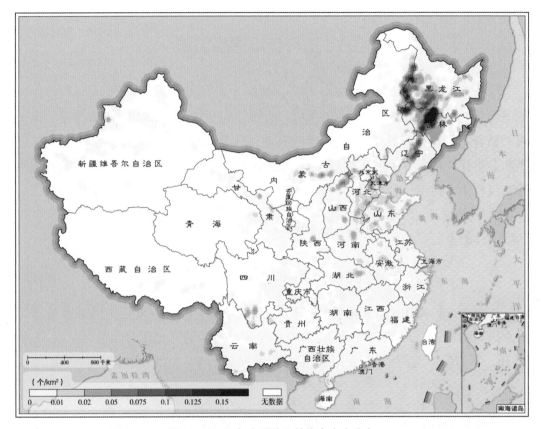

图16　2020年中国秸秆焚烧点密度分布

秸秆焚烧点总量分别为33351个和33717个，无显著变化，也进一步说明2020年新冠肺炎疫情并未对我国农业生产活动产生极大影响。由于2016~2020年我国主要种植区和农业活动模式未发生显著变化，重点秸秆焚烧区域空间分布相对固定，主要位于东北地区的黑龙江省西南部和三江平原、吉林省西北部、辽宁省中部以及内蒙古、山西、河南、河北和山东部分地区。

表1　2016年和2020年各省份秸秆焚烧点总量

单位：个

省份	2016年	2020年
安徽省	468	724
北京市	152	12
福建省	191	145
甘肃省	403	476
广东省	466	436

续表

省份	2016 年	2020 年
广西壮族自治区	611	880
贵州省	329	311
海南省	84	148
河北省	1616	1498
河南省	1000	1018
黑龙江省	11724	6366
湖北省	928	575
湖南省	695	366
吉林省	2259	8753
江苏省	564	461
江西省	547	303
辽宁省	2139	2037
内蒙古自治区	2888	3423
宁夏回族自治区	212	63
青海省	13	97
山东省	1557	1551
山西省	1151	1223
陕西省	379	350
上海市	42	10
四川省	437	809
天津市	272	183
西藏自治区	9	19
新疆维吾尔自治区	741	449
云南省	843	777
浙江省	427	175
重庆市	202	79
总计	33352	33717

7.3.2 2016年和2020年东北地区秸秆焚烧年度监测

东北地区平原山地区分明显，平原主要有松嫩平原，位于辽西丘陵和辽东丘陵之间的辽河平原以及黑龙江省东部的三江平原，农田主要分布在三大平原之上。东北平原土壤肥沃，是我国重要的农作物生产地，也是全国秸秆焚烧严重的地区，该地区的耕作制度为一年一熟，主要农作物为春小麦、玉米、稻谷，年均产量占该地区粮食总产量的90%以上。作为秸秆焚烧重点区，2016年和2020年东北地区每年的秸秆焚烧总量占全国总量的比例分别为48.34%和50.88%。

2020年黑龙江省秸秆焚烧总量为6366个，较2016年显著降低，仅为2016年秸秆焚烧总量的54.3%，其中，齐齐哈尔市中北部地区、佳木斯市南部地区、鹤岗市东部地区、双鸭山市北部地区等秸秆禁烧控制效果最为显著（见图17）。相较于黑龙江省在严格禁烧政策下秸秆焚烧总量的大幅减少，吉林省2020年秸秆焚烧情况较为严重，秸秆焚烧总量达到8753个，约为2016年秸秆焚烧总量的4倍左右，尤其是长春市、四平市和白城市三个地区最为严重（见图17）。辽宁省2020年的

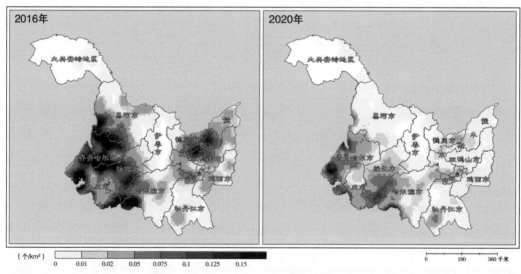

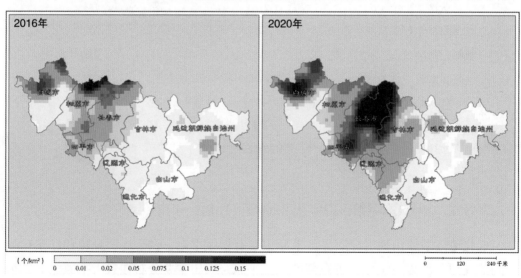

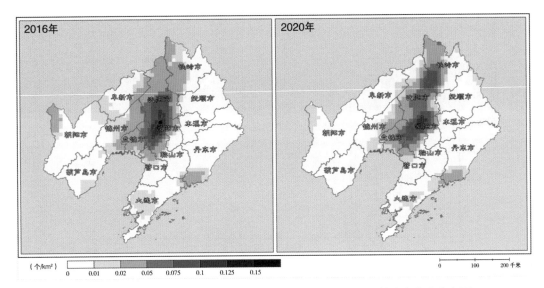

图 17 2020 年和 2016 年黑龙江省、吉林省和辽宁省秸秆焚烧点密度分布图

秸秆焚烧总量与 2016 年基本持平，无显著变化，秸秆焚烧总量均大幅低于黑龙江省和吉林省，秸秆焚烧区主要集中在辽宁省中部地区"盘锦—鞍山—辽阳—沈阳—铁岭"一带（见图 17）。

通过分析东北地区三省的秸秆焚烧月变化（见图 18），东北地区的秸秆焚烧峰期主要集中在 3 月、4 月和 10 月份，这三个月的焚烧数量达到该地区全年总量的 70% 以上。10 月份是东北地区秋季收割期，以往也是黑龙江省、吉林省和辽宁省每年秸秆焚烧的峰值期。但随着近几年越来越严格的秋季秸秆焚烧管理政策，东北地区 10 月份基本不会再出现大规模焚烧秸秆的情况，该焚烧期内的秸秆焚烧总量得到了显著控制。3 月、4 月为东北地区小麦、玉米等农作物的播种期，受秸秆综合利用率低和秋季严格禁烧政策的影响，农田里秋季未焚烧的秸秆仍会再次进行焚烧。因此，东北地区在 3 月、4 月出现第二个秸秆焚烧峰值期，且近几年春季焚烧期的秸秆焚烧总量要远超过秋季焚烧期，其中，2016 年和 2020 年秸秆焚烧总量占比分别为全国同期总量的 72.10% 和 79.33%。同时，由于春季自南向北依次进入冰雪融化期，辽宁省和吉林省的春季秸秆焚烧期一般出现在 3 月，而黑龙江则相对较晚，一般在 4 月。但由于 2020 年冰雪融化期晚于 2016 年，且受 2020 年初全国新冠肺炎疫情影响，2020 年黑龙江省和吉林省的大规模露天秸秆焚烧活动均滞后于 2016 年，焚烧峰值期出现在 4 月。

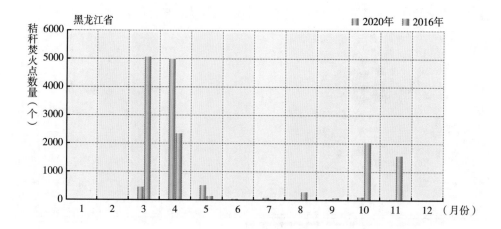

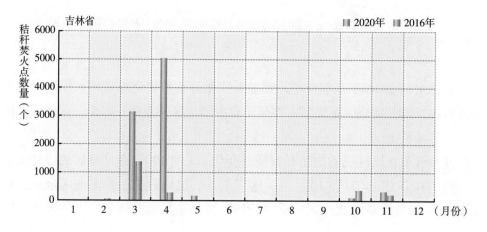

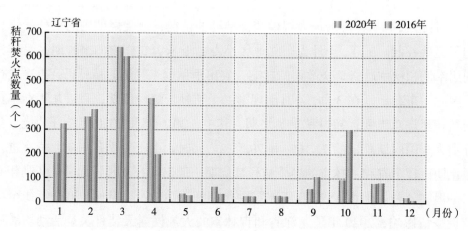

图18 2020年和2016年黑龙江省、吉林省和辽宁省秸秆焚烧点数量月变化

G. 8
中国温室气体遥感监测

8.1 大气温室气体（甲烷与二氧化碳）遥感监测

从工业革命时期开始，大气中 CO_2 浓度大幅上升。人为源排放是 CO_2 增加的最主要原因，在化石燃料燃烧过程中，CO_2 通过氧化反应产生并排放到大气中。此外，土地使用尤其在农业方面的土地改变也是造成大气中 CO_2 浓度上升的重要原因。通过冰芯钻探研究，联合国政府间气候变化专门委员会（Intergovernmental Panel on Climate Change，IPCC）第 6 次评估科学基础报告指出，目前大气中 CO_2 的浓度超过了过去 65 万年中 CO_2 的峰值浓度。至 2019 年大气中的 CO_2 达到 2 百万年的峰值；至 2019 年大气中的 CH_4 也达到了 80 万年的峰值。CO_2 从 1750 年的 278ppm 增加到 2019 年的 409.9（±0.3ppmv），增长了近乎 131.6 ± 2.9 ppm（47.3%）；CH_4 浓度从 1750 年的 729 ppm 增加到 2010 年的 1866.3（±3.3）ppb（1000ppb=1ppm（v）），增长了近乎 1137.29 ± 10 ppb（157.8%）。

虽然世界气象组织、美国国家海洋和大气管理局和美国航天局、加拿大气象局、日本国立环境研究所及中国气象局等在世界各地建立了观测 CO_2 和 CH_4 的本地站，但是地面站点所测数据受空间和时间的限制很大，难以覆盖全球范围。因此，卫星遥感对于了解全球 CO_2、CH_4 的源和汇，以及研究近年来温室气体浓度增速增加的原因有深远意义。目前，欧美和日本已经开展了多项卫星遥感近地面（可见近红外高光谱遥感）甲烷和二氧化碳工作。例如，2002 年搭载于欧空局 ENVISAT 上的和光栅光谱仪 SCIAMACHY，2009 年日本宇航组织发射的 GOSAT 卫星以及 2018 年发射的 GOSAT-2。2014 年美国 NASA 发射的 OCO-2 以及 2019 年发射的 OCO-3。2017 年欧空局发射的 Sentinel-5P 卫星。2016 年中国发射的碳卫星，2017 年发射的 FY3D 卫星，2018 年发射的高分 5 号 01 星。

本报告结论由日本 GOSAT 卫星遥感甲烷与二氧化碳产品提供数据支撑，报告分析了 2010 年至 2020 年温室气体在中国区域（陆地）的时间和空间分布，估算了中国区年平均浓度，并对全国温室气体空间分布特性进行了定性分析。

8.2 中国区遥感监测大气甲烷气体分布

IPCC 第 6 次评估科学基础报告显示，全球温室气体效应中甲烷所起作用约占 20%，仅次于 CO_2，但是甲烷单位浓度的温室效应是 CO_2 的 20 多倍，所以持续增长的甲烷含量会不断加深对气候变化的影响。甲烷含量增加自 2007 年开始，尤其是 2014 年至 2017 年，甲烷含量的增速突然增加：2014 年为（12.7±0.5ppb/year），2015 年为（10.1±0.7 ppb/year），2016 年为（7.0±0.7ppb/year），2017 年为（7.7±0.7ppb/year）（见图 1）。

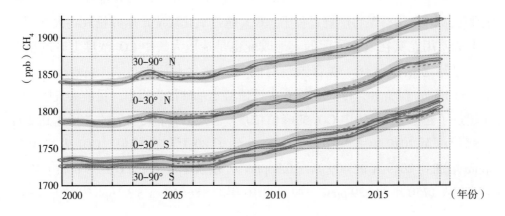

图 1　CH₄ 浓度增长时间曲线（不同纬度区域）

本节使用日本 GOSAT 卫星遥感近地面甲烷产品（使用经过地面 TCCON 站点校正的月平均数据，空间分辨率为 2.5°×2.5°），估算了中国区 2010~2020 年平均浓度。

图 1 的甲烷变化曲线与中国区的甲烷变化趋势非常相近，而且图 1 中 0~30°N 曲线，与图 2 中甲烷曲线在 2016 年都有一个增长率突变，2017 年增长率又有所降低，但 2018 年又加速增长，而且从趋势看不断加快。2010~2020 年年均增长率与 IPCC 报告中提到的（7.6±2.7ppbyr−1）相当。

2010~2020 年空间分布见图 3。

按照 IPCC 报告自上而下的统计（2008~2017 年），人类源占 62% 左右，人为源包括反刍动物肠道发酵、动物和人类垃圾、稻田、生物质燃烧、垃圾填埋场和化石燃料（如天然气、煤和石油），甲烷天然源主要包括湿地、白蚁、野生反刍动物、海洋和水合物等，地质甲烷天然源仅包括甲烷水合物且只占全球大气甲烷源的极小

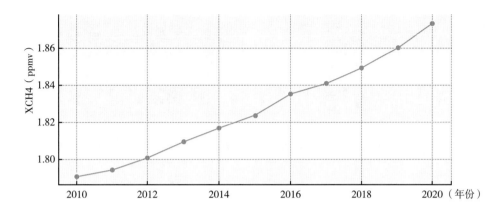

图2　2010~2020年中国区（陆地）甲烷平均柱总量

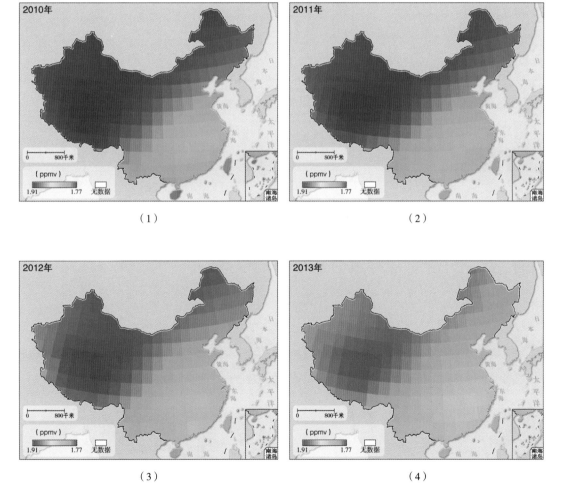

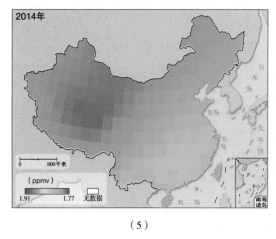

（5）

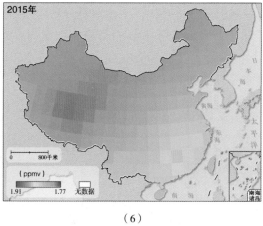

（6）

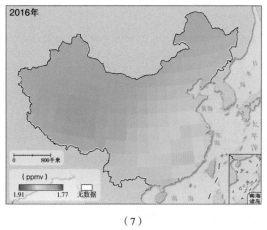

（7）

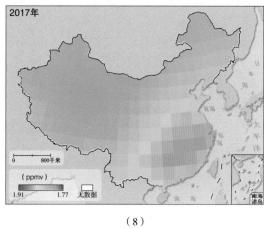

（8）

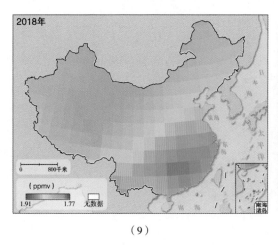

（9）

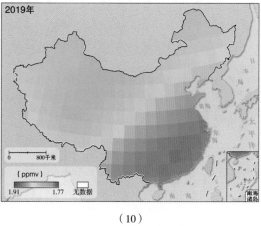

（10）

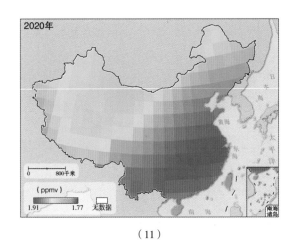

（11）

图3　2010~2020年卫星遥感监测中国大气甲烷浓度分布

部分。从图3空间分布中发现，甲烷高值区域主要集中在中国南方地区，高值和低值区域明显以胡焕庸线分开，而且2014~2017年甲烷快速增长也是长江以南区域主导。南方高值区域正是受人类活动的综合影响。中国西藏最南部的增长主要是由南亚次大陆（印度和孟加拉国）经济快速发展人类活动增加所致。

8.3　中国区遥感监测大气二氧化碳气体分布

国家主席习近平在2020年9月22日召开的联合国大会上表示："中国将提高国家自主贡献力度，采取更加有力的政策和措施，二氧化碳排放力争于2030年前达到峰值，争取在2060年前实现碳中和。"我国为全球气候变化治理提出了自己的方案。

CO_2浓度的巨大变化引起了人们对人因气候变化的关注，1960~2019年大气CO_2贡献的有效辐射强迫占63%，大气CO_2的增加也是海洋酸化的主要原因。而且二氧化碳的大气寿命是百年时间尺度。持续的CO_2浓度增加不断加深对气候变化的影响。

本节使用日本GOSAT卫星遥感近地面二氧化碳产品（使用经过地面TCCON站点校正的月平均数据，空间分辨率为$2.5° \times 2.5°$），估算了中国区2010~2020年平均浓度（见图4、图5）。

图4使用卫星遥感与地基探测的二氧化碳浓度虽然绝对量值有一定差异，但是时间变化高度一致，明显看出2015年有一个减速增长过程。与IPCC报告中提到的一致，即2020年疫情并没有减缓温室气体CO_2的排放。

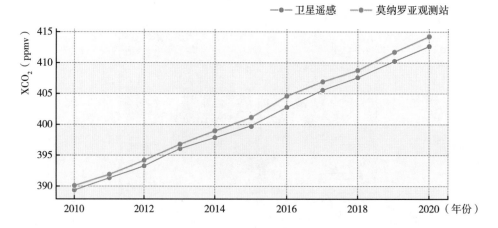

图4　2010~2020年中国区卫星遥感（陆地）二氧化碳平均柱总量与夏威夷
Mauna Loa 地基探测二氧化碳对比（地基数据参考 NOAA/GM）

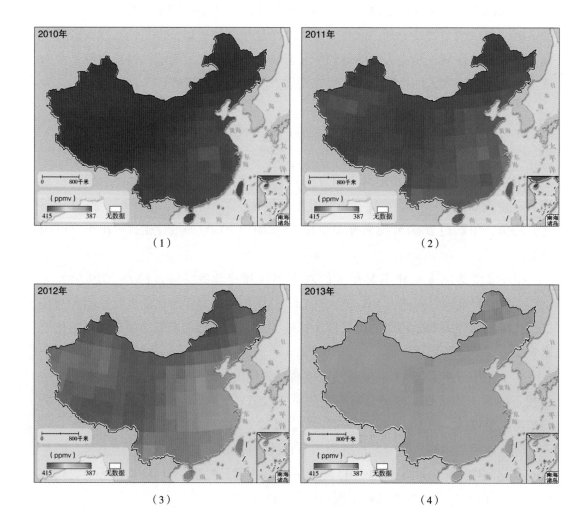

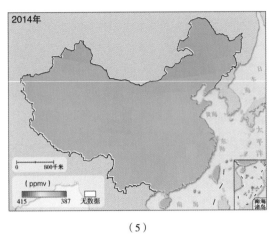

（5）

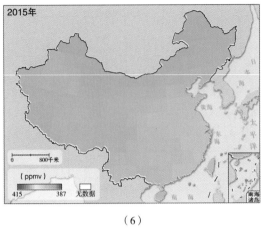

（6）

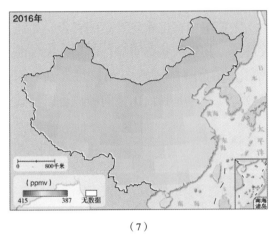

（7）

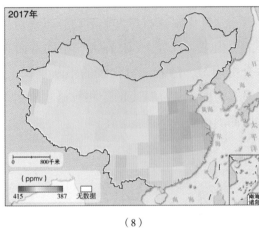

（8）

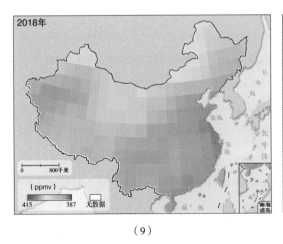

（9）

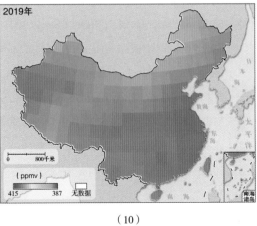

（10）

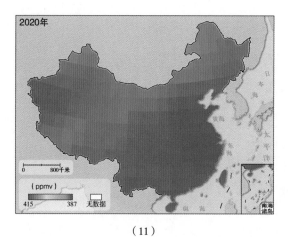

（11）

图5　2010~2020年卫星遥感监测中国大气二氧化碳浓度分布

　　二氧化碳分布与人类活动分布密切相关，主要集中在工业较发达的省份，如河北、山东、江苏。CO_2在大气中的寿命有数百年，其累积状态明显，而且与大气混合更均匀。随着二氧化碳的不断累积，二氧化碳的分布高值和低值区域区别不明显，需要更加高精度的监测数据才能识别排放源。这也是目前国家间碳核查以及碳监测亟待解决的问题。

参考文献

［1］Eggleston, H. S., 2019, Intergovernmental Panel on Climate Change, National Greenhouse Gas Inventories Programme, Chikyū Kankyō Senryaku Kenkyū Kikan (2006) 2006 IPCC guidelines for national greenhouse gas inventories.

［2］Richard P. Allan et.al., Climate Change 2021: The Physical Science Basis. Contribution of Working Group I to the sixth Assessment Report of the Intergovernmental Panel on Climate Change, 2021.

［3］Inoue M , Morino I , Uchino O., et al., Bias Corrections of GOSAT SWIR XCO_2 and XCH_4 with TCCON Data and Their Evaluation Using Aircraft Measurement Data. 2016.

［4］Nisbet, E. G., M. R. Manning, E. J. Dlugokencky, R. E. Fisher, D. Lowry, S. E. Michel, C. L. Myhre, S. M. Platt, G. Allen, and P. Bousquet, 2019, Very Strong Atmospheric Methane Growth in the 4 Years 2014‐2017: Implications for the Paris Agreement: Global Biogeochemical Cycles, v. 33, p. 318–342.

［5］Saunois, M., A. Stavert, B. Poulter, P. Bousquet, J. G. Canadell, R. B. Jackson, P. A. Raymond, E.

J. Dlugokencky, S. Houweling, and P. K. Patra, 2019, Overviews of the Last Release of the Global Methane Budget 2000–2017: What Have We Learnt about the Last 10 Years of Increasing Methane AGUFM, v. 2019, p. B23D–05.

［6］Sheng, J., R. Tunnicliffe, R. G. Prinn, A. Ganesan, M. L. Rigby, T. Scarpelli, L. Shen, S. Song, Y. Zhang, and J. D. Maasakkers, 2019, Anthropogenic Methane Emissions in China Estimated from GOSAT Satellite Observations: AGUFM, v. 2019, p. B13O–2510.

［7］Yin, Y., F. Chevallier, C. Frankenberg, P. Ciais, P. Bousquet, M. Saunois, B. Zheng, J. R. Worden, A. A. Bloom, and R. Parker, 2019, Recent Acceleration of Methane Growth Rate: Leading Contributions from Tropical Wetlands and China: AGUFM, v. 2019, p. B13O–2497.

［8］Dr. Pieter Tans, NOAA/GML (gml.noaa.gov/ccgg/trends/) and Dr. Ralph Keeling, Scripps Institution of Oceanography (scrippsco2.ucsd.edu/).

社会科学文献出版社

皮 书

智库成果出版与传播平台

❖ 皮书定义 ❖

皮书是对中国与世界发展状况和热点问题进行年度监测，以专业的角度、专家的视野和实证研究方法，针对某一领域或区域现状与发展态势展开分析和预测，具备前沿性、原创性、实证性、连续性、时效性等特点的公开出版物，由一系列权威研究报告组成。

❖ 皮书作者 ❖

皮书系列报告作者以国内外一流研究机构、知名高校等重点智库的研究人员为主，多为相关领域一流专家学者，他们的观点代表了当下学界对中国与世界的现实和未来最高水平的解读与分析。截至 2021 年底，皮书研创机构逾千家，报告作者累计超过 10 万人。

❖ 皮书荣誉 ❖

皮书作为中国社会科学院基础理论研究与应用对策研究融合发展的代表性成果，不仅是哲学社会科学工作者服务中国特色社会主义现代化建设的重要成果，更是助力中国特色新型智库建设、构建中国特色哲学社会科学"三大体系"的重要平台。皮书系列先后被列入"十二五""十三五""十四五"国家重点出版规划项目；2013~2022 年，重点皮书列入中国社会科学院国家哲学社会科学创新工程项目。

中国皮书网

（网址：www.pishu.cn）

发布皮书研创资讯，传播皮书精彩内容
引领皮书出版潮流，打造皮书服务平台

栏目设置

◆ **关于皮书**

何谓皮书、皮书分类、皮书大事记、
皮书荣誉、皮书出版第一人、皮书编辑部

◆ **最新资讯**

通知公告、新闻动态、媒体聚焦、
网站专题、视频直播、下载专区

◆ **皮书研创**

皮书规范、皮书选题、皮书出版、
皮书研究、研创团队

◆ **皮书评奖评价**

指标体系、皮书评价、皮书评奖

◆ **互动专区**

皮书说、社科数托邦、皮书微博、留言板

所获荣誉

◆ 2008 年、2011 年、2014 年，中国皮书
网均在全国新闻出版业网站荣誉评选中
获得"最具商业价值网站"称号；
◆ 2012 年，获得"出版业网站百强"称号。

网库合一

2014年，中国皮书网与皮书数据库端口
合一，实现资源共享。

权威报告·一手数据·特色资源

皮书数据库
ANNUAL REPORT(YEARBOOK)
DATABASE

分析解读当下中国发展变迁的高端智库平台

所获荣誉

- 2019年，入围国家新闻出版署数字出版精品遴选推荐计划项目
- 2016年，入选"'十三五'国家重点电子出版物出版规划骨干工程"
- 2015年，荣获"搜索中国正能量 点赞2015""创新中国科技创新奖"
- 2013年，荣获"中国出版政府奖·网络出版物奖"提名奖
- 连续多年荣获中国数字出版博览会"数字出版·优秀品牌"奖

成为会员

通过网址www.pishu.com.cn访问皮书数据库网站或下载皮书数据库APP，进行手机号码验证或邮箱验证即可成为皮书数据库会员。

会员福利

- 已注册用户购书后可免费获赠100元皮书数据库充值卡。刮开充值卡涂层获取充值密码，登录并进入"会员中心"—"在线充值"—"充值卡充值"，充值成功即可购买和查看数据库内容。
- 会员福利最终解释权归社会科学文献出版社所有。

社会科学文献出版社 皮书系列
SOCIAL SCIENCES ACADEMIC PRESS (CHINA)

卡号：824849971373
密码：

数据库服务热线：400-008-6695
数据库服务QQ：2475522410
数据库服务邮箱：database@ssap.cn
图书销售热线：010-59367070/7028
图书服务QQ：1265056568
图书服务邮箱：duzhe@ssap.cn

中国社会发展数据库（下设 12 个子库）

整合国内外中国社会发展研究成果，汇聚独家统计数据、深度分析报告，涉及社会、人口、政治、教育、法律等 12 个领域，为了解中国社会发展动态、跟踪社会核心热点、分析社会发展趋势提供一站式资源搜索和数据服务。

中国经济发展数据库（下设 12 个子库）

围绕国内外中国经济发展主题研究报告、学术资讯、基础数据等资料构建，内容涵盖宏观经济、农业经济、工业经济、产业经济等 12 个重点经济领域，为实时掌控经济运行态势、把握经济发展规律、洞察经济形势、进行经济决策提供参考和依据。

中国行业发展数据库（下设 17 个子库）

以中国国民经济行业分类为依据，覆盖金融业、旅游、医疗卫生、交通运输、能源矿产等 100 多个行业，跟踪分析国民经济相关行业市场运行状况和政策导向，汇集行业发展前沿资讯，为投资、从业及各种经济决策提供理论基础和实践指导。

中国区域发展数据库（下设 6 个子库）

对中国特定区域内的经济、社会、文化等领域现状与发展情况进行深度分析和预测，研究层级至县及县以下行政区，涉及地区、区域经济体、城市、农村等不同维度，为地方经济社会宏观态势研究、发展经验研究、案例分析提供数据服务。

中国文化传媒数据库（下设 18 个子库）

汇聚文化传媒领域专家观点、热点资讯，梳理国内外中国文化发展相关学术研究成果、一手统计数据，涵盖文化产业、新闻传播、电影娱乐、文学艺术、群众文化等 18 个重点研究领域。为文化传媒研究提供相关数据、研究报告和综合分析服务。

世界经济与国际关系数据库（下设 6 个子库）

立足"皮书系列"世界经济、国际关系相关学术资源，整合世界经济、国际政治、世界文化与科技、全球性问题、国际组织与国际法、区域研究 6 大领域研究成果，为世界经济与国际关系研究提供全方位数据分析，为决策和形势研判提供参考。

法律声明

　　"皮书系列"（含蓝皮书、绿皮书、黄皮书）之品牌由社会科学文献出版社最早使用并持续至今，现已被中国图书市场所熟知。"皮书系列"的相关商标已在中华人民共和国国家工商行政管理总局商标局注册，如 LOGO（ ▶ ）、皮书、Pishu、经济蓝皮书、社会蓝皮书等。"皮书系列"图书的注册商标专用权及封面设计、版式设计的著作权均为社会科学文献出版社所有。未经社会科学文献出版社书面授权许可，任何使用与"皮书系列"图书注册商标、封面设计、版式设计相同或者近似的文字、图形或其组合的行为均系侵权行为。

　　经作者授权，本书的专有出版权及信息网络传播权等为社会科学文献出版社享有。未经社会科学文献出版社书面授权许可，任何就本书内容的复制、发行或以数字形式进行网络传播的行为均系侵权行为。

　　社会科学文献出版社将通过法律途径追究上述侵权行为的法律责任，维护自身合法权益。

　　欢迎社会各界人士对侵犯社会科学文献出版社上述权利的侵权行为进行举报。电话：010-59367121，电子邮箱：fawubu@ssap.cn。

社会科学文献出版社